普通高等教育“十三五”规划教材（计算机专业群）

Linux 基础及应用教程
（第二版）

主　编　梁建武

副主编　李　茸　刘晓书　陈　英

中国水利水电出版社
www.waterpub.com.cn

·北京·

内 容 提 要

本书是《Linux 基础及应用教程》的第二版。全书以 Fedora Linux 22 为基础，介绍 Linux 系统的概念、原理和管理等方面的内容，主要分为 3 部分：Linux 基础、Linux 内核机制、嵌入式 Linux 的应用开发。首先详细介绍 Linux 的安装过程、基本操作命令，为 Linux 初学者快速入门提供了保证。接着系统讲解 Linux 下的 C 编程基础、进程控制开发、进程间通信、网络应用开发、Linux 与 Windows 的资源共享等。最后介绍嵌入式 Linux 的应用开发。本书实例丰富、讲解清晰、力避代码复杂冗长，简短的实例特别有助于初学者效仿理解、把握问题的精髓和对应用程序框架的整体认识。本书的创新之处就是为读者提供开发的过程，而不局限于每个知识点的堆积。

本书可作为高等院校（含高职）电子类、计算机类、信息类等专业的 Linux 课程教材，也可作为广大 Linux 用户、系统管理员和 Linux 系统自学者的参考书或培训教材，还可作为希望转入嵌入式领域的科研和工程技术人员参考使用。

本书配有电子教案，读者可以到中国水利水电出版社网站或万水书苑上免费下载，网址：http://www.waterpub.com.cn/softdown/或 http://www.wsbookshow.com。

图书在版编目（CIP）数据

Linux基础及应用教程 / 梁建武主编. -- 2版. -- 北京 : 中国水利水电出版社, 2017.1
普通高等教育“十三五”规划教材. 计算机专业群
ISBN 978-7-5170-4998-2

Ⅰ. ①L… Ⅱ. ①梁… Ⅲ. ①UNIX操作系统－高等学校－教材 Ⅳ. ①TP316.81

中国版本图书馆CIP数据核字(2017)第002073号

责任编辑：周益丹 李 炎　　加工编辑：郭继琼　　封面设计：李 佳

书　　名	普通高等教育“十三五”规划教材（计算机专业群） Linux 基础及应用教程（第二版） Linux JICHU JI YINGYONG JIAOCHENG
作　　者	主　编　梁建武 副主编　李　茸　刘晓书　陈　英
出版发行	中国水利水电出版社 （北京市海淀区玉渊潭南路 1 号 D 座　100038） 网址：www.waterpub.com.cn E-mail：mchannel@263.net（万水） sales@waterpub.com.cn 电话：（010）68367658（营销中心）、82562819（万水）
经　　售	全国各地新华书店和相关出版物销售网点
排　　版	北京万水电子信息有限公司
印　　刷	三河市鑫金马印装有限公司
规　　格	184mm×260mm　16 开本　15.5 印张　382 千字
版　　次	2008 年 11 月第 1 版　2008 年 11 月第 1 次印刷 2017 年 1 月第 2 版　2017 年 1 月第 1 次印刷
印　　数	0001—3000 册
定　　价	32.00 元

前　　言

Linux 是一种可移植的操作系统，能够在从微型计算机到大型计算机的任何环境中和任何平台上运行。可移植性为运行 Linux 的不同计算机平台与其他任何机器进行准确而有效的通信提供了手段，不需要另外增加特殊的和昂贵的通信接口。本书侧重理论与实践相结合，遵循循序渐进、由浅入深的认识特点来安排各个章节的内容顺序，从而使读者达到学以致用的目的。

本书是《Linux 基础及应用教程》的第二版，随着 Linux 技术的发展，本书第一版的部分内容过于陈旧，为了方便读者学习，我们结合 Linux 技术的最新发展推出第二版。相比第一版，第二版在内容上的变化主要体现在以下几个方面：Fedora Linux 的版本从 Fedora Core Linux 升级为 Fedora Linux 22；系统自带的软件操作全部更新；第三方应用软件采用最新版本，并在 Fedora Linux 22 上可正常运行；补充了 Linux 的新技术；修订了第一版中的一些表达不准确以及疏漏之处。

第 1～6 章介绍 Linux 系统的概念、原理和进程控制、管理、通信等方面的内容。

第 7～9 章介绍 Linux 网络管理的相关服务。完善的内置网络是 Linux 的一大特点。Linux 在通信和网络功能方面优于其他操作系统。其他操作系统不包含如此紧密地和内核结合的连接网络的能力，也没有内置这些联网特性的灵活性。而 Linux 为用户提供了完善的、强大的网络功能，对计算机网络产生了巨大的影响。

第 10 章介绍 Linux 内核机制。Linux 是具有设备独立性的操作系统，它的内核具有高度适应能力，随着更多的程序员加入 Linux 编程设计，将会有更多的硬件设备加入到各种 Linux 内核和发行版本中。另外，由于用户可以免费得到 Linux 的内核源代码，因此用户可以修改内核源代码，以便适应新增加的外部设备。

第 11 章介绍嵌入式 Linux。自 20 世纪 90 年代以来，嵌入式技术全面展开，目前已成为通信和消费类产品的共同发展方向，嵌入式系统已经渗透到我们生活的每个角落，如工业、服务业等。Linux 系统有着嵌入式操作系统所需要的很多特色和突出的优势：适用于多种 CPU 和硬件平台，性能稳定，裁剪性很好，开发和使用都很容易。嵌入式 Linux 是将日益流行的 Linux 操作系统进行裁剪、修改，使之能在嵌入式计算机系统上运行的一种操作系统。除了智能数字终端领域外，Linux 在移动计算平台、智能工控设备、金融业终端系统，甚至军事领域都有广泛的应用前景，这些 Linux 称为“嵌入式 Linux”。嵌入式 Linux 既继承了 Internet 上无限的开放源代码资源，又具有嵌入式操作系统的特性。

本书是在作者多年 Linux 教学、应用经验的基础上编写的。在内容选取上，尽可能运用最新、最实用的技术，坚持侧重实践、由浅入深的原则，通过具体的操作实例让读者分层次、分步骤地理解和掌握所学的知识。

本书由梁建武任主编，李茸、刘晓书、陈英任副主编。其中梁建武编写第 8～10 章，李茸（哈尔滨理工大学）编写第 4～7 章，刘晓书编写第 1～3 章，陈英编写第 11 章。此外，参与本书编写工作的还有杨迎泽、杜伟、张雷、刘军军、谭海龙、文拯、龙晓梅、田野、周媛媛、何志斌、付世凤、罗喜英等。在本书的编写过程中，参考了有关文献，在此谨向这些文献的作者表示感谢。

由于时间仓促加之作者水平有限，书中的不足之处在所难免，敬请广大读者批评指正。

编　者

2016 年 10 月

目　　录

第 1 章　Linux 入门

1.1　Linux 基础知识

Linux 是专门为个人计算机设计的操作系统，它最早是由 Linus Torvalds 设计的。当时 Linux 是他的一项个人研究项目，目的是为 Minix 用户设计一个比较有效的 UNIX PC 版本。Minix 是由 Andrew Tanenbaum 教授开发并发布在 Internet 上的，免费给全世界的学生使用。Minix 具有较多 UNIX 的特点，但与 UNIX 不完全兼容，Linus 打算为 Minix 用户设计一个较完整的 UNIX PC 版本，于 1991 年发行了 Linux 0.11 版本，并将它发布在 Internet 上，免费供人们使用。以后几年，其他的 Linux 爱好者根据自己的使用情况，综合现有的 UNIX 标准和 UNIX 系统中应用程序的特点，修改并增加了一些内容，使得 Linux 的功能更完善。

Linux 是在 Internet 开放环境中开发的，它由世界各地的程序员不断地完善，而且免费供用户使用。尽管如此，它仍然遵循商业 UNIX 版本的标准，因为在此之前的几十年里，UNIX 版本大量出现，电气和电子工程师协会（IEEE）开发了一个独立的 UNIX 标准，这个新的 ANSI UNIX 标准被称为计算机环境的可移植性操作系统界面（POSIX）。这个标准限定了 UNIX 系统如何进行操作，对系统调用也做了专门的论述。POSIX 限制所有 UNIX 版本必须依赖大众标准，现有的大部分 UNIX 和流行版本都是遵循 POSIX 标准的，而 Linux 从一开始就遵循 POSIX 标准。Linux 设计了与所有主要窗口管理器的接口，提供了大量 Internet 工具，如 FTP、Telnet 和 SLIP 等。

Linux 操作系统在短时间内得到了非常迅猛的发展，这与 Linux 具有的良好特性是分不开的。Linux 包含了 UNIX 的全部功能和特性。简单地说，Linux 具有以下主要特性：

（1）开放性。

开放性是指系统遵循世界标准规范，特别是遵循开放系统互连（OSI）国际标准。凡遵循国际标准所开发的硬件和软件都能彼此兼容，可方便地实现互连。

（2）多用户。

多用户是指系统资源可以被不同用户各自拥有使用，即每个用户对自己的资源（如文件、设备）有特定的权限，互不影响。Linux 和 UNIX 都具有多用户的特性。

（3）多任务。

多任务是现代计算机最主要的一个特点。它是指计算机同时执行多个程序，而且各个程序的运行互相独立。Linux 系统调度每一个进程平等地访问微处理器。由于 CPU 的处理速度非常快，其结果是，启动的应用程序看起来好像在并行运行。事实上，从处理器执行一个应用程序中的一组指令到 Linux 调度微处理器再次运行这个程序之间只有很短的时间延迟，用户是感觉不出来的。

（4）良好的用户界面。

Linux 向用户提供了两种界面：用户界面和系统调用。Linux 的传统用户界面基于文本的命令行界面，即 shell，它既可以联机使用，又可以在文件上脱机使用。shell 有很强的程序设计能力，用户可方便地用它编制程序，从而为用户扩充系统功能提供了更高级的手段。可编程 shell 是指将多条命令组合在一起，形成一个 shell 程序，这个程序可以单独运行，也可以与其他程序同时运行。

系统调用给用户提供编程时使用的界面。用户可以在编程时直接使用系统提供的系统调用命令。系统通过这个界面为用户程序提供低级、高效率的服务。

Linux 还为用户提供了图形用户界面。它利用鼠标、菜单、窗口、滚动条等工具，给用户呈现了一个直观、易操作、交互性强的友好的图形化界面。

（5）设备独立性。

设备独立性是指操作系统把所有外部设备统一当成文件来看待，只要安装它们的驱动程序，任何用户都可以像使用文件一样操纵、使用这些设备，而不必知道它们的具体存在形式。

具有设备独立性的操作系统，通过把每一个外围设备看作一个独立文件来简化增加新设备的工作。当需要增加新设备时，系统管理员就在内核中增加必要的连接。这种连接（也称为设备驱动程序）保证每次调用设备提供服务时，内核以相同的方式来处理它们。当新的及更好的外设被开发并交付给用户时，操作系统允许在这些设备连接到内核后就能不受限制地立即访问它们。设备独立性的关键在于内核的适应能力。其他操作系统只允许一定数量或一定种类的外部设备连接，而具有设备独立性的操作系统能够容纳任意种类及任意数量的设备，因为每一个设备都是通过其与内核的专用连接独立进行访问的。

Linux 是具有设备独立性的操作系统，它的内核具有高度适应能力，随着更多的程序员加入 Linux 编程，会有更多硬件设备加入到各种 Linux 内核和发行版本中。另外，由于用户可以免费得到 Linux 的内核源代码，因此，用户可以修改内核源代码，以便适应新增加的外部设备。

（6）提供了丰富的网络功能。

完善的内置网络是 Linux 的一大特点。Linux 在通信和网络功能方面优于其他操作系统。其他操作系统不包含如此紧密地和内核结合在一起的连接网络的能力，也没有内置这些联网特性的灵活性。而 Linux 为用户提供了完善的、强大的网络功能。

支持 Internet 是其网络功能之一。Linux 免费提供了大量支持 Internet 的软件，Internet 是在 UNIX 领域中建立并繁荣起来的，在这方面使用 Linux 是相当方便的，用户能用 Linux 与世界上的其他人通过 Internet 进行通信。

文件传输是其网络功能之二。用户能通过一些 Linux 命令完成内部信息或文件的传输。

远程访问是其网络功能之三。Linux 不仅允许进行文件和程序的传输，它还为系统管理员和技术人员提供了访问其他系统的窗口。通过这种远程访问的功能，一位技术人员能够有效地为多个系统服务，即使那些系统位于相距很远的地方。

Linux 支持所有常见的网络服务，包括 FTP、Telnet、NFS 等。Linux 在最新发展的核心中包含的基本协议有 TCP、IPv4、IPv6、AX.25、X.25、IPX、DDP（Appletalk）、NetBEUI、Netrom 等。稳定的核心中目前包含的网络协议有 TCP、IPv4、IPX、DDP、AX 等协议。另外，Linux 还提供 Netware 的客户机和服务器，以及 Samba（让用户共享 Microsoft Network 资源）。Linux 还包括 Appletalk 服务器。

（7）可靠的系统安全。

Linux 采取了许多安全技术措施，包括对读、写进行权限控制，带保护的子系统，审计跟踪，核心授权等，这为网络多用户环境中的用户提供了必要的安全保障。

（8）良好的可移植性。

可移植性是指将操作系统从一个平台转移到另一个平台使它仍然能按其自身的方式运行的能力。

Linux 是一种可移植的操作系统，能够在从微型计算机到大型计算机的任何环境中和任何平台上运行。可移植性为运行 Linux 的不同计算机平台与其他任何机器进行准确而有效的通信提供了手段，不需要另外增加特殊的和昂贵的通信接口。

（9）支持多种文件系统。

Linux 支持的文件系统的种类包括 minix、ext、ext2、ext3、ext4、xiafs、hpfs、fat、msdos、umsdos、vfat、proc、nfs、iso9660、smbfs、ncpfs、affs、ufs、romfs、sysv、xenix、cohernet，Linux 可以将这些文件系统直接装载（mount）为系统的一个目录。Linux 自己的文件系统 ext2fs 最多可以支持 2TB 的硬盘，文件名长度的限制为 255 个字符。同时在 DOS 和 Windows 95/NT 下也都有工具来直接读取 Linux 文件系统上的文件。此外 Linux 还支持以只读方式打开 HPFS-2 格式的 OS/2 2.1 文件系统和 HFS 格式的 Macintosh 文件系统。

对于传统的 Windows NT、NetWare 和 UNIX 网络操作系统来说，Linux 日益成为其不可小觑的对手。Linux 已摆脱了其最初仅限于 Linux 爱好者和研究机构使用的业余软件的身份，更多地受到企业用户的重视。这一方面得益于其开放源码的措施，通过 Internet 上成千上万的爱好者和开发者的不懈努力，Linux 比以往任何时候都更健壮、更稳定、更可靠。另一方面则得益于众多像 RedHat 这样的商业软件公司积极地进入 Linux 产品化及服务领域，大大加快了 Linux 的商品化步伐，企业用户可以更放心、更有保障地布置他们的 Linux 系统。

任何一个软件都有版本号，Linux 也不例外。Linux 的版本号分为两部分：内核（kernel）版本和发行套件（distribution）版本。发行套件最常见的有 Slackware、RedHat、Debian、SUSE 等。中文 Linux 套件 TurboLinux 和 Xteam Linux 在国内已正式发行。

Slackware Linux 是最早出现的 Linux 发行套件之一，其特点是安装简单，目录结构清楚、版本更新快，在 1997 年一年内就推出了好几个版本。其缺点是软件种类不如 RedHat 和 Debian 多，并且其安装不如 RedHat 快速、简洁、直观。Slackware 只提供字符方式的安装界面，并且需要用户自己去寻找针对不同硬件的启动盘；其升级方式也不如 RedHat 和 Debian 简单，同 RPM 和 DEB 相比，Slackware 只有一个相对简陋的 pkgtool，经常会出现卸载软件后其他软件使用不了的故障。

Red Hat Linux 是由 RedHat 公司发行的目前应用最广泛的 Linux 套件，从 4.0 版起便同时支持 Intel、Alpha、Sparc 三种硬件平台。其所有的软件包都是以 RPM（RedHat Package Manager）方式包装的，用户可以轻松地进行软件升级，彻底卸除应用软件和系统软件。RedHat 提供一套 X Window 下的系统管理软件，让用户可以在图形方式下进行增加/删除用户、改变系统设置、安装新软件、安装打印机等系统管理方面的工作，非常直观和方便。RedHat 收集的软件包非常完整和精美，不仅包括大量的 GNU 和自由软件，还包括了一些优秀的 ShareWare 软件。

由 GNU 发行的 Debian Linux 套件，完全由网络上的 Linux 爱好者负责维护，其所有的组成部分都是自由软件。Debian Linux 的特点是软件极其丰富，升级容易，软件之间的关联性强，拥有开放式的开发环境。Debian 是一个动态的 Linux 发行套件，它每 3 个月发布一个 Snapshop 版本，其 FTP 服务器是每天更新的。

SUSE 是一个德国系统，是在欧洲使用最广泛的 Linux 套件，其特点是易于安装使用，并且包含有一些其他发行套件不具备的软件，例如 SUSE Xserver，比 Xfree86 支持更多的显示卡；例如最新的 SIS、MedoaGX、NeoMagic、SaX。而且 SUSE 是采用新软件最多的一种发行套件，例如它们的窗口管理器就是最新的 KDE 1.0。另外在标准的 SUSE 5CD 版本中还包括 850 个最新的软件，随 CD 还有 400 页的使用说明书。

TurboLinux 3.0.2 中文版是由北京拓林思软件有限公司汉化并发行的中文 Linux 套件，使用 2.0.36 版的核心，利用 ZWinPro 外挂式中文平台，给 Linux 用户提供一个从安装到使用的完整的中文环境；实现了在 Linux 系统下的中文多内码的显示、输入和打印；包括大量系统管理软件、网络分析软件、网络安全软件和极其完善的开发环境，提供 C++、Java、Perl、Tcl/Tk、Python、FORTRAN77 等语言的编译器/解释器以及大量的最新集成的开发环境、调试器和其他开发工具。

另外 TurboLinux 集群服务器是目前 Linux 上较少采用 Cluster 集群技术的企业级产品，是一种性能超群、极其可靠、扩充性好的集群系统。

Xteam Linux 是由北京冲浪平台软件技术有限公司在充分考虑了国内 Linux 用户的需求后，开发并发行的一套中文 Linux 套件。采用最新核心，为用户提供了一套智能化的图形安装环境和智能安装助手，使其可以像安装 Windows 一样的轻松和方便。

Xteam Linux 采用了以内核汉化为主、外挂平台为辅的方式。采用了最新的 KDE 版本作为标准的中文图形用户界面。根据国内用户的使用特点，对系统的内核、系统的配置、操作方式等都作了相应的优化。

2003 年 9 月底，RedHat 公司宣布将原有的 RedHat Linux 开发计划与 Fedora Core Linux 计划整合成新的 Fedora Project。Fedora Project 由 RedHat 公司赞助，以社区支持的方式开发 Linux 发行版 Fedora Core，而 RedHat 公司原来 RedHat Linux 的开发团队也继续参与了这一发行版本的开发工作。RedHat 公司把 Fedora Project 看作一个新技术的开发园地，鼓励有兴趣的自由软件开发人员参与此项目的开发，希望这一发行版本能真正成为以自由软件开发为模式的操作系统。

RedHat 公司不再从事免费版 RedHat Linux 的开发工作，由合并产生的 Fedora Project 继续 Fedora Core 新版本的开发工作。此后，市场上会出现与 RedHat 公司相关的两个 Linux 发行版本，一个是免费、但不提供技术支持服务的 Fedora Core Linux，另一个是需要付费购买、有技术支持服务的 RedHat Enterprise Linux。

目前，市场上发布的 Fedora Core 的最新版本是 Fedora Core 22，这一完全免费的 Linux 操作系统把最新式的外观和最尖端的技术结合在了一起，创造出丰富的个人创作环境，除了桌面版本更新外，还在云系统和服务器方面做了功能改进。Fedora Core 通过更易用的系统配置图形工具支持多系统共存以及自动硬件检测，极大地方便了用户的安装。

虽然 Linux 已取得了令人瞩目的进展，但它想更多地进入企业级应用市场与目前主流的网络操作系统竞争，还需要解决以下几个问题：

（1）企业级技术支持。通常认为技术支持和售后服务是自由软件的薄弱之处，对于企业级应用来说，Linux 的松散结构不太可靠，这不免使一些 IT 专业人员心生顾虑，企业用户习惯于从固定的渠道获取支持。Caldera 和 RedHat 等公司的加盟有助于改善这一情况。

（2）更多应用程序支持。微软的 Windows 系列产品之所以能取得今天的市场地位，与其拥有众多的应用软件是分不开的。在 Linux 产品中也必须装有先进的应用软件，在这方面虽取得了一些进展，但太过缓慢。如果没有足够的需求，销售商们不会采用 Linux，而如果没有足够的应用程序，就不会有需求。因此，应用程序这一关攻不下来，Linux 就难以为继。

（3）标准化。UNIX 最初也是一个自由软件，但发展到今天，已被各大厂商把持，版本繁多，互不兼容，这实际上阻碍了 UNIX 的发展。

1.2 Linux 系统安装

1.2.1 做好安装前的准备工作

1. 安装前的准备工作

（1）确定硬件是否与 Fedora Core Linux 系统兼容。

（2）访问网址 https://hardware.redhat.com/?pagename=hcl，获取最新的硬件支持列表，对比确定你的硬件安装是否兼容。

（3）确认有足够的硬盘空间，不同安装类型所需的磁盘空间如表 1-1 所示。几乎每一个现代操作系统（OS）都使用磁盘分区（Disk Partitions），Fedora Core Linux 也不例外。在开始安装进程之前，计算机必须有足够的未分区的硬盘空间来安装 Fedora Core Linux。

表 1-1 不同安装类型所需的磁盘空间

安装类型	所需空间
个人桌面	包括图形化桌面环境，至少需要 1.78GB 的空闲空间。若兼选 GNOME 和 KDE 桌面环境，则至少需要 1.8GB 的空闲空间
工作站	工作站安装，包括图形化桌面环境和软件开发工具，至少需要 2.1GB 的空闲空间。兼选 GNOME 和 KDE 桌面环境至少需要 2.2GB 的空闲空间
服务器	最基本的没有 X（图形化环境）的服务器安装需要 850MB 的空闲空间；若要安装除 X 以外的所有软件包组，需要 1.5GB 的空闲空间；若要安装包括 GNOME 和 KDE 桌面环境的所有软件包，至少需要 5.0GB 的空闲空间
定制	基本的定制安装需要 475MB 的空闲空间，如果选择了全部软件包，则至少需要 5.0GB 的空闲空间

（4）确定安装方法。安装 Linux 的方法有很多种，包括光盘安装、硬盘安装、FTP 安装、Http 安装、NFS 安装等。

（5）选择最适合的安装类型。

- 个人桌面：如果想尝试使用这个系统，个人桌面安装是最恰当的选择。该类型安装会为家用、便携电脑或桌面使用创建一种带有图形化环境的系统。
- 工作站：如果除了图形化桌面环境外，还需要软件开发工具，工作站安装类型是最恰当的选择。
- 服务器：如果希望系统具有基于 Linux 服务器的功能，并且不想对系统配置做过多的定制工作，服务器安装是最恰当的选择。
- 定制：定制安装为安装提供最大的灵活性。可以选择引导装载程序、想要的软件包等。对于那些熟悉 Fedora Core Linux 安装的用户以及担心软件失去完全灵活性的用户而言，定制安装是最恰当的选择。

2. Linux 的分区规定

（1）设备管理。

在 Linux 中，每一个硬件设备都映射到一个系统的文件，对于硬盘、光驱等 IDE 或 SCSI 设备也不例外。

Linux 为各种 IDE 设备分配了一个由 hd 前缀组成的文件；而对于各种 SCSI 设备，则分配了一个由 sd 前缀组成的文件。例如，第一个 IDE 设备，Linux 就定义为 hda；第二个 IDE 设备就定义为 hdb；依此类推。而 SCSI、SATA、USB 设备就应该是 sda、sdb、sdc 等。

一般主板上有两个 IDE 接口，一共可以安装 4 个 IDE 设备。主 IDE 上的两个设备分别对应 hda 和 hdb，第二个 IDE 上的两个设备对应 hdc 和 hdd。一般硬盘安装在主 IDE 的主接口上，所以是 hda，光驱一般安装在第二个 IDE 的主接口上，所以是 hdc（因为 hdb 用来命名主 IDE 上的从接口）。

分区是用设备名称加数字命名的。例如 hda1 代表 hda 这个硬盘设备上的第一个分区。每个硬盘最多可以有 4 个主分区，用 1～4 命名硬盘的主分区。逻辑分区是从 5 开始的，每多一个分区，数字加 1 即可。比如一般的系统都有一个主分区用来引导系统，这个分区对应大家常说的 C 区，在 Linux 下命名为 hda1。后面的 3 个逻辑分区对应常说的 D、E、F，在 Linux 下命名为 hda5、hda6、hda7。

（2）分区数量。

要进行分区就必须针对每一个硬件设备进行操作，硬件设备可能是一块 IDE 硬盘或是一块 SCSI 硬盘。对于每一个硬盘（IDE 或 SCSI）设备，Linux 分配了一个 1～16 的序列号码，这就代表了这块硬盘上面的分区号码。例如，第一个 IDE 硬盘的第一个分区，在 Linux 下映射的就是 hda1，第二个分区就称为 hda2。对于 SCSI、SATA、USB 硬盘则是 sda1、sdb1 等。

（3）各分区的作用。

在 Linux 中规定每一个硬盘设备最多能由 4 个主分区（其中包含扩展分区）构成，任何一个扩展分区都要占用一个主分区号码，也就是说在一个硬盘中，主分区和扩展分区一共最多是 4 个。对于早期的 DOS 和 Windows（Windows 2000 以前的版本）系统，系统只承认一个主分区，可以通过在扩展分区上增加逻辑盘符（逻辑分区）的方法进一步地细化分区。

主分区就是计算机用来进行启动操作系统的，因此每一个操作系统的启动程序，或者称作是引导程序，都应该存放在主分区上。这就是主分区和扩展分区及逻辑分区的最大区别。在指定安装引导 Linux 的 bootloader 时都要指定在主分区上就是最好的例证。

Linux 规定了主分区（或者扩展分区）占用 1～16 号码中的前 4 个号码。以第一个 IDE 硬盘为例进行说明，主分区（或者扩展分区）占用了 hda1、hda2、hda3、hda4，而逻辑分区占用了 hda5～hda16 共 12 个号码。因此，Linux 下面每一个硬盘最多有 16 个分区。

对于逻辑分区，Linux 规定它们必须建立在扩展分区上（在 DOS 和 Windows 系统上也是如此），而不是主分区上。因此，可以看到扩展分区能够提供更加灵活的分区模式，但不能用来作为操作系统的引导。

（4）分区指标。

对于每一个 Linux 分区来讲，分区的大小和分区的类型是最主要的指标。容量的大小读者很容易理解，但是分区的类型就不是那么容易接受了。分区的类型规定了这个分区上面的文件系统的格式。Linux 支持多种文件系统格式，其中包含了我们熟悉的 FAT32、FAT16、NTFS、

HP-UX，以及各种 Linux 特有的 Linux Native 和 Linux Swap 分区类型。在 Linux 系统中，可以通过分区类型号码来区别这些不同类型的分区。

1.2.2　安装 Fedora Linux

要完成 Fedora Linux 在本地计算机上的安装，需要准备一张 Fedora 的安装盘或者自行下载 32 位（或者 64 位）的 Fedora 系统 iso 文件。本书安装的是 Fedora22 KDE 桌面版，操作步骤如下。

（1）插入资源光盘，从光盘引导后会见到如图 1-1 所示的安装界面。

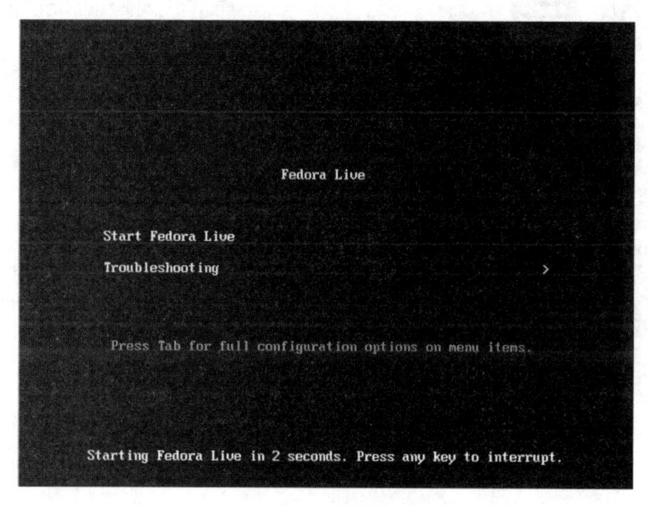

图 1-1　安装界面

（2）选择语言。

使用鼠标来选择想在安装过程中使用的语言。选择恰当的语言会在稍后的安装过程中有助于定位时区配置。安装程序将会试图根据屏幕上所指定的信息来定义恰当的时区。选定了恰当的语言后单击“继续”按钮，如图 1-2 所示。

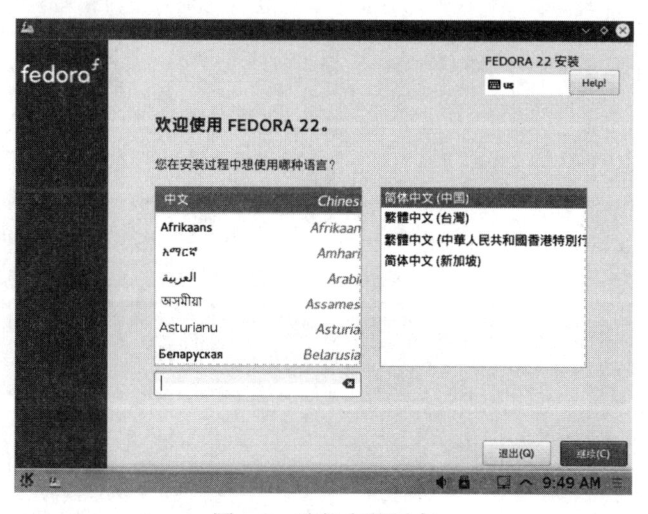

图 1-2　选择安装语言

（3）进入“安装信息摘要”界面。

选择相应的选项可以配置键盘语言、时间和日期、安装位置以及网络和主机名。图 1-3 显示了“安装信息摘要”界面。

图 1-3 “安装信息摘要”界面

（4）配置键盘。

使用鼠标来选择在本次安装中和今后系统默认的键盘布局类型，如图 1-4 所示。

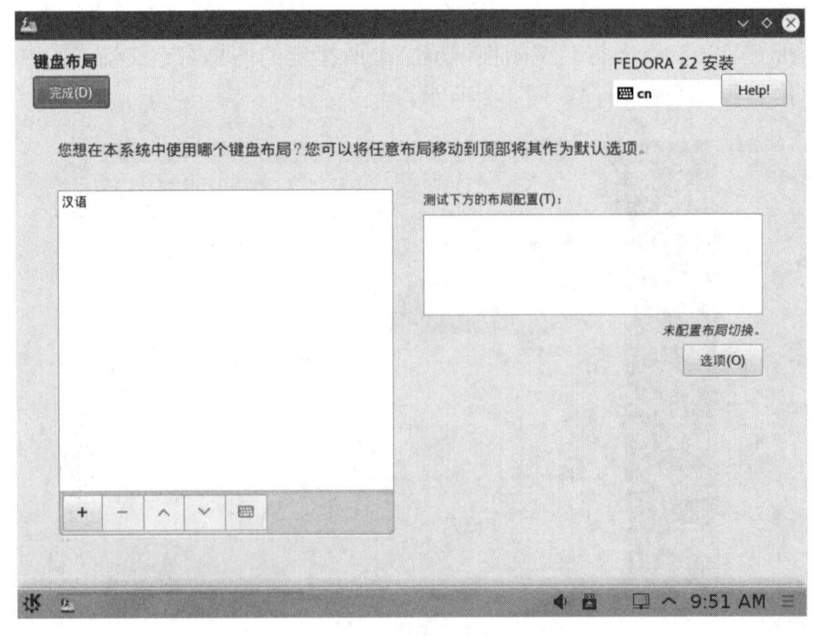

图 1-4 配置键盘

（5）配置时区。

如图 1-5 所示，可以通过选择计算机的物理位置或者指定时区和通用协调时间（UTC）的偏移来设置时区。

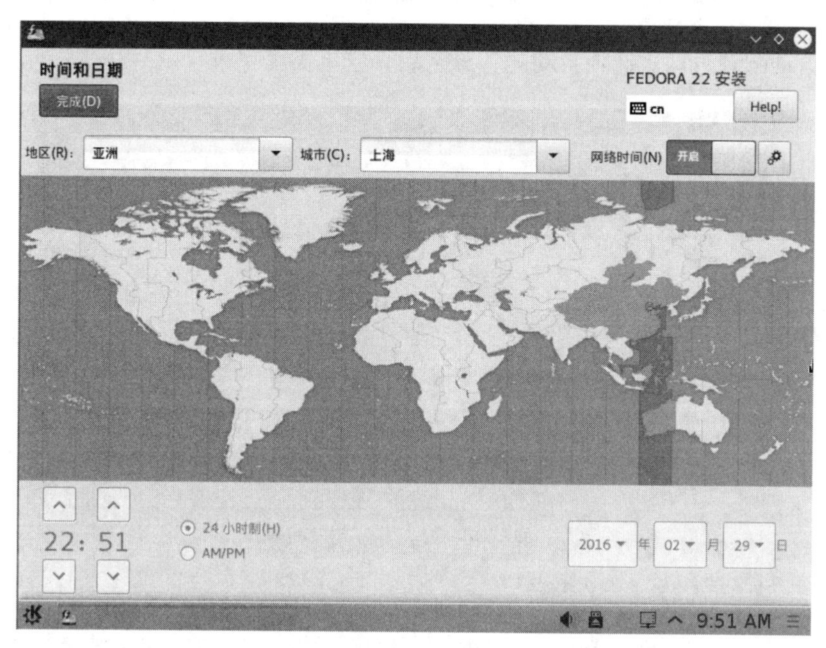

图 1-5　配置时区

（6）设置主机名称。

为系统设置主机名称，名称自行设置，如图 1-6 所示。

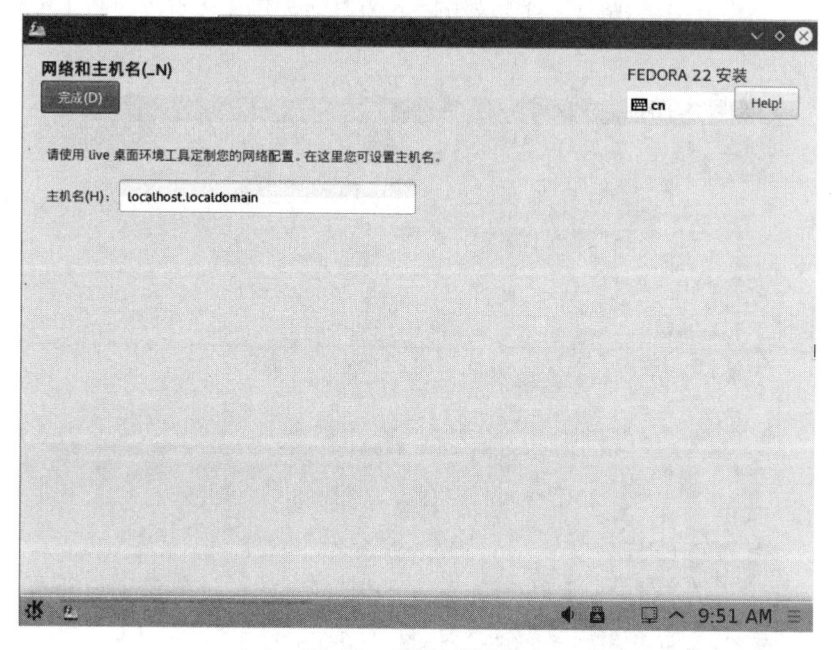

图 1-6　设置主机名称

（7）设置磁盘分区。

如图 1-7 所示，在这个屏幕上，可以选择“自动配置分区”或者“我要配置分区”（自定义分区）。自动分区允许用户不必亲自为驱动器分区而执行安装。如果手动分区，请选择自定义分区方案。

1）选择自动配置分区。选择自动配置分区后直接单击“完成”，安装程序会自动配置分区。

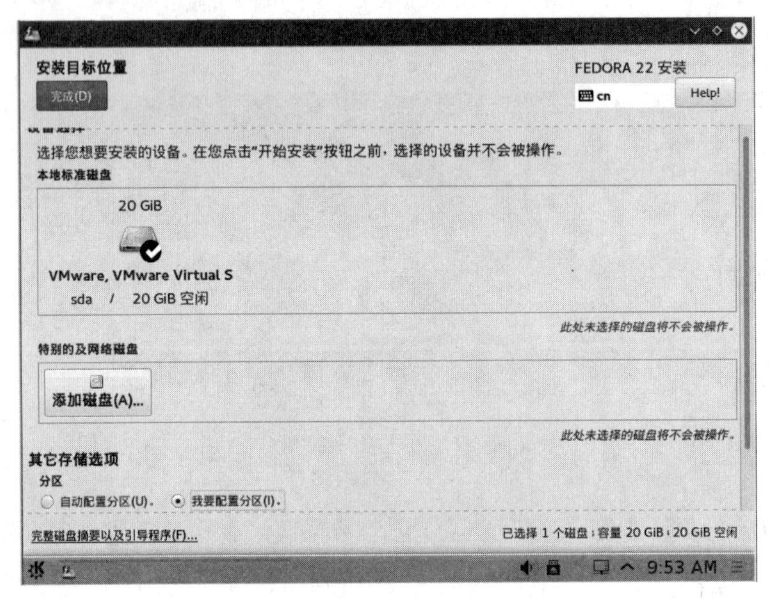

图 1-7 设置磁盘分区

2）选择自定义分区方案。

① 自定义分区如图 1-8 所示。自定义分区分为自动创建挂载点（如图 1-9 所示）和手动添加挂载点。

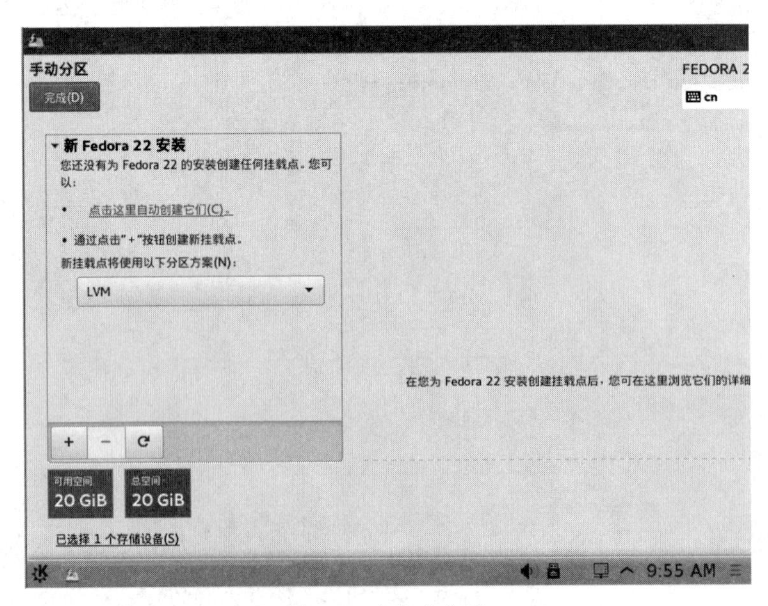

图 1-8 自定义分区

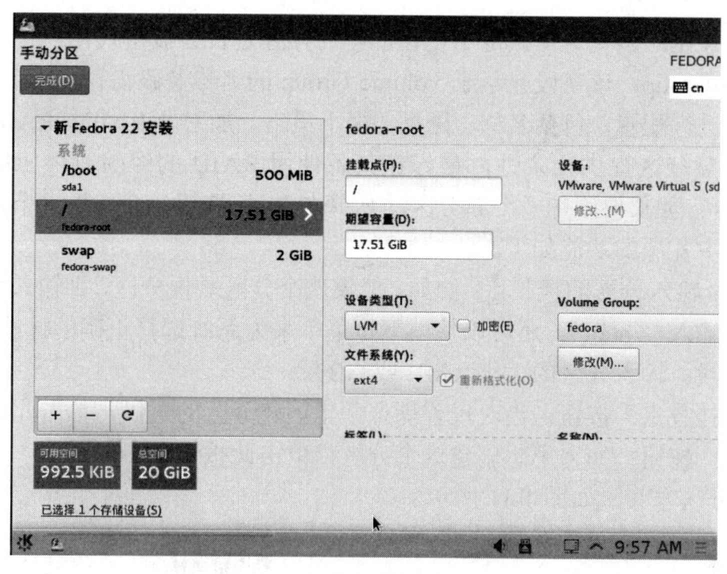

图 1-9　自动创建自定义分区

- +：用来请求一个新分区。选中它以后，就会出现一个对话框添加新挂载点，包括挂载点和期望容量两个部分。
- −：用来删除目前在“当前磁盘分区”部分中突出显示的分区。用户会被要求确认删除何分区。
- 重设：用来把分区设置恢复到它最初的状态。如果“重设”分区，用户所做的所有改变都将会丢失。

② 分区属性：每个分区右边的信息代表正创建的分区的标签。这些标签定义如下。

- 挂载点：挂载点是文件卷在目录层次内存的位置，文件卷在该位置上被“挂载”。该字段标明分区将被挂载的位置。如果某个分区存在，但还没有设立，那么需要为其定义挂载点。
- 设备：这个字段包括在系统上安装的硬盘列表。如果一个硬盘标记前面的复选框被选中，那么在该硬盘上可以创建想要的分区。而没有被选中的硬盘上则绝不能创建分区。靠使用默认的复选框设置，能够使用分区工具在合适的地方放置分区或让分区工具来决定应该放置分区的地方。
- 设备类型：该字段显示分区的设备类型，如标准分区、Btrfs、LVM、LVM 简单配置。LVM（逻辑卷管理器）所扮演的角色是表现基本物理存储空间的简单逻辑视图。
- 期望容量：该字段显示了分区的大小，以 MB 或 GB 为度量单位。
- 文件系统：该字段显示了分区的类型（如 ext2、ext3 或 vfat），使用下拉菜单，选择适用于该分区的文件系统。如果选择的是 swap，表示为交换分区，在这时候是没有挂载点的。如果没有足够的内存，也许就不能运行某些大型的软件，解决的办法是在硬盘上划出一个区域作为临时内存，就好像内存变大了。Windows 操作系统把这个区域叫做虚拟内存，Linux 把它叫做交换分区 swap。安装 Linux 建立交换分区时，如果内存只有 64MB 或 128MB，那么交换分区最好设置成它的 3 倍，如果分区足够大，有 256MB 或 512MB，那么设置为相同大小即可。

- 重新格式化：该复选框决定了正在创建的分区是否会被格式化。
- Volume Group：该字段显示了 Volume Group 的名称及磁盘。单击下面的“修改”可以对其进行配置，包括名称、磁盘、大小策略、加密及 RAID。RAID 用来给部分或全部磁盘分区提供冗余性，最好在具备使用 RAID 的经验时再应用它。

③ 添加分区：如果要添加一个新分区，则单击“+”按钮，会出现一个如图 1-10 所示的对话框。对话框中各项的功能如下。

- 挂载点：输入分区的挂载点。例如，如果这个分区是根分区，则输入“/”；如果是/boot 分区，输入“/boot”。还可以使用下拉菜单来为系统选择正确的挂载点。
- 期望容量：输入分区的大小（MB 或 GB）。
- “添加挂载点”按钮：当对设置满意并想创建分区的时候，单击此按钮。
- “取消”按钮：如果不想创建这个分区，单击此按钮。

④ 推荐的分区方案，如图 1-11 所示。

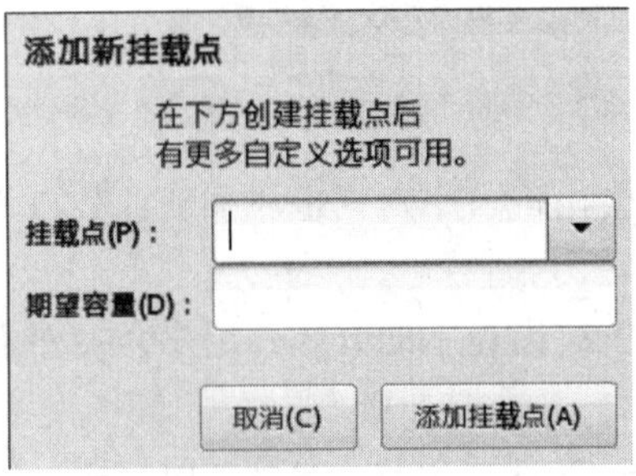

图 1-10　创建一个新分区

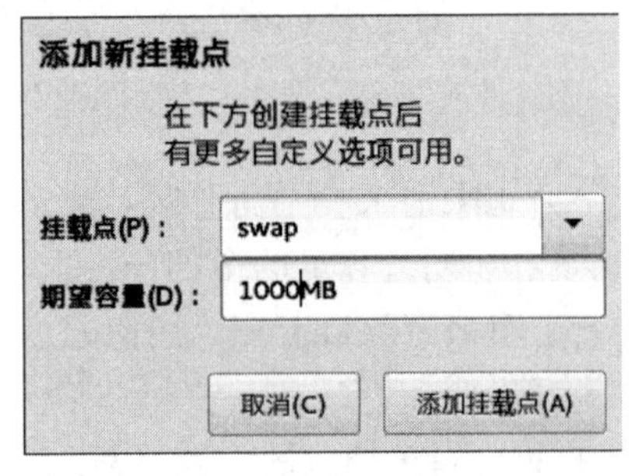

图 1-11　创建交换新分区

- 一个交换分区（至少 32MB）：交换分区用来支持虚拟内存。换一句话说，当没有足够的内存来存储系统正在处理的数据时，这些数据就被写入交换分区。交换分区的最小值应该相当于计算机内存的两倍或 32MB 中较大的一个值。
- 一个/boot 分区（100MB）：这个挂载在/boot 上的分区包含操作系统的内核（允许系统引导 RedHat Linux），以及其他几个在引导过程中使用的文件。鉴于多数 PC BIOS 的限制，创建一个较小的分区存储这些文件是较佳的选择。对于大多数用户来说，100MB 引导分区应该是足够了。
- 一个根分区（1.7～5.0GB）：这是根目录“/”将被挂载的位置。在这个设置中，所有文件（存储在/boot 分区上的除外）都位于根分区上。一个大小为 1.7GB 的根分区可容纳与个人桌面或工作站相当的软件包，只剩极少的空闲空间，而一个大小为 5.0GB 的根分区将会允许安装每一个软件包。

（8）安装配置界面。

配置界面提供了“root 密码”设置选项和“创建用户”选项，可以设置 root 密码和创建用户，如图 1-12 所示。

（9）为 root 用户设置密码。

为 root 用户设置密码是安装过程中最重要的步骤之一。root 用户与用于 Windows NT 机器上的管理员账号类似。根账号被用来安装软件包、升级 RPM，以及执行多数系统维护工作。以根用户身份登录，将使用户对系统有完全的控制权。

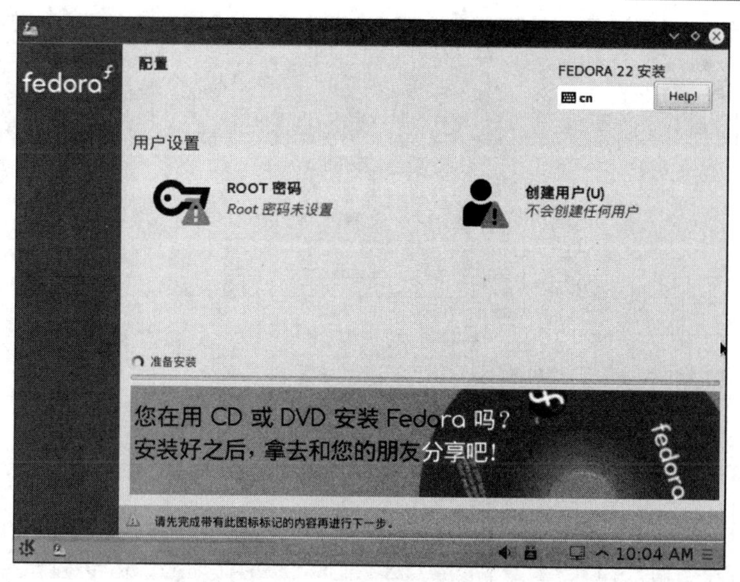

图 1-12　安装配置界面

务必确认只有在进行系统管理时才使用根账号，应创建一个非根账号来做日常工作。若需要快速修复某项事务，可使用“su-命令”暂时登录为根用户。遵循这些最基本的原则将会减少因键入错误或不正确的命令而损害系统的机会。

如图 1-13 所示，根口令必须至少包括 6 个字符，键入的口令不会在屏幕上显示。必须把口令输入两次，如果两个口令不匹配，安装程序将会要求重新输入口令。

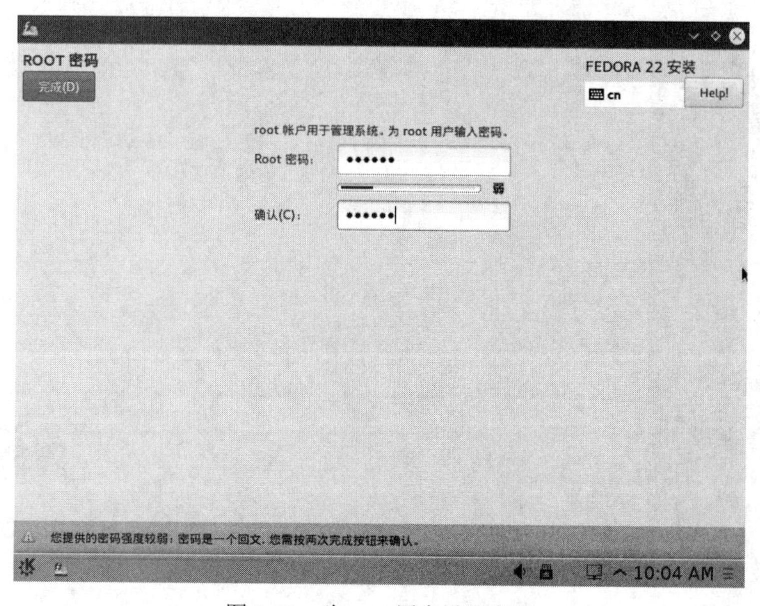

图 1-13　为 root 用户设置密码

（10）创建用户。

为 root 用户设置密码之后就可以创建用户了，自行设置一个用户名以及用户密码即可，如图 1-14 所示。

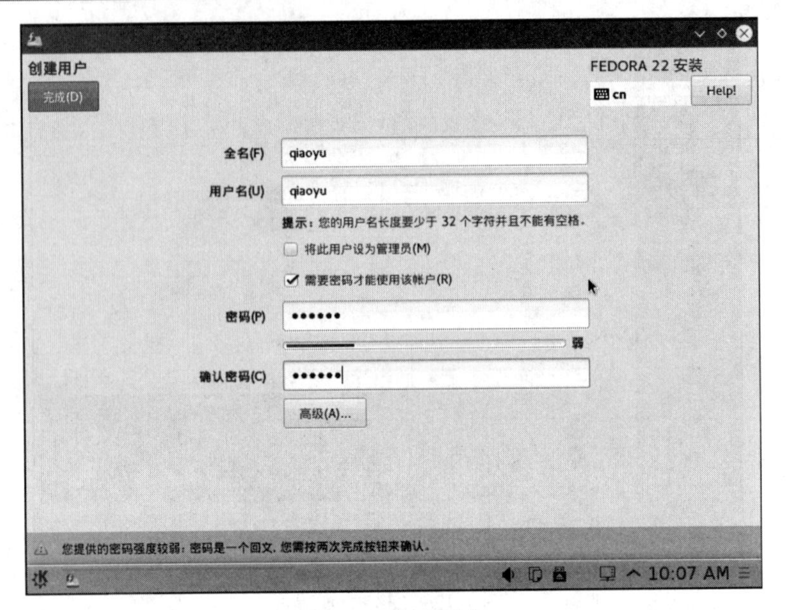

图 1-14　创建用户

（11）安装完成。

配置好 root 密码和用户后等待 Fedora 安装，安装完成的界面如图 1-15 所示，Fedora 22 已经安装成功并且可以使用了，单击“退出”后重启。

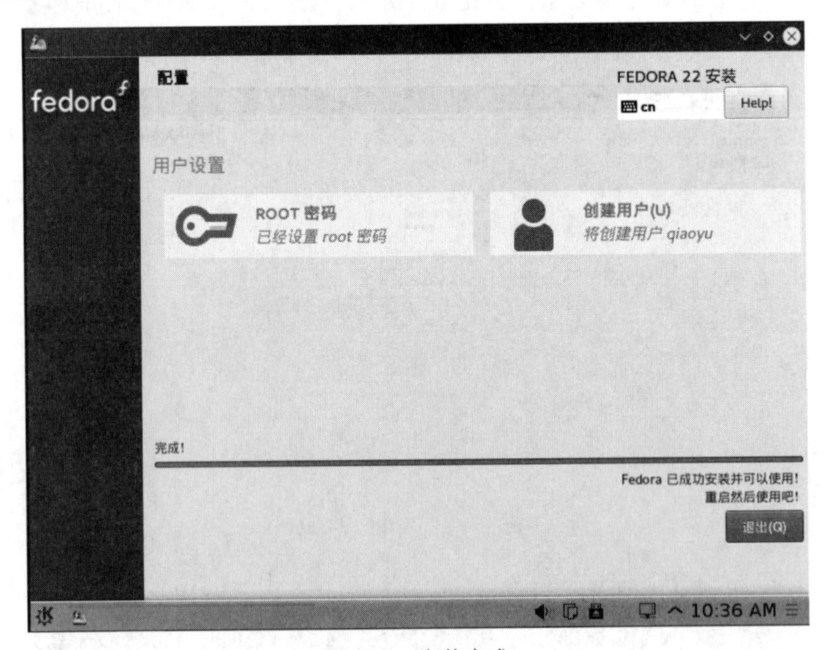

图 1-15　安装完成

（12）选择支持的语言。

重启后开始简单的配置。虽然系统上可以安装并支持多种语言，但是必须选择一种语言作为默认语言，默认语言是在安装中选择要使用的语言。如果只打算在系统上使用一种语言，只选择那种语言将会节省大量的磁盘空间。选择支持的语言的界面如图 1-16 所示。

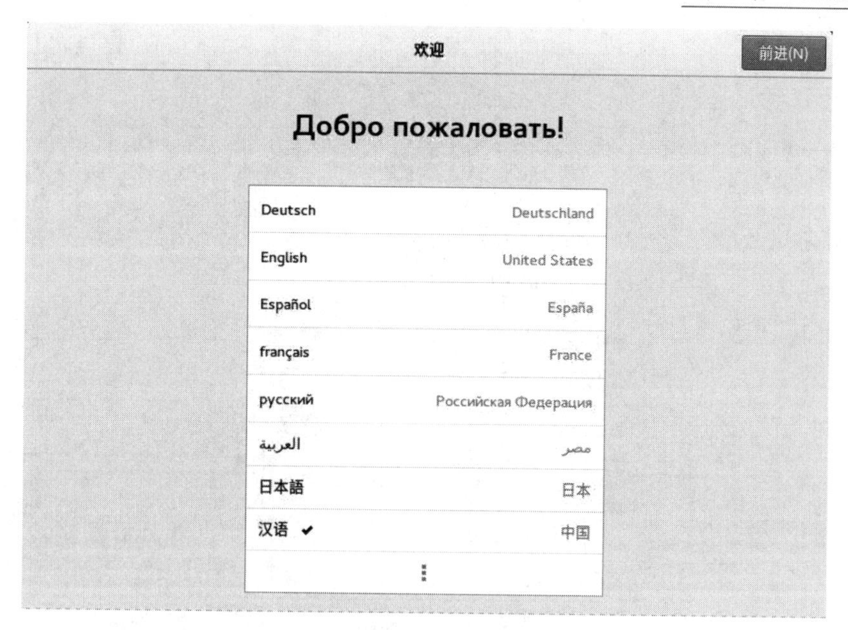

图 1-16　选择支持的语言

（13）选择键盘布局或其他输入方式。

选择键盘布局或其他输入方式的界面如图 1-17 所示。

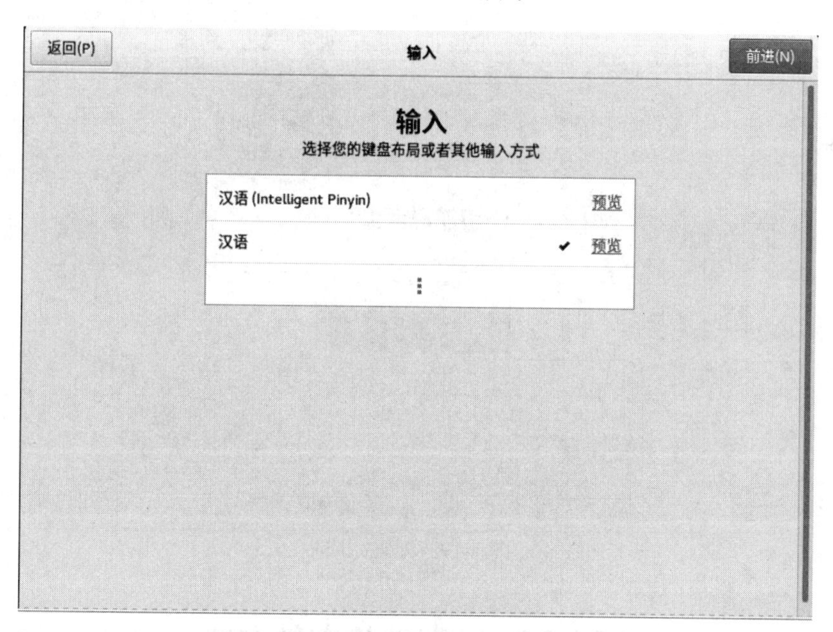

图 1-17　选择键盘布局或其他输入方式

（14）设置隐私。

设置隐私包括选择是否开启位置服务和自动提交问题报告，界面如图 1-18 所示。

（15）配置完成。

Fedora Linux 配置完成的界面如图 1-19 所示。单击“开始使用 Fedora(S)”按钮就可以开始使用 Fedora22 了。

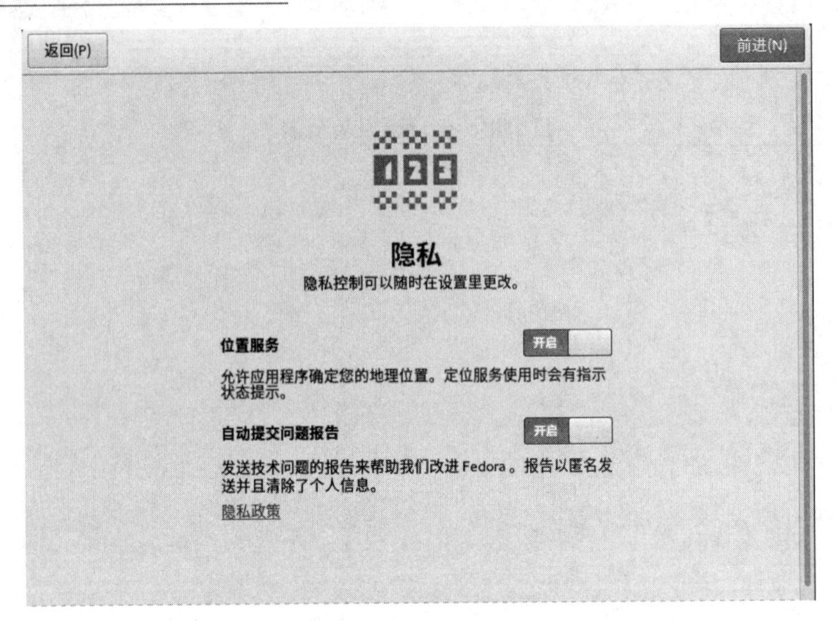

图 1-18　设置隐私

图 1-19　配置完成

1.3　Linux 文件及文件系统

1.3.1　Linux 中常见的文件类型

1. 系统文件

常见的系统文件如表 1-2 所示。

表 1-2　常见的系统文件

文件扩展名	说明
.conf	一种配置文件。配置文件有时也使用.cfg
.lock	锁（lock）文件，用来判定程序或设备是否正在被使用
.rpm	RedHat 用来安装软件的软件包管理器文件

2. 编程和脚本文件

常见的编程和脚本文件如表 1-3 所示。

表 1-3　常见的编程和脚本文件

文件扩展名	说明
.c	C 程序语言的源代码文件
.cpp	C++程序语言的源代码文件
.h	C 或 C++程序语言的头文件
.o	程序的对象文件
.pl	Perl 脚本
.py	Python 脚本
.so	库文件
.sh	shell 脚本
.java	Java 程序源代码文件
.lcss	Java 程序源代码编译后的中间代码文件
.tcl	TCL 脚本

3. 媒体文件

常见的媒体文件如表 1-4 所示。

表 1-4　常见的媒体文件

文件扩展名	说明
.au	音频文件
.gif	GIF 图像文件
.swf	Flash 动画文件
.html/htm	HTML 文件
.xml	XML 文件
.bmp	位图文件
.jpg	图像文件
.pdf	PDF 文档的电子映像，代表 Portable Document Format（可移植文档格式）
.png	图像文件 PNG（Portable Network Graphic，可移植网络图形）
.ps	PostScript 文件，为打印而格式化过的文件
.txt	纯 ASCII 文本文件
.wav	音频文件
.xpm	图像文件

4. 压缩和归档文件

常见的压缩和归档文件如表 1-5 所示。

表 1-5　常见的压缩和归档文件

文件扩展名	说明
.bz2	使用 bzip2 压缩的文件
.gz	使用 gzip 压缩的文件
.tar	使用 tar（Tape Archive，磁带归档）压缩的文件
.tbz	使用 tar 和 bzip 压缩的文件
.tgz	使用 tar 和 gzip 压缩的文件
.rar	Windows 中常见，在 Linux 中使用较少
.zip	在 MS-DOS 中常见，在 Linux 下使用 gzip 压缩，而.zip 归档较少见

文件扩展名不总是被一致地使用。如果一个文件没有扩展名，或者与它的扩展名不符时怎么办？这时，file 命令就会起到作用。比如，在 /root 目录找到了一个叫做 ins 的文件，它没有扩展名，使用 file 命令就可以判定这个文件的类型，命令格式为：

file + 文件路径 + 文件名

例如：

```
#file  /root/ins
```

1.3.2 Linux 文件系统

文件系统是操作系统用于明确磁盘或分区上的文件的方法和数据结构，即在磁盘上组织文件的方法，也指用于存储文件的磁盘或分区，或文件系统种类。因此，“我有两个文件系统”的意思是有两个分区，而“扩展文件系统”则是指文件系统的种类。

磁盘或分区和它所包括的文件系统不同是一个很严重的问题。少数程序（包括最有理由产生文件系统的程序）直接对磁盘或分区的原始扇区进行操作，这可能破坏一个已存在的文件系统。大部分程序基于文件系统进行操作，在不匹配的文件系统上不能工作。一个分区或磁盘作为文件系统使用前需要初始化，并将记录数据结构写到磁盘上，这个过程称为建立文件系统。

文件结构是文件存放在磁盘等存储设备上的组织方法。一个文件系统的好坏主要体现在对文件和目录的组织上。目录提供了管理文件的一个方便而有效的途径。用户能够从一个目录切换到另一个目录，而且可以设置目录和文件的权限，以及设置文件的共享程度。

使用 Linux，用户可以设置目录和文件的权限，以便允许或拒绝其他人对其进行访问。Linux 目录采用多级树形结构，用户可以浏览整个系统，可以进入任何一个已授权进入的目录，并访问那里的文件。

文件结构的相互关联性使共享数据变得容易，几个用户可以访问同一个文件。其中核心概念是超级块 superblock、i 结点 inode、数据块 data block、目录块 directory block 和间接块 indirection block。超级块包括文件系统的总体信息，比如大小（其准确信息依赖于文件系统）。i 结点包括除了文件名外的一个文件的所有信息，文件名与 i 结点数目一起保存在目录中，即目录条目包括文件名和文件的 i 结点数目。i 结点包含几个数据块，用于存储文件的数据，但只有少量数据块的空间，如果需要更多空间，它会动态分配指向数据块的指针空间。这些动态分配的块是间接块，为了找到数据块，它必须先找到间接块的号码。

Linux 是一个多用户系统，操作系统本身的驻留程序存放在以根目录开始的专用目录中，有时被指定为系统目录。内核、shell 和文件结构一起构成了基本的操作系统结构，它们使得用户可以运行程序、管理文件以及使用系统。此外，Linux 操作系统还有许多被称为实用工具的程序，辅助用户完成一些特定的任务。

Linux 支持多种文件系统，以下是最重要的几个。

（1）minix。最老的也是最可靠的，但缺少特色（有些没有时间标记，文件名最长 30 个字符），能力有局限（每个文件系统最多 64MB）。

（2）xia。是 minix 文件系统的一个修正版本，改善了文件名和文件系统大小的局限，但没有新的特色。

（3）ext2。ext2 文件系统是 Linux 系统中最为成功的文件系统，各种版本的 Linux 系统都将 ext2 文件系统作为操作系统的基础。

ext2 文件系统中的数据是以数据块的方式存储在文件中的。这些数据块具有同样的大小，并且其大小可以在 ext2 创建时设定。每一个文件的长度都要补足到块的整数倍。例如，如果一个块的大小是 1024 字节，那么一个 1025 字节大小的文件则占用两个数据块。所以，平均一个文件将浪费半个数据块的空间。但这样可以减轻系统中 CPU 的负担。文件系统中不是所有的数据块都存储数据，有的数据块用来存储一些描述文件系统结构的信息。ext2 通过使用索引结点（inode）数据结构来描述系统中的每一个文件。索引结点描述了文件中的数据占用了哪一个数据块以及文件的存取权限、文件的修改时间和文件类型等信息。ext2 文件系统中的每一个文件都只有一个索引结点，而每一个索引结点都有一个唯一的标识符。文件系统中的所有索引结点都保存在索引结点表中。ext2 中的目录只是一些简单的特殊文件，这些文件中包含指向目录入口的索引结点的指针。

对于一个文件系统来说，某一个块设备只是一系列可以读写的数据块。文件系统无须关心数据块在设备中的具体位置，这是设备驱动程序的工作。每当文件系统需要从块设备中读取数据时，它就要求设备驱动程序读取整数数目的数据块。ext2 文件系统将它所占用的设备的逻辑分区分成了数据块组，每一个数据块组都包含一些有关整个文件系统的信息以及真正的文件和目录的数据块。

（4）ext3。ext3 文件系统在 ext2 的基础上增加了日志功能，它是一种日志式的文件系统。事实上，在所有的 Linux 文件系统中，ext3 具有最广泛的日志记录支持，它不仅支持元数据日志记录，还支持有序日志记录（默认）和完全的“元数据+数据”日志记录。这些“特殊”的日志记录方式有助于保证数据的完整性，而不像其他日志记录仅缩短 fsck 的运行时间。出于这个原因，如果数据的完整性是绝对最重要的，那么 ext3 是最佳的文件系统。

（5）ext4。ext4 文件系统在 ext3 的基础之上做了很多改进，引入了大量的新功能，它有更大的文件系统和文件、更多的子目录数量等。这些改进主要是为了提高未来 Linux 系统的性能。虽然 ext4 做了很多改进，但依然能够与 ext3 实现向后和向前的兼容。

（6）nfs。网络文件系统，允许多台计算机之间共享文件系统，易于从这些计算机上存取文件。

（7）sysv。System V/386、Coherent 和 Xenix 文件系统。

此外，还有 proc 文件系统，它一般在/proc 目录下，不是一个真正的文件系统。proc 文件系统使用户易于存取全部核心数据结构，如进程列表，使这些数据结构看起来像文件系统，它可以用一般的文件工具操作。

习题一

一、填空题

1．Linux 操作系统的安装类型主要有________。
2．Linux 操作系统的安装方法主要有________。

二、选择题

1．以下关于 Linux 系统的根用户和根口令的说法错误的是（　　）。
　A．根用户对系统拥有完全控制权限
　B．根用户类似 Windows 系统的系统管理员
　C．根用户的口令为根口令，根口令不少于 6 个字符
　D．Linux 的根用户可以有多个
2．以下关于 Linux 的分区字段，说法错误的是（　　）。
　A．设备字段显示分区的设备名
　B．挂载点是文件卷在目录层次内存的位置
　C．类型字段显示了分区的类型（如 ext2、ext3 或 vfat）
　D．开始字段显示了分区在硬盘上开始的字节号

第 2 章　Linux 基础命令

2.1　系统基本操作

Linux 是一个多用户、多任务的操作系统，系统上的文件信息往往具有保密性质，为保证系统的安全性，Linux 需要对访问系统的用户进行相关的认证识别，即系统登录。用户完成工作离开系统时，应该关闭用户账号退出系统，以保护用户的相关文件信息。

2.1.1　系统登录和退出

1．系统登录

用户登录系统时，为了使系统能够识别自己，必须输入用户名和密码，经系统验证无误后方能进入系统。在系统安装过程中可以创建两种账号：

（1）root 用户，超级用户账号，使用这个账号可以在系统中做任何事情。

（2）普通用户，只能进行有限的操作。

一般的 Linux 用户均为普通用户，而系统管理员一般使用超级用户账号完成一些系统管理的工作。如果只需要完成一些由普通账号就能完成的任务，建议不要使用超级用户账号，以免无意中破坏系统。

用户登录分两步进行：第一步，输入用户的登录名，系统根据该登录名来识别用户；第二步，输入用户的口令，该口令是用户自己选择的一个字符串，对其他用户是保密的，是在登录时系统用来辨别真假用户的关键字。

在 Linux 系统中，系统管理员在为用户建立新账号时赋给用户一个用户名和一个初始的口令。另外，Linux 系统还会给计算机赋予一个主机名。主机名用于在网络上识别独立的计算机（即使用户的计算机没有联网，也应该有一个主机名），RedHat Linux 的默认主机名为 localhost。

超级用户的用户名为 root，密码在安装系统时已设定。系统启动成功后，屏幕显示下面的提示：

```
localhost login:
```

这时输入超级用户名 root，然后按回车键。此时，用户会在屏幕上看到输入口令的提示：

```
localhost login:root
Password:
```

这时，需要输入口令。输入口令时，口令不会在屏幕上显示出来。如果用户输入了错误的口令，就会在屏幕上看到下列信息：

```
login incorrect.
```

这时需要重新输入。当用户正确地输入用户名和口令后，就能合法地进入系统，屏幕显示：

```
[root@localhost root]#
```

此时说明该用户已经登录到系统中，可以进行操作了。这里“#”是超级用户的系统提示符。普通用户登录建立了普通用户账号以后，就可以进行登录了，普通用户的系统提示符是“$”。

在登录时，用户会在屏幕上看到类似下面的提示：

```
localhost login:
```

这时输入用户名 qiaoyu，然后按回车键，屏幕上出现输入口令的提示：

```
localhost login:qiaoyu
Password:
```

这时，需要输入口令。输入口令时，口令不会在屏幕上显示出来。如果用户输入了错误的口令，就会在屏幕上看到下列信息：

```
login incorrect.
```

这时需要重新输入。当用户正确地输入用户名和口令后，就能合法地进入系统，屏幕显示：

```
[qiaoyu@localhost qiaoyu]$
```

此时说明该用户已经登录到系统中，可以进行操作了。

2. 系统退出

不论是超级用户还是普通用户，需要退出系统时，在 shell 提示符下键入 exit 命令即可。例如退出超级用户：

```
[root@localhost root]# exit
```

也可以用 logout 命令退出，但 exit 命令是最安全的。

3. 系统重启和关闭

（1）reboot 命令。

reboot 命令用于重新启动系统，其一般格式为：

```
reboot [选项]
```

主要选项含义如下。

-f：强制系统重新启动。

-d：系统重启后，不向/var/tmp/wtmp 文件中写入记录。

-w：不真正重启系统，但将重启信息写入/var/tmp/wtmp 文件中。

直接输入 reboot 命令重启系统：

```
[root@localhost root]# reboot
```

（2）shutdown 命令。

shutdown 命令用于关闭系统，其一般格式为：

```
shutdown [选项]
```

主要选项含义如下。

-r：重启系统。

-k：并不真正关机，只是发送警告信号给每位登录者。

-h：关机后关闭电源。

-n：不调用 init 而直接关机。不鼓励使用这个选项，而且该选项所产生的后果往往不总是预期得到的。

-c：取消目前正在执行的关机程序。

-f：在重启系统时忽略执行 fsck 命令。

-F：在重启系统时强迫执行 fsck 命令。

-time：设定关机时间。

例如，用 shutdown 命令关闭系统：

```
[root@localhost root]# shutdown -h
```

（3）halt 命令。

halt 命令是最简单的关机命令，其实 halt 命令就是调用 shutdown-h，其一般格式为：

```
halt [选项]
```

主要选项含义如下。

-f：不调用 shutdown 命令而强制关机。

-p：该选项为默认选项，关机时调用 poweroff 命令关闭电源。

-w：不真正关机，但将关机信息写入/var/log/wtmp 文件中。

-d：不将关机信息写入/var/log/wtmp 文件中。

2.1.2　修改口令

Linux 允许不同的用户通过控制口令来保障信息的安全，用户只有通过正确的口令才能登录系统，Linux 系统下用户通过 passwd 命令来修改口令。

Linux 用户包括超级用户和普通用户，超级用户具有最高权限，可以修改所有用户的口令，而普通用户只能修改自己的口令。

passwd 命令的一般格式为：

```
passwd [选项] 账户名称
```

主要选项含义如下。

-l：锁定已经命名的账户名称，只有具备超级用户权限的使用者才可使用。

-u：解开账户锁定状态，只有具备超级用户权限的使用者才可使用。

-x, --maximum=DAYS：最大密码使用时间（天），只有具备超级用户权限的使用者才可使用。

-n, --minimum=DAYS：最小密码使用时间（天），只有具备超级用户权限的使用者才可使用。

-d：删除使用者的密码，只有具备超级用户权限的使用者才可使用。

例如，超级用户修改账户 qiaoyu 的口令，输入如下命令：

```
[root@localhost root]# passwd qiaoyu
Changing password for user qiaoyu.
```

此时提示输入新的口令：

```
New password:
```

重新输入一次，确认新的口令：

```
Retype new password:
```

口令修改成功后出现如下提示：

```
passwd: all authentication tokens updated successfully.
```

2.2　Linux 常用操作命令

2.2.1　文件和目录的基本概念

1. 文件与文件名

在多数操作系统中都有文件的概念。文件是 Linux 用来存储信息的基本结构，它是被命名

（称为文件名）的存储在某种介质（如磁盘、光盘和磁带等）上的一组信息的集合。Linux 文件均为无结构的字符流形式。文件名是文件的标识，它由字母、数字、下划线和圆点组成的字符串构成，用户应该选择有意义的文件名。Linux 要求文件名的长度限制在 255 个字符以内。

为了便于管理和识别，用户可以把扩展名作为文件名的一部分。圆点用于区分文件名和扩展名，扩展名对于文件分类是十分有用的。用户可能对某些大众已接纳的标准扩展名比较熟悉，例如 C 语言编写的源代码文件总是具有.c 的扩展名。用户可以根据自己的需要，随意加入自己的文件扩展名。

以下例子都是有效的 Linux 文件名：

preface
chapter1.txt
xu.c
xu.bak

2. 文件的类型

Linux 系统中有 3 种基本的文件类型：普通文件、目录文件和设备文件。

（1）普通文件。普通文件是用户最常面对的文件，它又分为文本文件和二进制文件。

文本文件：这类文件以文本的 ASCII 码形式存储在计算机中，它是以“行”为基本结构的一种信息组织和存储方式。

二进制文件：这类文件以文本的二进制形式存储在计算机中，用户一般不能直接读懂它们，只有通过相应的软件才能将其显示出来。二进制文件一般是可执行程序、图形、图像、声音等。

（2）目录文件。设计目录文件的主要目的是管理和组织系统中的大量文件，它存储一组相关文件的位置、大小等与文件有关的信息。目录文件往往简称为目录。

（3）设备文件。设备文件是 Linux 系统很重要的一个特色。Linux 系统把每一个 I/O 设备都看成一个文件，与普通文件一样处理，这样可以使文件与设备的操作尽可能统一。从用户的角度来看，对 I/O 设备的使用和一般文件的使用一样，不必了解 I/O 设备的细节。设备文件可以细分为块设备文件和字符设备文件，前者的存取是以一个个字符块为单位的，后者则是以单个字符为单位的。

3. 树形目录结构

在计算机系统中存在大量的文件，如何有效地组织与管理它们，并为用户提供一个使用方便的接口是文件系统的一大任务。Linux 系统以文件目录的方式来组织和管理系统中的所有文件。所谓文件目录就是将所有文件的说明信息采用树形结构组织起来，即我们常说的目录。也就是说，整个文件系统有一个“根”（root），然后在根上分“杈”（directory），任何一个分杈上都可以再分杈，杈上也可以长出“叶子”。“根”和“杈”在 Linux 中被称为“目录”或“文件夹”，而“叶子”则是一个个文件。实践证明，此种结构的文件系统效率比较高。

如前所述，目录也是一种类型的文件。Linux 系统通过目录将系统中所有的文件分级、分层组织在一起，形成了 Linux 文件系统的树形层次结构。以根目录为起点，所有其他的目录都由根目录派生而来。一个典型的 Linux 系统的树形目录结构如图 2-1 所示。用户可以浏览整个系统，可以进入任何一个已授权进入的目录，并访问目录下的文件。

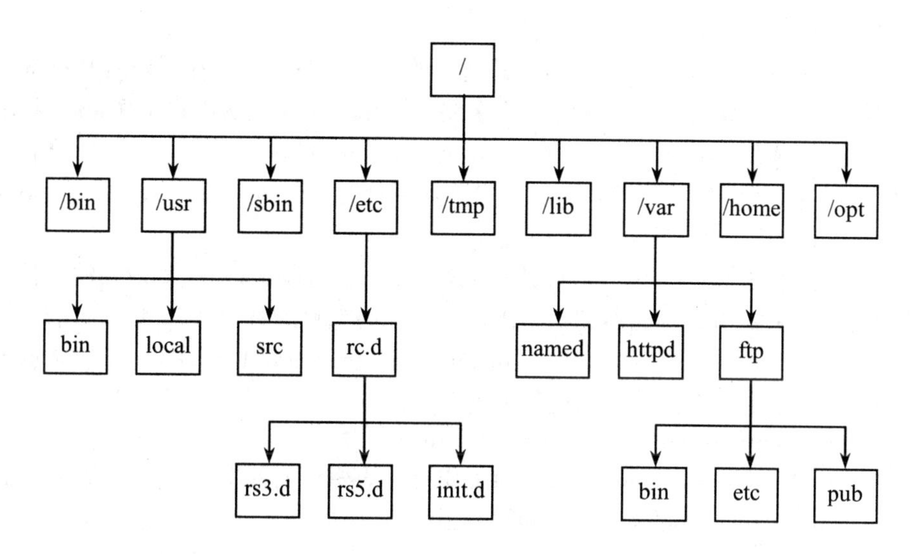

图 2-1 Linux 系统的树形目录结构

系统在建立每一个目录时，都会自动为它设定两个目录文件：一个是“.”，代表该目录自己；另一个是“..”，代表该目录的父目录。对于根目录，“.”和“..”都代表其自己。

Linux 目录提供了管理文件的一个方便途径。每个目录里面都包含文件。用户可以为自己的文件创建目录，也可以把一个目录下的文件移动或复制到另一个目录下，甚至能移动整个目录，并且和系统中的其他用户共享目录和文件。也就是说，用户能够方便地从一个目录切换到另一个目录，而且可以设置目录和文件的管理权限，以便允许或拒绝其他人对其进行访问。同时文件目录结构的相互关联性使分享数据变得十分容易，几个用户可以访问同一个文件，因此允许用户设置文件的共享程度。

需要说明的是，根目录是 Linux 系统中的特殊目录。Linux 是一个多用户系统，操作系统本身的驻留程序存放在以根目录开始的专用目录中，有时被指定为系统目录。在图 2-1 中，根目录下的目录就是系统目录。

4. 工作目录、用户主目录与路径

如前所述，目录是 Linux 系统组织文件的一种特殊文件。从逻辑上讲，用户在登录 Linux 系统之后，每时每刻都处于某个目录之中，此目录被称为工作目录或当前目录（working directory）。工作目录是可以随时改变的，用户初始登录到系统中时，其主目录（home directory）就成为其工作目录。工作目录用“.”表示，其父目录用“..”表示。

用户主目录是系统管理员增加用户时建立起来的（以后也可以改变），每个用户都有自己的主目录，不同用户的主目录一般互不相同。用户刚登录到系统中时，其工作目录便是该用户的主目录，通常与用户的登录名相同，用户可以通过一个“~”字符来引用自己的主目录。例如，命令[xu@localhost /home/xu]$ cat~/class/software_1 和命令[xu@localhost /home/xu]$ cat/home/xu/class/software_1 意义相同。shell 用用户主目录名替换“~”字符。目录层次建立好之后，用户就可以把有关的文件放到相应的目录中，从而实现对文件的组织。

对文件进行访问时，需要用到路径（path）的概念。路径是指从树形目录中的某个目录层次到某个文件的一条道路。此路径的主要构成是目录名称，中间用“/”分开。任一文件在文件系统中的位置都是由相应的路径决定的。

用户在对文件进行访问时，要给出文件所在的路径。路径又分相对路径和绝对路径。绝对路径是指从根目录开始的路径，也称为完全路径；相对路径是从用户工作目录开始的路径。

应该注意到，在树形目录结构中到某一确定文件的绝对路径和相对路径均只有一条。绝对路径是确定不变的，而相对路径则随着用户工作目录的变化而不断变化。这一点对于以后使用某些命令如 cp 和 tar 等大有好处。

用户要访问一个文件时，可以通过路径名来引用，并且可以根据要访问的文件与用户工作目录的相对位置来引用它，而不需要列出这个文件的完整的路径名。例如，用户 xu 有一个名为 class 的目录，该目录中有两个文件：software_1 和 hardware_1。若用户 xu 想显示出其 class 目录中名为 software_1 的文件，可以使用下列命令：

```
[xu@localhost /home/xu]$ cat   /home/xu/class/software_1
```

用户也可以根据文件 software_1 与当前工作目录的相对位置来引用该文件，这时命令为：

```
[xu@localhost /home/xu]$ cat   class/software_1
```

2.2.2　文件和目录命令

1. cat 命令

cat 命令用于将文件内容在标准输出设备上显示出来，它类似于 DOS 下的 type 命令。cat 命令可用于显示文件功能和连接两个或多个文件。

cat 命令用于显示文件内容的格式为：

```
cat [选项]  文件名 1 [文件名 2]…[文件名 N ]
```

命令的主要选项含义如下。

-n：由 1 开始对文件所有输出的行数编号。

-b：和-n 相似，只不过对空白行编号。

-s：当遇到有连续两行以上的空白行时，则替换为一行的空白行。

-v：显示非打印字符。

例如，在命令提示符后输入以下命令：

```
[root@localhost root]# cat eamcat.txt
```

按回车键，则可查看文本的内容如下：

```
main()
{
  printf("Hello cat demand!");
}
```

cat 命令还可以用于连接两个或多个文件，格式为：

```
cat  文件名 1  文件名 2…文件名 N >  文件名 M
```

该命令将文件 1，文件 2，…，文件 N 的内容合并到文件 M 中，但屏幕上并不显示合并后的内容，必须使用“cat 文件名 M”才可以查看到内容。

例如，将文本文件 eamcat.txt 与 hello.txt 两个文件的内容合并到 total.txt 中，使用如下命令：

```
[root@localhost 2-2-2]# cat eamcat.txt   hello.txt>total.txt
```

使用 cat total.txt 查看 total.txt 文件的内容如下：

```
main()
{
```

```
    printf("Hello cat demand!");
  }
  This is a single file content!
```

以上内容是两个文件合并后的内容。

2．more 命令

more 命令用来对内容比较多的文件进行分页显示，其格式为：

```
more [选项]  文件名
```

该命令一次显示一屏，显示一屏后暂停，并在底部显示--More--，同时还显示已经显示的内容占整个内容的百分比。按回车键可以向后移动一行；按空格键可以向后移动一页；按 Ctrl+B 组合键或 b 键显示上一屏的内容；按 Q 键退出。

主要选项含义如下。

-p：显示下一屏之前先清屏。

-c：作用同-p。

-s：当遇到有连续两行以上的空白行时，则替换为一行的空白行。

-d：在每屏的底部显示更友好的提示信息。

例如，用分页方式显示文件 myshare.c 的内容，输入如下命令并显示：

```
[root@linux-server root]# more myshare.c
#include <stdio.h>
#include <stdlib.h>
#include <sys/types.h>
#include <sys/ipc.h>
#include <sys/shm.h>

#define BUFF 2048

int main()
{
  int shmid;
  char *share;
  //使用 shmget 函数创建共享内存
  if((shmid=shmget(IPC_PRIVATE, BUFF,0666))<0){
      perror("shmget error!");
      exit(1);
  }
  else
      printf("%d shared memory has created!\n", shmid);
      //调用系统命令，显示系统内存情况
      system("ipcs -m");
}
```

3．cp 命令

cp 命令用于复制文件或目录，它相当于 DOS 中的 copy 命令，其格式为：

```
cp [选项]  源文件或目录   目标文件或目录
```

该命令把指定的源文件复制到目标文件，或者把指定目录下的多个文件复制到目标目录中。如果指定的目标文件名存在，用 cp 命令拷贝文件后，在默认情况下这个文件就会被新文件覆盖。

主要选项含义如下。

-a：保留链接、文件属性，并递归地拷贝目录，等效于同时指定-dpR 选项的组合。

-b：删除、覆盖目标文件之前的备份，备份文件会在字尾加上一个备份字符串。

-d：拷贝时保留链接。

-f：强行复制文件或目录，不论目标文件或目录是否已存在。

-i：覆盖既有文件之前先询问用户。

-l：对源文件建立硬连接，而不是复制文件。

-p：保留源文件或目录的属性。

-r：递归处理，将指定目录下的文件与子目录一并处理。

例如，将当前目录下的 main.c 复制到/root/dir 子目录中，在命令提示符下输入以下命令即可：

```
[root@localhost root]# cp main.c /root/dir
```

4. pwd 命令

pwd 命令用于显示当前所处的目录，其格式为：

```
pwd
```

此命令不带任何参数，用于显示当前目录的绝对路径。

例如，要查看当前目录的路径，输入 pwd 命令并得到当前目录的绝对路径：

```
[root@localhost dir]# pwd
/root/dir
```

5. ls 命令

ls 命令用于查看目录的内容，其格式为：

```
ls [选项] [目录或文件]
```

该命令列出指定目录的内容，默认情况下，输出条目按字母顺序排列。

主要选项含义如下。

-a：列出目录下的所有文件，包括以“.”开头的隐含文件。

-c：以文件 i 结点的修改时间排序。

-i：输出文件的 i 结点的索引信息。

-l：列出文件的详细信息。

-r：对目录反向排序。

-s：在每个文件名后输出该文件的大小。

-R：列出所有子目录下的文件。

-S：以文件大小排序。

例如，列出当前目录的内容，并按修改时间排序。

```
[root@linux-server root]# ls –c
tree.c          mysignal        j
test.c          mysignal.0      jos.c
Desktop         core.5575       mod
Net             core.5542       mod.c
ly.cpp          core.5547       reverse.c
```

```
liying1.cpp       #hello.c#          r
linux             hello.c~           2.sh
lycplus.cpp       wom                jos
hello             gdbtst             table
hello.c           core.11088         table.c
lyl.c             gdbtst.c           littlee_endian.c
nihao.c           core.11059         little
evolution         msg.h              ss
core.5948         helloprogram.c     realloc.cpp
core.5942         helloprogram       hanoi
core.5947         helloprogram.o     hanoi.cpp
core.5438         msg.o              gcd
core.5433         main.c             gcd.c
```

6. cd 命令

cd 命令用于更改目录，其格式为：

```
cd [目录名]
```

该命令将当前目录改变至指定的目录。若没有指定的目录，则回到用户的个人目录。该命令要求用户必须拥有对指定目录的执行和读权限。要进入上一级目录，直接执行“cd..”命令即可。

例如，要进入/mnt/cdrom 目录，在命令提示符下输入以下命令：

```
[root@localhost root]# cd /mnt/cdrom
```

7. mkdir 命令

mkdir 命令用于创建目录，其格式为：

```
mkdir [选项] 目录名
```

该命令创建目录时，要求创建目录的用户在当前目录中具有写权限，并且所创建的目录名不是当前目录下已有的目录名或文件名。

主要选项含义如下。

-p：目录名可以是一个路径名称，此时系统可以自动创建好路径中尚不存在的目录，即一次可以创建多个目录。

例如，在/mnt 目录下创建一个新目录 linux。

在命令提示符下输入：

```
[root@localhost root]# mkdir /mnt/linux
```

执行完毕后，用 ls 命令查看是否创建成功。

```
[root@localhost root]# ls /mnt/
cdrom   floppy   linux   mp3   mplayer
```

结果显示 linux 目录已经成功创建。

8. rmdir 命令

rmdir 命令用于删除空的目录，其格式为：

```
rmdir [选项] 目录名
```

该命令从当前目录下删除一个或多个子目录，被删除的目录必须是空目录。

主要选项含义如下。

-p：递归删除目录，当子目录删除后，其父目录为空时也一同删除。

9. rm 命令

rm 命令用于删除文件或目录，其格式为：

rm [选项] 文件名或目录名

该命令用于删除一个或多个文件（目录），它可以将某个目录及其下的所有文件和子目录均删除。如要删除目录必须加上参数-r，否则只删除文件而不删除目录。

主要选项含义如下。

-f：强制删除文件或目录。

-i：删除既有文件或目录之前先询问用户。

-r：递归处理，将指定目录下的所有文件及子目录一并处理。

例如，要删除当前目录下的 dir 子目录，在命令提示符下执行以下命令：

```
[root@localhost root]# rm -ir dir
```

按回车键执行，系统出现如下提示：

rm: 是否删除目录‘dir’？

输入 Y，即可完成删除操作。

10. mv 命令

mv 命令用于移动或更改现有的文件或目录，其格式为：

mv [选项] 源文件或目录 目标文件或目录

该命令根据第二个参数的类型是文件还是目录来选择是执行重命名还是执行移动操作。当第二个参数是文件时，执行重命名操作，此时源文件或目录只有一个；当第二个参数是已存在的目录时，源文件或目录可以有多个，执行移动操作。

主要选项含义如下。

-b：若需要覆盖文件，则覆盖前先行备份。

-f：若目标文件或目录与现有的文件或目录重复，则直接覆盖现有的文件或目录。

-i：覆盖前先行询问用户。

例如，将当前目录下的 main.c 重命名为 hello.c，执行如下命令即可：

```
[root@localhost dir]# mv main.c hello.c
```

11. grep、fgrep 和 egrep 命令

这组命令以指定模式搜索文件，通知用户在什么文件中搜索到与指定的模式匹配的字符串，并打印出所有包含该字符串的文本行，在该文本行的最前面是该行所在的文件名。grep 命令一次只能搜索一个指定的模式；egrep 命令检索扩展的正则表达式（包括表达式组和可选项）；fgrep 命令检索固定字符串，它不识别正则表达式，是快速搜索命令。

搜索的模式可以是一些关键词，用户可以用 grep、fgrep 和 egrep 命令来搜索文件中包含的这些关键词，编写程序时可以用它们来寻找某一个函数或是相关的词组。grep 命令的搜索功能比 fgrep 强大，因为 grep 命令的搜索模式可以是正则表达式，而 fgrep 却不是。正则表达式是一种用于模式匹配和替换的工具，可以让用户通过使用一系列的特殊字符构建匹配模式，然后把匹配模式与待比较的字符串或文件进行比较，根据比较对象中是否包含匹配模式来执行相应的程序。

语法格式如下：

grep [选项] [查找模式] [文件名 1,文件名 2,⋯]

```
egrep [选项] [查找模式] [文件名 1,文件名 2,…]
fgrep [选项] [查找模式] [文件名 1,文件名 2,…]
```

命令中各选项的含义如下。

- E：每个模式作为一个扩展的正则表达式对待。

- F：每个模式作为一组固定字符串对待（以新行分隔），而不作为正则表达式。

- b：在输出的每一行前显示包含匹配字符串的行在文件中的字节偏移量。

- c：只显示匹配行的数量。

- i：比较时不区分大小写。

- h：在查找多个文件时，指示 grep 不要将文件名加入到输出之前。

- l：显示首次匹配串所在的文件名并用换行符将其隔开。当在某文件中多次出现匹配串时，不重复显示此文件名。

- n：在输出前加上匹配串所在行的行号（文件首行行号为 1）。

- v：只显示不包含匹配串的行。

- x：只显示整行严格匹配的行。

- e expression：指定检索使用的模式，用于防止以“-”开头的模式被解释为命令选项。

- f expfile：从 expfile 文件中获取要搜索的模式，一个模式占一行。

该组命令中的每一个命令都有一组选项，利用这些选项可以改变其输出方式。例如，可以在搜索到的文本行上加入行号，或者只输出文本行的行号，或者输出所有与搜索模式不匹配的文本行，或者只简单地输出已搜索到的指定模式的文件名；并且可以指定在查找模式时忽略大小写。

命令的功能是在指定的输入文件中查找与模式匹配的行。如果没有指定文件，则从标准输入中读取。正常情况下，每个匹配的行都被显示到标准输出。如果要查找的文件是多个，则在每一行输出之前加上文件名。

在命令后键入搜索的模式，再键入要搜索的文件。其中，文件名列表中也可以使用特殊字符，如“*”等，用来生成文件名列表。如果想在搜索的模式中包含有空格的字符串，可以用单引号把要搜索的模式括起来，用来表明搜索的模式是由包含空格的字符串组成的。否则，shell 将把空格认为是命令行参数的定界符，而 grep 命令将把搜索模式中的单词解释为文件名列表中的一部分。在下面的例子中，grep 命令在文件 example 中搜索模式 text file。

```
$ grep 'text file' example
```

用户可以在命令行上用 shell 特殊字符来生成将要搜索的文件名列表。在下面的例子中，特殊字符“*”用来生成一个文件名列表，该列表包含当前目录下所有的文件。该命令将搜索出当前目录下所有文件中与模式匹配的行。

```
$ grep data *
```

特殊字符在搜索一组指定的文件时非常有用。例如，如果想搜索所有的 C 程序源文件中特定的模式，可以用“*.c”来指定文件名列表。假设用户的 C 程序中包含一些不必要的转向语句（如 goto 语句），想要找到这些语句，可以用如下命令来搜索并显示所有包含 goto 语句的代码行：

```
$ grep goto *.c
```

12. 文件查找命令 find

功能：在目录结构中搜索文件，并执行指定的操作。此命令提供了相当多的查找条件，功能很强大。

语法：find 起始目录 寻找条件 操作

说明：find 命令从指定的起始目录开始，递归地搜索其各个子目录，查找满足寻找条件的文件并对其进行相关的操作。

根据名称和文件属性查找，所带的参数如下。

- name '字串'：查找文件名匹配所给字串的所有文件，字串内可以用通配符*、?、[ ]。

- lname '字串'：查找文件名匹配所给字串的所有符号链接文件，字串内可以用通配符*、?、[ ]。

-gid n：查找属于 ID 号为 n 的用户组的所有文件。

-uid n：查找属于 ID 号为 n 的用户的所有文件。

-group '字串'：查找属于用户组名为所给字串的所有文件。

-user '字串'：查找属于用户名为所给字串的所有文件。

-empty：查找大小为 0 的目录或文件。

-path '字串'：查找路径名匹配所给字串的所有文件，字串内可以用通配符*、?、[ ]。

-perm 权限：查找具有指定权限的文件和目录，权限的表示可以如 711、644 等形式。

-size n[bckw]：查找指定文件大小的文件，n 后面的字符表示单位，默认为 b，代表 512 字节的块。

-type x：查找类型为 x 的文件，x 为 b（块设备文件）、c（字符设备文件）、d（目录文件）、p（命名管道 FIFO）、f（普通文件）、l（符号链接文件，Symbolic Links）、s（socket 文件）等字符之一。

以时间为条件查找，所带的参数如下。

- amin n：查找 n 分钟以前被访问过的所有文件。

- atime n：查找 n 天以前被访问过的所有文件。

- cmin n：查找 n 分钟以前文件状态被修改过的所有文件。

- ctime n：查找 n 天以前文件状态被修改过的所有文件。

- mmin n：查找 n 分钟以前文件内容被修改过的所有文件。

- mtime n：查找 n 天以前文件内容被修改过的所有文件。

可执行的操作如下。

- exec 命令名称{}：对符合条件的文件执行所给的 Linux 命令，而不询问用户是否需要执行该命令。{}表示命令的参数即为所找到的文件；命令的末尾必须以“ \;”结束。

- ok 命令名称{ }：对符合条件的文件执行所给的 Linux 命令，与 exec 不同的是，它会询问用户是否需要执行该命令。

- ls：详细列出所找到的所有文件。

- fprintf 文件名：将找到的文件名写入指定文件。

- print：在标准输出设备上显示查找出的文件名。

- printf 格式：格式的写法请参考有关 C 语言的书。

例 1 查找当前目录中所有以 main 开头的文件，并显示这些文件的内容。

```
$ find . - name 'main*' - exec more {} \;
```

例 2　删除当前目录下所有一周之内没有被访问过的 a.out 或*.o 文件。

```
$ find . \(- name a.out - o - name '*.o'\) - atime +7 - exec rm {} \;
```

说明：命令中的“.”表示当前目录，此时 find 将从当前目录开始，逐个在其子目录中查找满足后面指定条件的文件。\(和\)表示括号()，其中的“\”称为转义符。之所以这样写是因为对于 shell 而言，括号(和)另有不同的含义，而不是这里的用于组合条件的用途。- name a.out 是指要查找名为 a.out 的文件；- name '*.o'是指要查找所有名字以 .o 结尾的文件。这两个- name 之间的- o 表示逻辑或（or），即查找名字为 a.out 或名字以 .o 结尾的文件，find 在当前目录及其子目录下找到这样的文件之后再进行判断，看其最后访问时间是否在 7 天以前（条件-atime +7），若是，则对该文件执行命令 rm（- exec rm{ }\;）。其中{ }代表当前查到的符合条件的文件名，\;则是语法所要求的。

在命令输入过程中，如果命令太长，一行放不下时，可以在行尾键入“\”续行符。当输入一个“\”后系统将显示一个>，指示用户继续输入命令。

13. locate 命令

locate 命令用于查找文件，比 find 命令的搜索速度快，它需要一个数据库，这个数据库由每天的例行工作（crontab）程序来建立。当建立好这个数据库后，就可以方便地搜寻所需文件了。

该命令的一般形式为：

```
locate 相关字
```

例如，查找相关字 issue：

```
$ locate issue
```

14. wc 命令

wc 命令的功能为统计指定文件中的字节数、字数、行数，并将统计结果显示输出。

语法：wc [选项] 文件…

说明：该命令统计给定文件中的字节数、字数、行数。如果没有给出文件名，则从标准输入读取。wc 同时也给出所有指定文件的总统计数。字是由空格字符区分开的最大字符串。

该命令各选项的含义如下。

- c：统计字节数。

- l：统计行数。

- w：统计字数。

这些选项可以组合使用。命令的输出按下述顺序显示并且每项最多一列：行数、字数、字节数、文件名。

例如：

```
$ wc - lcw file1 file2
```

省略选项-lcw，wc 命令的执行结果与上面一样。

15. ln 命令

该命令在文件之间创建链接。这种操作实际上是给系统中已有的某个文件指定另外一个可用于访问它的名称。对于这个新的文件名，可以为之指定不同的访问权限，以控制对信息的共享和安全性的问题。如果链接指向目录，用户就可以利用该链接直接进入被链接的目录而不用输入一大堆的路径名。而且，即使删除了这个链接，也不会破坏原来的目录。

语法：ln [选项] 目标 [链接名]

ln [选项] 目标 目录

链接有两种：一种被称为硬链接（hard link），另一种被称为符号链接（symbolic link）。建立硬链接时，链接文件和被链接文件必须位于同一个文件系统中，并且不能建立指向目录的硬链接。而对于符号链接，则不存在这个问题。默认情况下，ln 产生硬链接。

在硬链接的情况下，参数中的“目标”被链接至[链接名]。如果[链接名]是一个目录名，系统将在该目录之下建立一个或多个与“目标”同名的链接文件，链接文件和被链接文件的内容完全相同。如果[链接名]为一个文件，用户将被告知该文件已存在且不进行链接。如果指定了多个“目标”参数，那么最后一个参数必须为目录。

如果给 ln 命令加上-s 选项，则建立符号链接。如果[链接名]已经存在但不是目录，将不做链接。[链接名]可以是任何一个文件名（可包含路径），也可以是一个目录，并且允许它与“目标”不在同一个文件系统中。如果[链接名]是一个已经存在的目录，系统将在该目录下建立一个或多个与“目标”同名的文件，此新建的文件实际上是指向原“目标”的符号链接文件。

例如：

```
$ ln  -s  lunch /home/xu
```

用户为当前目录下的文件 lunch 创建了一个符号链接/home/xu。

16. sort 命令

sort 命令的功能是对文件中的各行进行排序。实际上，sort 命令可以被认为是一个非常强大的数据管理工具，用来管理内容类似数据库记录的文件。

sort 命令将逐行对文件中的内容进行排序，如果两行的首字符相同，该命令将继续比较这两行的下一字符，如果还相同，将继续进行比较。

语法：sort [选项] 文件

说明：sort 命令对指定文件中所有的行进行排序，并将结果显示在标准输出上。如不指定输入文件或使用“-”，则表示排序内容来自标准输入。

sort 排序是根据从输入行抽取的一个或多个关键字进行比较来完成的。排序关键字定义了用来排序的最小的字符序列。默认情况下以整行为关键字按 ASCII 字符顺序进行排序。

改变默认设置的选项主要有。

- m：若给定文件已排好序，则合并文件。

- c： 检查给定文件是否已排好序，如果它们没有都排好序，则打印一个出错信息，并以状态值 1 退出。

- u：对排序后认为相同的行只留其中一行。

- o 输出文件：将排序输出写到输出文件中而不是标准输出，如果输出文件是输入文件之一，sort 先将该文件的内容写入一个临时文件，然后再排序和写输出结果。

用 sort 命令对 text 文件中的各行排序后输出其结果。请注意，在原文件的第二、三行上的第一个单词完全相同，该命令将从它们的第二个单词 vegetables 与 fruit 的首字符处继续进行比较。

```
$ cat text
      vegetable soup
      fresh vegetables
```

```
    fresh fruit
    lowfat milk
$ sort text
    fresh fruit
    fresh vegetables
    lowfat milk
    vegetable soup
```

用户可以保存排序后的文件内容。下例中用户把排序后的文件内容保存到名为 result 的文件中：

```
$ sort text>result
```

还可以对文件内容反向排序，下例中对 myfile 反向排序，结果放在 outfile 中：

```
$ sort  -r  myfile -o outfile
```

17. uniq 命令

文件经过处理后在它的输出文件中可能会出现重复的行。这时可以使用 uniq 命令将这些重复行从输出文件中删除，只留下每条记录的唯一样本。

语法：uniq [选项] 文件

说明：uniq 命令读取输入文件，并比较相邻的行。在正常情况下，第二个及以后更多个重复行将被删去，行比较是根据所用字符集的排序序列进行的。该命令加工后的结果写到输出文件中。输入文件和输出文件必须不同。如果输入文件用“-”表示，则从标准输入读取。

该命令各选项的含义如下。

- c：显示输出中，在每行行首加上本行在文件中出现的次数。它可取代- u 和- d 选项。

- d：只显示重复行。

- u：只显示文件中不重复的各行。

- n：前 n 个字段与每个字段前的空白一起被忽略。一个字段是一个非空格、非制表符的字符串，彼此由制表符和空格隔开（字段从 0 开始编号）。

+n：前 n 个字符被忽略，之前的字符被跳过（字符从 0 开始编号）。

- f n：与- n 相同，这里 n 是字段数。

- s n：与+n 相同，这里 n 是字符数。

例如，显示文件 example 中不重复的行：

```
uniq - u example
```

18. 修改文件权限

Linux 系统中的每个文件和目录都有访问许可权限，用它来确定谁可以通过何种方式对文件和目录进行访问和操作。

文件或目录的访问权限分为只读、只写和可执行 3 种。以文件为例，只读权限表示只允许读其内容，而禁止对其做任何的更改操作。可执行权限表示允许将该文件作为一个程序执行。文件被创建时，文件所有者自动拥有对该文件的读、写和可执行权限，以便于对文件的阅读和修改。用户也可以根据需要把访问权限设置为需要的任何组合。

有 3 种不同类型的用户可对文件或目录进行访问：文件所有者、同组用户、其他用户。所有者一般是文件的创建者。所有者可以允许同组用户有权访问文件，还可以将文件的访问权限赋予系统中的其他用户。在这种情况下，系统中每一位用户都能访问该用户拥有的文件或目录。

每一文件或目录的访问权限都有 3 组，每组用 3 位表示，分别为文件属主的读、写和执行权限；与属主同组的用户的读、写和执行权限；系统中其他用户的读、写和执行权限。当用 ls -l 命令显示文件或目录的详细信息时，最左边的一列为文件的访问权限。例如：

```
$ ls -l sobsrc. tgz
    -rw-r--r-- 1 root root 483997 Jul 15 17:31 sobsrc. tgz
```

横线代表空许可，r 代表只读，w 代表写，x 代表可执行。注意这里共有 10 个位置。第一个字符指定了文件类型。在通常意义上，一个目录也是一个文件。如果第一个字符是横线，表示是一个非目录的文件；如果是 d，表示是一个目录。

例如：

-	rw-	r--	r--
普通文件	文件属主	组用户	其他用户

是文件 sobsrc.tgz 的访问权限，表示 sobsrc.tgz 是一个普通文件；sobsrc.tgz 的属主有读写权限；与 sobsrc.tgz 属主同组的用户只有读权限；其他用户也只有读权限。

确定了一个文件的访问权限后，用户可以利用 Linux 系统提供的 chmod 命令来重新设定不同的访问权限，也可以利用 chown 命令来更改某个文件或目录的所有者，还可以利用 chgrp 命令来更改某个文件或目录的用户组。

（1）chmod 命令。

chmod 命令是非常重要的，用于改变文件或目录的访问权限。用户用它控制文件或目录的访问权限。

该命令有两种用法：一种是包含字母和操作符表达式的文字设定法；另一种是包含数字的数字设定法。

文字设定法：chmod [who] [+ | - | =] [mode] 文件名

下面介绍命令中各选项的含义。

操作对象 who 可以是下述字母中的任一个或者它们的组合。

u：表示“用户（user）”，即文件或目录的所有者。

g：表示“同组（group）用户”，即与文件属主有相同组 ID 的所有用户。

o：表示“其他（others）用户”。

a：表示“所有（all）用户”，它是系统默认值。

操作符号可以是以下几种。

+：添加某个权限。

-：取消某个权限。

=：赋予给定权限并取消其他所有权限（如果有的话）。

设置 mode 所表示的权限可以用下述字母的任意组合。

r：可读。

w：可写。

x：可执行。

X：只有目标文件对某些用户是可执行的或该目标文件是目录时才追加 X 属性。

s：在文件执行时把进程的属主或组 ID 置为该文件的文件属主。方式“u+s”设置文件的用户 ID 位，“g+s”设置组 ID 位。

t：保存程序的文本到交换设备上。

u：与文件属主拥有一样的权限。

g：与和文件属主同组的用户拥有一样的权限。

o：与其他用户拥有一样的权限。

文件名：以空格分开的要改变权限的文件列表，支持通配符。

在一个命令行中可以给出多个权限方式，其间用逗号隔开。

例如：

```
chmod g+r,o+r example
```

使同组和其他用户对文件 example 有读权限。

此外，还可以用数字设定法，这时必须首先了解用数字表示的属性的含义：0 表示没有权限，1 表示可执行权限，2 表示可写权限，4 表示可读权限，然后将其相加。所以数字属性的格式应为 3 个从 0 到 7 的八进制数，其顺序是(u)(g)(o)。

例如，如果想让某个文件的属主有“读”和“写”两种权限，需要把 4（可读）+2（可写）=6（读/写）。

数字设定法的一般形式为：

```
chmod [mode] 文件名
```

例 3 chmod a+x sort

即设定文件 sort 的属性为：文件属主(u)增加执行权限；与文件属主同组用户(g)增加执行权限；其他用户(o)增加执行权限。

例 4 chmod ug+w,o-x text

即设定文件 text 的属性为：文件属主(u)增加写权限；与文件属主同组用户(g)增加写权限；其他用户(o)删除执行权限。

例 5 chmod 644 mm.txt

即设定文件 mm.txt 的属性为：文件属主(u)拥有读、写权限；与文件属主同组用户(g)拥有读权限；其他用户(o)拥有读权限。

例 6 chmod 750 wch.txt

即设定 wch.txt 这个文件的属性为：文件属主(u)拥有可读/可写/可执行权；与文件属主同组用户(g)拥有可读/可执行权；其他用户(o)没有任何权限。

（2）chgrp 命令。

功能：改变文件或目录所属的组。

语法：chgrp [选项] group filename

该命令改变指定文件所属的用户组。其中 group 可以是用户组 ID，也可以是/etc/group 文件中用户组的组名。文件名是以空格分开的要改变属组的文件列表，支持通配符。如果用户不是该文件的属主或超级用户，则不能改变该文件的组。

该命令的选项只有一个-R，含义为递归式地改变指定目录及其下的所有子目录和文件的属组。

例如：

```
$ chgrp - R book /opt/local /book
```

改变/opt/local /book/及其子目录下的所有文件的属组为 book。

（3）chown 命令。

功能：更改某个文件或目录的属主和属组。这个命令也很常用。例如 root 用户把自己的一个文件拷贝给用户 xu，为了让用户 xu 能够存取这个文件，root 用户应该把这个文件的属主设为 xu，否则用户 xu 无法存取这个文件。

语法：chown [选项] 用户或组 文件

说明：chown 将指定文件的拥有者改为指定的用户或组。用户可以是用户名或用户 ID。组可以是组名或组 ID。文件是以空格分开的要改变权限的文件列表，支持通配符。

该命令各选项的含义如下。

- R：递归式地改变指定目录及其下的所有子目录和文件的拥有者。

- v：显示 chown 命令所做的工作。

例如，把文件 shiyan.c 的所有者改为 wang：

```
$ chown wang shiyan.c
```

再例如，把目录/his 及其下的所有文件和子目录的属主改成 wang，属组改成 users：

```
$ chown - R wang.users /his
```

19. comm 命令

命令的功能是用来比较两个文件内容的差别，但只对两个有序的文件进行比较，排序可以使用 sort 命令。

语法：comm [-123] file1 file2

说明：该命令是对两个已经排好序的文件进行比较。其中 file1 和 file2 是已排序的文件。comm 读取这两个文件，然后生成 3 列输出：仅在 file1 中出现的行、仅在 file2 中出现的行、在两个文件中都存在的行。如果文件名用“-”，则表示从标准输入读取。

选项 1、2 或 3 抑制相应的列显示。例如，comm - 12 就只显示在两个文件中都存在的行，comm - 23 只显示在第一个文件中出现而未在第二个文件中出现的行，comm - 123 则什么也不显示。

例如，假设要对文件 myfile1 和 myfile2 进行比较：

```
$ cat myfile1
  main()
  {
    float a,b, i, j ,z ;
    a=i=10 ; b=j=5 ;
    z= i + j ;
    printf("z=%d\\\\n",z);
  }
$ cat myfile2
  #include< stdio.h >
  main()
  {
    float i, j ,z ;
    i=10 ; j=5 ;
    z= i + j ;
    printf("z=%f\\\\n",z);
  }
```

```
$ comm - 12 myfile1 myfile2
  main()
  {
    z= i + j ;
  }
```

就只显示文件 myfile1 和 myfile2 中共有的行。

2.2.3　进程管理命令

Linux 系统上可同时运行多个进程，正在执行的一个或多个相关进程称为一个作业。使用作业控制，用户可以同时运行多个作业，并在需要时在作业之间进行切换。本节详细介绍进程管理及作业控制的命令，包括启动进程、查看进程、调度作业等命令。

1. 进程及作业的概念

Linux 是一个多用户多任务的操作系统。多用户是指多个用户可以在同一时间使用计算机系统；多任务是指 Linux 可以同时执行几个任务，可以在还未执行完一项任务时又执行另一项任务。操作系统管理多个用户的请求和多个任务。

大多数系统都只有一个 CPU 和一个主存，但一个系统可能有多个二级存储磁盘和多个输入/输出设备。操作系统管理这些资源并在多个用户间共享资源，当某用户提出一个请求时，给该用户造成一种假象，好像系统只被该用户独自占用。而实际上操作系统监控着一个等待执行的任务队列，这些任务包括用户作业、操作系统任务、邮件和打印作业等。操作系统根据每个任务的优先级为其分配合适的时间片，每个时间片大约都有零点几秒，虽然看起来很短，但实际上已经足够计算机完成成千上万的指令集。每个任务都会被系统运行一段时间，然后挂起，系统转而处理其他任务；过一段时间以后再回来处理这个任务，直到某个任务完成，从任务队列中去除。

Linux 系统上所有运行的东西都可以称为进程，如每个用户任务、每个系统管理守护进程，都可以称为进程。Linux 用分时管理方法使所有的任务共同分享系统资源。我们讨论进程的时候，不会去关心这些进程究竟是如何分配的，或者内核是如何管理分配时间片的，我们所关心的是如何去控制这些进程，让它们能够很好地为用户服务。

进程的一个比较正式的定义是：在自身的虚拟地址空间运行的一个单独的程序。进程与程序是有区别的，进程不是程序，虽然它由程序产生。程序只是一个静态的指令集合，不占用系统的运行资源；而进程是一个随时都可能发生变化的、动态的、使用系统运行资源的程序。一个程序可以启动多个进程。

Linux 操作系统包括 3 种不同类型的进程，每种进程都有自己的特点和属性。

（1）交互进程：由一个 shell 启动的进程。交互进程既可以在前台运行，也可以在后台运行。

（2）批处理进程：这种进程和终端没有联系，是一个进程序列。

（3）监控进程（也称守护进程）：Linux 系统启动时启动的进程，在后台运行。

上述 3 种进程各有各的作用，使用场合也有所不同。

进程和作业的概念也有区别。一个正在执行的进程称为一个作业，而且作业可以包含一个或多个进程，尤其是当使用了管道和重定向命令时，例如 nroff -man ps.1|grep kill|more 这个作业就同时启动了 3 个进程。

作业控制指的是控制正在运行的进程的行为。比如，用户可以挂起一个进程，等一会儿再继续执行该进程。shell 将记录所有启动的进程情况，在每个进程运行的过程中，用户可以任意地挂起进程或重新启动进程。作业控制是许多 shell（包括 bash 和 tcsh）的一个特性，使用户能在多个独立作业间进行切换。

一般而言，进程与作业控制相关联时，才被称为作业。

在大多数情况下，用户在同一时间只运行一个作业，即他们最后向 shell 键入的命令。但是使用作业控制，用户可以同时运行多个作业，并在需要时在这些作业间进行切换。这会有什么用途呢？例如，当用户编辑一个文本文件，并需要终止编辑做其他事情时，利用作业控制，可以让编辑器暂时挂起，返回 shell 提示符开始做其他的事情。其他事情做完以后，用户可以重新启动挂起的编辑器，返回到刚才终止的地方，就像用户从来没有离开过编辑器一样。这只是一个例子，作业控制还有许多其他实际的用途。

2. *启动进程*

键入需要运行的程序的程序名，执行一个程序，其实也就是启动了一个进程。在 Linux 系统中每个进程都具有一个进程号，用于系统识别和进程调度。启动一个进程有两个主要途径：手工启动和调度启动，后者是事先进行设置，根据用户要求自行启动。

（1）手工启动。

由用户输入命令，直接启动一个进程便是手工启动进程。但手工启动进程又可以分为很多种，根据启动的进程类型、性质不同，实际结果也不一样，下面分别介绍。

前台启动是手工启动一个进程的最常用的方式。一般地，用户键入一个命令“ls -l”，就启动了一个进程，而且是一个前台的进程。这时候系统其实已经处于多进程状态。或许有些用户会疑惑：我只启动了一个进程而已。但实际上有许多运行在后台的、系统启动时就已经自动启动的进程正在悄悄地运行着。还有的用户在键入“ls -l”命令以后赶紧使用“ps -x”查看，却没有看到 ls 进程，也觉得很奇怪。其实这是因为 ls 这个进程结束太快，使用 ps 查看时该进程已经执行结束了。如果启动一个比较耗时的进程：

```
find / -name fox.jpg
```

然后再把该进程挂起，使用 ps 查看，就会看到一个 find 进程在里面。

直接从后台手工启动一个进程用得比较少，除非是该进程甚为耗时，且用户也不急着需要结果。假设用户要启动一个需要长时间运行的格式化文本文件的进程。为了不使整个 shell 在格式化过程中都处于“瘫痪”状态，从后台启动这个进程是明智的选择。

例如：

```
$ du -sh  /usr> myfile&
[1] 4513
$
```

由上例可见，从后台启动进程其实就是在命令结尾加上一个&号。键入命令以后，出现一个数字，这个数字就是该进程的编号，称为 PID，然后就出现了提示符。此时用户也可以继续其他工作。

上面介绍了前台启动和后台启动的两种情况。实际上这两种启动方式有个共同的特点，就是新进程都是由当前 shell 这个进程产生的。也就是说，是 shell 创建了新进程，因此称这种关系为进程间的父子关系。这里 shell 是父进程，而新进程是子进程。一个父进程可以有多个子进程，一般地，子进程结束后才能继续父进程；当然如果是从后台启动，那就不用等待子进程结束了。

一种比较特殊的情况是在使用管道符的时候，例如：

```
nroff -man ps.1|grep kill|more
```

这时候实际上是同时启动了 3 个进程。请注意是同时启动的，所有放在管道两边的进程都将被同时启动，它们都是当前 shell 的子程序，相互之间可以称为兄弟进程。

以上介绍的是手工启动进程的一些内容，作为一名系统管理员，很多时候都需要把事情安排好以后让其自动运行。因为管理员不是机器，也有离开的时候，所以有些必须要做而恰好管理员不能亲自操作的工作就需要使用调度启动进程了。

（2）调度启动。

有时候需要对系统进行一些比较费时而且占用资源的维护工作，这些工作适合在深夜进行，这时候用户就可以事先进行调度安排，指定任务运行的时间或者场合，到时候系统会自动完成这一切的工作。

要使用自动启动进程的功能，就需要掌握几个启动命令，如 at、cron、batch、crontab 命令，在下面会进行详细介绍。

3. 进程控制命令

（1）who 命令。

该命令主要用于查看当前在线上的用户情况。这个命令非常有用。如果用户想和其他用户建立即时通信，比如使用 talk 命令，那么首先要确定的就是该用户确实在线上，否则 talk 进程就无法建立起来。又如，系统管理员希望监视每个登录的用户此时此刻的所作所为，也要使用 who 命令。

who 命令的常用语法格式如下：

```
who [imqsuwHT] [--count] [--idle] [--heading] [--help] [--message] [--mesg] [--version] [--writable] [file] [am i]
```

所有的选项都是可选的，也就是说可以单独使用 who 命令。不使用任何选项时，who 命令将显示以下 3 项内容。

login name：登录用户名。

terminal line：使用终端设备。

login time：登录到系统的时间。

如果给出的是两个非选项参数，那么 who 命令将只显示运行 who 程序的用户名、登录终端和登录时间。通常这两个参数是 am 和 i，则该命令格式为：

```
who am i
```

下面对 who 命令的常用参数进行说明。

-m：和 who am i 的作用一样，显示运行该程序的用户名。

-q、--count：只显示用户的登录账号和登录用户的数量，该选项优先级高于其他任何选项。

-s：仅列出名字、线路和时间字段。这个标志是缺省值；因此，who 和 who -s 命令是等效的。

-i、-u、--idle：在登录时间后面显示该用户最后一次对系统进行操作至今的时间，也就是常说的“发呆”时间。

-H、--heading：显示一行列标题，输出的常用标题有 USER（用户登录账号）、LINE（用户登录使用终端）、LOGIN-TIME（用户登录时间）、IDLE（用户空闲时间，即未进行操作的时间）、PID（用户登录 shell 的进程 ID）和 FROM（用户网络地址）。

-w、-T--mesg、--message、--writable：和-s 选项一样，在登录账号后面显示一个字符来表示用户的信息状态，分为+（允许写信息）、-（不允许写信息）、?（不能找到终端设备）3 种状态。

--help：在标准输出上显示帮助信息。

--version：在标准输出上显示版本信息。

下面介绍 who 命令的一些基本用法。

如果需要查看在系统上究竟有哪些用户，可以直接使用 who 命令。

例如，查看登录到系统的用户情况，键入：

```
$ who
root tty1 Mar 17 13:49
foxy tty2 Mar 17 13:49
root tty3 Mar 17 13:49
bbs ttyp0 Mar 17 13:49 (river.net)
```

可以看到，现在系统一共有 4 个用户。第一列是登录用户的账号；第二列是登录所使用的终端；第三列是登录时间；第四列是用户从什么地方登录的网络地址，这里是域名。

一般来说，这样就可以了解登录用户的大致情况了。但有时上面的显示不是那么直观，因为没有标题说明，不容易看懂，这时就需要使用-H 选项了。

例如，查看登录用户的详细情况，键入：

```
$ who -uH
```

显示如下：

```
USER         LINE              LOGIN-TIME     IDLE FROM
Root tty1    Mar 17 13:49      .
foxy  tty2   Mar 17 13:49      00:01
root   tty3  Mar 17 13:49      00:01
bbs   ttyp0  Mar 17 13:49      00:01 (river.net)
```

这样一目了然。其中-u 选项指定显示用户空闲时间，所以可以看到多了一项 IDLE。第一个 root 用户的 IDLE 项是一个“.”，这就说明该用户在前一秒仍然是活动的，而其他用户后面都有一个时间，称为空闲时间。

（2）w 命令。

该命令也用于显示登录到系统的用户情况，但是与 who 不同的是，w 命令功能更加强大，它不但可以显示有谁登录到系统，还可以显示出这些用户当前正在进行的工作，并且统计数据，相对于 who 命令来说更加详细和科学，可以认为 w 命令就是 who 命令的增强版。

w 命令的显示项目按以下顺序排列：当前时间，系统启动到现在的时间，登录用户的数目，系统在最近 1 秒、5 秒和 15 秒的平均负载。然后是每个用户的各项数据，项目显示顺序如下：登录账号、终端名称、远程主机名、登录时间、空闲时间、JCPU、PCPU、当前正在运行进程的命令行。

其中 JCPU 时间指的是和该终端（tty）连接的所有进程占用的时间。这个时间里并不包括过去的后台作业时间，但却包括当前正在运行的后台作业所占用的时间。而 PCPU 时间则是指当前进程（即在 WHAT 项中显示的进程）所占用的时间。下面介绍该命令的具体用法和参数。

语法格式如下：

```
w -[husfV] [user]
```

下面对参数进行说明。

-h：不显示标题。

-u：当列出当前进程和 CPU 时间时忽略用户名。这主要是用于执行 su 命令后的情况。

-s：使用短模式。不显示登录时间、JCPU 和 PCPU 时间。

-f：切换显示 FROM 项，也就是远程主机名项。默认值是不显示远程主机名，当然系统管理员可以对源文件作一些修改使得显示该项成为默认值。

-V：显示版本信息。

User：只显示指定用户的相关情况。

例如，显示当前登录到系统的用户的详细情况：

```
[root@localhost root]# w
20:28:21   up   3:34,    2 users, load average: 0.05, 0.14, 0.07
USER            TTY     FORM        LOGIN@IDLE    JCPUPCPU      WHAT
Root            :0      -           4:57pm    ?   0.00s 4.67s /usr/bin/gnome-session
Root            pts/0   :0.0_       5:03pm   0.00s     0.71s 0.05s w
```

（3）ps 命令。

ps 命令用于查看 Linux 系统的进程状态。前面介绍的两个命令都是用于查看当前系统用户的情况，下面就来看看进程的情况，这也是本章的主题。要对进程进行监测和控制，首先必须要了解当前进程的情况，也就是需要查看当前进程，而 ps 命令就是最基本的同时也是非常强大的进程查看命令。使用该命令可以确定有哪些进程正在运行和运行的状态、进程是否结束、进程有没有僵死、哪些进程占用了过多的资源等。总之大部分信息都是可以通过执行该命令得到的。

ps 命令最常用的还是用于监控后台进程的工作情况，因为后台进程是不和屏幕键盘这些标准输入/输出设备进行通信的，所以如果需要检测其情况，便可以使用 ps 命令。

该命令语法格式如下：

```
ps [选项]
```

主要选项的含义如下。

-l：长格式输出。

-u：按用户名和启动时间的顺序来显示进程。

-j：用任务格式来显示进程。

-f：用树形格式来显示进程。

-a：显示所有用户的所有进程。

-r：显示运行中的进程。

ps 命令输出的含义如下。

PID：进程的 ID。

PPID：父进程。

%CPU：进程占用的 CPU 百分比。

%MEM：占用内存的百分比。

NI：进程的 NICE 值，数值大表示占用 CPU 的时间少。

VSZ：进程虚拟的大小。

TTY：终端 ID。

STAT：进程状态。如果 D 表示进程处于无法中断的休眠状态，R 则表示进程正在运行，S 表示进程处于休眠状态，T 表示进程停止或僵死。

WCHAN：正在等待的进程资源。

START：启动进程的时间。

TIME：进程消耗 CPU 的时间。

CMD：进程的命令行输入。

最常用的 3 个参数是 e、a、x，下面将通过例子来说明其具体用法。

下面是使用 x 选项的例子：

```
[root@localhost root]# ps x|more
PID   TTY   STAT  TIME  COMMAND
  1   ?     S     0:04  init[5]
  2   ?     Sw    0:00  [kevented]
  3   ?     SW    0:00  [kapmd]
  4   ?     SWN   0:00  [ksoftirqd/0]
  6   ?     SW    0:00  [bdflush]
  5   ?     SW    0:08  [kswapd]
  7   ?     SW    0:07  [kupdated]
  8   ?     SW    0:00  [mdrecoveryd]
 16   ?     SW    0:13  [kjournald]
 82   ?     SW    0:00  [khubd]
1185  ?     SW    0:00  [kjournald]
1530  ?     S     0:00  syslogd –m 0
1534  ?     S     0:00  klogd –x
1646  ?     S     0:01  /usr/sbin/vmware-guested –background /var/run/'
1706  ?     S     0:00  /usr/sbin/apmd –p 10 –w 5 –w –p /etc/sysconfig
1801  ?     S     0:00  /usr/sbin/sshd
1817  ?     S     0:00  xinetd –stayalive –pidfile /var/run/xinetd.pid
1838  ?     S     0:00  sendmail: accepting connections
1858  ?     S     0:00  gpm –m /dev/mouse –t imps2
```

可以发现突然就多出了很多的进程，这些多出来的进程就是没有控制终端的进程。前面看到的所有进程都是 test 用户自己的，其实还有许多其他用户在使用着系统，自然也就对应着其他的很多进程。如果想对这些进程有所了解，可以使用 a 选项来查看当前系统所有用户的所有进程。经常使用的是 aux 组合选项，它可以显示最详细的进程情况。

例如：

```
[root@localhost root]# ps aux|more
USER  PID %CPU %MEM   VSZ   RSS  TTY  STAT  START  TIME  COMMAND
root    1  0.0  0.2  2152   416  ?    S     16:54  0:04  init[5]
root    2  0.0  0.0     0     0  ?    SW    16:54  0:00  [keventd]
root    3  0.0  0.0     0     0  ?    SW    16:54  0:00  [kapmd]
root    4  0.0  0.0     0     0  ?    SWN   16:54  0:00  [ksoftirqd/0]
```

```
root         6    0.0    0.0       0      0  ?   SW    16:54    0:00    [bdflush]
root         5    0.0    0.0       0      0  ?   SW    16:54    0:08    [kswapd]
root         7    0.0    0.0       0      0  ?   SW    16:54    0:07    [kupdated]
root         8    0.0    0.0       0      0  ?   SW    16:54    0:00    [mdrecoveryd]
root        16    0.1    0.0       0      0  ?   SW    16:54    0:14    [kjournald]
root        82    0.0    0.0       0      0  ?   SW    16:54    0:00    [khubd]
root      1185    0.0    0.0       0      0  ?   SW    16:54    0:00    [kjournald]
root      1530    0.0    0.2    2432    568  ?   S     16:55    0:00    syslogd –m 0
root      1534    0.0    0.1    2596    372  ?   S     16:55    0:00    klogd –x
rpc       1562    0.0    0.2    2320    564  ?   S     16:55    0:00    portmap
rpcuser1582      0.0    0.3    3128    708  ?   S     16:55    0:00    rpc.statd
```

显示在最前面的是其他用户的进程情况，可以看到有 root、daemon 等用户以及他们所启动的进程。在上面的例子中，介绍了 ps 命令最常见的一些选项和选项组合，用户可以根据自己的需要选用。

（4）top 命令。

top 命令和 ps 命令的基本作用是相同的，显示系统当前的进程和其他状况，但是 top 是一个动态显示过程，即可以通过用户按键来不断刷新当前状态。如果在前台执行该命令，它将独占前台，直到用户终止该程序为止。比较准确地说，top 命令提供了实时的对系统处理器的状态监视，它将显示系统中 CPU 最“敏感”的任务列表。该命令可以按 CPU 使用、内存使用和执行时间对任务进行排序，而且该命令的很多特性都可以通过交互式命令或者在个人定制文件中进行设定。在后面的介绍中将把命令参数和交互命令分开讲述。

该命令的语法格式如下：

```
top [-] [d delay] [q] [c] [s] [S] [i]
```

d：指定每两次屏幕信息刷新之间的时间间隔，用户可以使用 s 交互命令来改变它。

q：该选项将使 top 没有任何延迟地进行刷新。如果调用程序有超级用户权限，那么 top 将以尽可能高的优先级运行。

S：指定累计模式。

s：使 top 命令在安全模式中运行，这将去除交互命令所带来的潜在危险。

i：使 top 命令不显示任何闲置或者僵死的进程。

c：显示整个命令行而不只是显示命令名。

top 命令显示的项目很多，默认值是每 5 秒更新一次，当然这是可以设置的。

显示的各项目如下。

uptime：该项显示的是系统启动的时间、已经运行的时间和 3 个平均负载值（最近 1 秒、5 秒、15 秒的负载值）。

Processes：自最近一次刷新以来的运行进程总数。当然这些进程被分为正在运行的、休眠的、停止的等很多种类。进程和状态显示可以通过交互命令 t 来实现。

CPU states：显示用户模式、系统模式、优先级进程（只有优先级为负的列入考虑）和闲置等各种情况所占用 CPU 时间的百分比。优先级进程所消耗的时间也被列入到用户和系统的时间中，所以总的百分比将大于 100%。

Mem：内存使用情况统计，其中包括总的可用内存、空闲内存、已用内存、共享内存和缓存所占内存的情况。

Swap：交换空间统计，其中包括总的交换空间、可用交换空间、已用交换空间。

PID：每个进程的 ID。

PPID：每个进程的父进程 ID。

UID：每个进程所有者的 UID。

USER：每个进程所有者的用户名。

PRI：每个进程的优先级别。

NI：该进程的优先级值。

SIZE：该进程的代码大小加上数据大小再加上堆栈空间大小的总数，单位为 kB。

TSIZE：该进程的代码大小。对于内核进程来说这是一个很奇怪的值。

DSIZE：数据和堆栈的大小。

TRS：文本驻留的大小。

D：被标记为“不干净”的页项目。

LIB：使用的库页的大小。对于 ELF 进程没有作用。

RSS：该进程占用的物理内存的总数量，单位为 kB。

SHARE：该进程使用共享内存的数量。

STAT：该进程的状态。

其中，S 代表休眠状态；D 代表不可中断的休眠状态；R 代表运行状态；Z 代表僵死状态；T 代表停止或跟踪状态。

TIME：该进程自启动以来所占用的总 CPU 时间。如果进入的是累计模式，那么该时间还包括这个进程的子进程所占用的时间，且标题会变成 CTIME。

%CPU：该进程自最近一次刷新以来所占用的 CPU 时间和总时间的百分比。

%MEM：该进程占用的物理内存占总内存的百分比。

COMMAND：该进程的命令名称，如果一行显示不下，则会进行截取。内存中的进程会有一个完整的命令行。

下面介绍在 top 命令执行过程中可以使用的一些交互命令。从使用角度来看，熟练地掌握这些命令比掌握选项还重要一些。这些命令都是单字母的，如果在命令行选项中使用了 s 选项，其中一些命令则可能会被屏蔽掉。

top 命令是一个功能十分强大的监控系统工具，对于系统管理员而言更是如此。一般的用户可能会觉得 ps 命令其实就够用了，但是 top 命令的强劲功能确实提供了不少方便。下面来看看实际使用的情况。

例如，键入 top 命令查看系统状况：

```
[root@localhost root]# top
20:33:55  up  3:39,  2 users,  load average: 0.43, 0.17, 0.09
63 processes: 61 sleeping, 1 running, 1 zombie, 0 stopped
CPU states: cpu   user   nice    system    irq     softirq    iowait    idle
          total   1.3%   0.0%    3.5%      0.0%    0.0%       0.0%      95.0%
Mem:190740k  av,      182604k  used,   8136k     free,      0k shrd,   65572k buff
     105292k  active,                  62984k    inactive
Swap:305224k  av,      11492k  used,   293732k   free                  39524k cached
```

PIDUSER	PRI	NI	SIZE	RSS	SHARE	STAT	%CPU	%MEM	TIME	CUP	COMMAND
2012root	15	0	36580	17M	6204	S	3.3	9.5	1:25	0	X
6607root	15	0	10068	9.8M	7628	S	0.9	5.2	0:01	0	gnome-terminal
16 root	15	0	0	0	0	SW	0.1	0.0	0:14	0	kjournald
2151root	15	0	4076	3840	3500	S	0.1	2.0	0:00	0	pam-panel-icon
6641	root	16	0	1088	1088	884	R	0.1	0.5	0:00	0 top
1 root	16	0	416	416	360	S	0.0	0.2	0:04	0	init
2 root	15	0	0	0	0	SW	0.0	0.0	0:00	0	keventd
3 root	15	0	0	0	0	SW	0.0	0.0	0:00	0	kapmd
4 root	34	19	0	0	0	SWN	0.0	0.0	0:00	0	ksoftirqd/0
5 root	25	0	0	0	0	SW	0.0	0.0	0:00	0	bdflush
6 root	15	0	0	0	0	SW	0.0	0.0	0:08	0	kswapd
7 root	15	0	0	0	0	SW	0.0	0.0	0:07	0	kupdated
8 root	25	0	0	0	0	SW	0.0	0.0	0:00	0	mdrecoveryd

第一行的项目依次为当前时间、系统启动时间、当前系统登录用户数目、平均负载。第二行为进程情况，依次为进程总数、休眠进程数、运行进程数、僵死进程数、终止进程数。第三行为 CPU 状态，依次为用户占用、系统占用、优先进程占用、闲置进程占用。第四行为内存状态，依次为平均可用内存、已用内存、空闲内存、共享内存、缓存使用内存。第五行为交换状态，依次为平均可用交换容量、已用容量、闲置容量、高速缓存容量。然后下面就是和 ps 相仿的各进程情况列表了。

（5）kill 命令。

当需要中断一个前台进程的时候，通常是使用 Ctrl+C 组合键，但是对于一个后台进程恐怕就不是一个组合键所能解决的了，这时就必须求助于 kill 命令。该命令可以终止后台进程。至于终止后台进程的原因有很多，或许是该进程占用的 CPU 时间过多，或许是该进程已经挂死。总之这种情况是经常发生的。

kill 命令是通过向进程发送指定的信号来结束进程的。如果没有指定发送信号，那么默认值为 TERM 信号。TERM 信号将终止所有不能捕获该信号的进程。至于那些可以捕获该信号的进程可能就需要使用 kill(9)信号了，该信号是不能被捕捉的。

kill 命令的语法格式很简单，大致有以下两种方式：

```
kill [-s 信号 | -p ] [ -a ] 进程号 ...
kill -l [信号]
```

-s：指定需要送出的信号，既可以是信号名也可以是对应的数字。

-p：指定 kill 命令只是显示进程的 pid，并不真正输出结束信号。

-l：显示信号名称列表，可以在/usr/include/linux/signal.h 文件中找到。

例如，在执行一条 find 指令时由于时间过长，决定终止该进程。首先应该使用 ps 命令来查看该进程对应的 PID，键入 ps，显示如下：

```
PID TTY TIME COMMAND
285 1 00:00:00 -bash
287 3 00:00:00 -bash
289 5 00:00:00 /sbin/mingetty tty5
290 6 00:00:00 /sbin/mingetty tty6
312 3 00:00:00 telnet bbs3
341 4 00:00:00 /sbin/mingetty tty4
```

```
345 1 00:00:00 find / -name foxy.jpg
348 1 00:00:00 ps
```

可以看到该进程对应的 PID 是 345，现在使用 kill 命令来终止该进程，键入：

```
# kill 345
```

再用 ps 命令查看，就可以看到 find 进程已经被杀掉了。

例如，杀掉进程 11721：

```
# kill 11721
[1] Terminated cat
```

有时候可能会遇到这样的情况，某个进程已经挂死或闲置，使用 kill 命令却杀不掉。这时候就必须发送信号 9 强行关闭此进程。当然这种“野蛮”的方法很可能会导致打开的文件出现错误或者数据丢失之类的问题。所以不到万不得已不要使用强制结束的办法。如果连信号 9 都不响应，那恐怕就只有重新启动计算机了。

（6）nohup 命令。

Linux 允许用户同时运行多个进程，还允许用户或系统管理员能控制正在运行的进程。理论上，一般退出 Linux 系统时会把所有的程序全部结束掉，包括那些后台程序。但有时候，例如某用户正在编辑一个很长的程序，但是下班或是有事需要先退出系统，这时该用户又不希望系统把他编辑那么久的程序结束掉，希望退出系统后程序还能继续执行。这时，就可以使用 nohup 命令使进程在用户退出后仍继续执行。

一般这些进程我们都是让它在后台执行，结果则会写到用户自己目录下的 nohup.out 这个文件里（也可以使用输出重定向，让它输出到一个特定的文件里）。

例如：

```
$ nohup sort sales.dat &
```

这条命令告诉 sort 命令忽略用户已退出系统，它应该一直运行，直到进程完成。利用这种方法，可以启动一个要运行几天甚至几周的进程，而且在它运行时，用户不需要去登录。

nohup 命令把一条命令的所有输出和错误信息都输出到 nohup.out 文件中。若将输出重定向，则只有错误信息放在 nohup.out 文件中。

（7）renice 命令。

renice 命令允许用户修改一个正在运行进程的优先权，即利用 renice 命令可以在命令执行时调整其优先权，其格式如下：

```
$ renice -number PID
```

其中，参数 number 与 nice 命令的 number 意义相同。

注意：①用户只能对自己所有的进程使用 renice 命令；②root 用户可以在任何进程上使用 renice 命令；③只有 root 用户才能提高进程的优先权。

（8）at 命令。

用户使用 at 命令在指定时刻执行指定的命令序列。也就是说，该命令至少需要指定一个命令和一个执行时间才可以正常运行。at 命令可以只指定时间，也可以同时指定时间和日期。需要注意的是，指定时间存在一个系统判别的问题。比如用户现在指定了一个执行时间：凌晨 3:20，而发出 at 命令的时间是头天晚上的 20:00，那么究竟是在哪一天执行该命令呢？如果用户在 3:20 以前仍然在工作，那么该命令将在这个时候执行；如果用户在 3:20 以前就退出了工作状态，那么该命令将在第二天凌晨才得到执行。at 命令的语法格式如下：

```
at [-V] [-q 队列] [-f 文件名] [-mldbv] 时间
at -c 作业 [作业...]
```

at 命令允许使用一套相当复杂的指定时间的方法，实际上是将 POSIX.2 标准扩展了。它可以接受在当天的 hh:mm（小时:分钟）式的时间指定，如果该时间已经过去，那么就放在第二天执行。当然也可以使用 midnight（深夜）、noon（中午）、teatime（饮茶时间，一般是下午 4 点）等比较模糊的词语来指定时间。用户还可以采用 12 小时计时制，即在时间后面加上 AM（上午）或 PM（下午）来说明是上午还是下午。还可以指定命令执行的具体日期，指定格式为 month day（月 日）或 mm/dd/yy（月/日/年）或 dd.mm.yy（日.月.年）。指定的日期必须跟在指定的时间后面。

上面介绍的都是绝对计时法，其实还可以使用相对计时法，这对于安排不久就要执行的命令是很有好处的。指定格式为：now + count time-units。now 就是当前时间，time-units 是时间单位，这里可以是 minutes（分钟）、hours（小时）、days（天）、weeks（星期）。count 是时间的数量，表示究竟是几天还是几小时等。

还有一种计时方法就是直接使用 today（今天）、tomorrow（明天）来指定完成命令的时间。下面通过一些例子来说明具体用法。

例如，指定在今天下午 5:30 执行某命令。假设现在时间是中午 12:30，其命令格式如下：

```
at 5:30pm
at 17:30
at 17:30 today
at now + 5 hours
at now + 300 minutes
at 17:30 24.2.99
at 17:30 2/24/99
at 17:30 Feb 24
```

以上命令表达的意义是完全一样的，所以在安排时间的时候完全可以根据个人喜好和具体情况自由选择。一般采用绝对时间的 24 小时计时法可以避免由于用户自己的疏忽造成计时错误的情况发生。

对于 at 命令来说，需要定时执行的命令是从标准输入或者使用-f 选项指定的文件中读取并执行的。如果 at 命令是从一个使用 su 命令切换到用户 shell 中执行的，那么当前用户被认为是执行用户，所有的错误和输出结果都会传输给这个用户。但是如果有邮件送出的话，收到邮件的将是原来的用户，也就是登录时 shell 的所有者。

例如，在 3 天后下午 4 点执行文件 work 中的作业：

```
at -f work 4pm + 3 days
```

在 7 月 31 日上午 10 点执行文件 work 中的作业：

```
at -f work 10am Jul 31
```

在任何情况下，超级用户都可以使用这个命令。对于其他用户来说，是否可以使用就取决于两个文件：/etc/at.allow 和/etc/at.deny。如果/etc/at.allow 文件存在，那么只有在其中列出的用户才可以使用 at 命令；如果该文件不存在，那么将检查/etc/at.deny 文件是否存在，在这个文件中列出的用户均不能使用该命令。如果两个文件都不存在，那么只有超级用户可以使用该命令；空的/etc/at.deny 文件意味着所有的用户都可以使用该命令，这也是默认状态。下面对命令中的参数进行说明。

-V：将标准版本号打印到标准错误中。

-q queue：使用指定的队列。队列名称是由单个字母组成的，合法的队列名可以是 a～z 或 A～Z。a 队列是 at 命令的默认队列。

-m：作业结束后发送邮件给执行 at 命令的用户。

-f file：使用该选项将使命令从指定的 file 读取，而不是从标准输入读取。

-l atq：命令的一个别名。该命令用于查看安排的作业序列，它将列出用户排在队列中的作业，如果是超级用户，则列出队列中的所有工作。命令的语法格式如下：

```
atq [-V] [-q 队列] [-v]
```

-d atrm：命令的一个别名。该命令用于删除指定要执行的命令序列，语法格式如下：

```
atrm [-V] 作业 [作业...]
```

-c：将命令行上所列的作业传输到标准输出。

（9）batch 命令。

batch 命令用低优先级运行作业，该命令几乎和 at 命令的功能完全相同，唯一的区别在于，at 命令是在指定时间、很精确的时刻执行指定命令，而 batch 却是在系统负载较低、资源比较空闲的时候执行命令。该命令适合于执行占用资源较多的命令。

batch 命令的语法格式也和 at 命令十分相似，即：

```
batch [-V] [-q 队列] [-f 文件名] [-mv] [时间]
```

具体的参数解释请参考 at 命令。一般地说，不用为 batch 命令指定时间参数，因为 batch 本身的特点就是由系统决定执行任务的时间，如果用户再指定一个时间，就失去了本来的意义。使用组合键 Ctrl+D 来结束命令输入，且 batch 和 at 命令都将自动转入后台，所以启动的时候也不需要加上&符号。

（10）cron 命令。

前面介绍的两条命令都会在一定时间内完成一定任务，但是要注意它们都只能执行一次。也就是说，当指定了运行命令后，系统在指定时间完成任务后一切就结束了。但是在很多时候需要不断地重复一些命令，比如某公司每周一自动向员工报告头一周公司的活动情况，这时候就需要使用 cron 命令来完成任务了。

实际上，cron 命令不应该是手工启动的，它在系统启动时就由一个 shell 脚本自动启动，并进入后台运行（所以不需要使用&符号）。一般的用户没有运行该命令的权限，虽然超级用户可以手工启动 cron，不过还是建议将其放到 shell 脚本中由系统自行启动。

cron 命令首先会搜索/var/spool/cron 目录，寻找以/etc/passwd 文件中的用户名命名的 crontab 文件，被找到的文件将载入内存。例如一个用户名为 foxy 的用户，它所对应的 crontab 文件就应该是/var/spool/cron/foxy。也就是说，以该用户名命名的 crontab 文件存放在/var/spool/cron 目录下面。cron 命令还将搜索/etc/crontab 文件，这个文件是用不同的格式写成的。

cron 启动以后，它将首先检查是否有用户设置了 crontab 文件，如果没有就转入“休眠”状态，释放系统资源，所以该后台进程占用的资源极少。它每分钟“醒”来一次，查看当前是否有需要运行的命令。命令执行结束后，任何输出都将作为邮件发送给 crontab 的所有者或者是/etc/crontab 文件里 MAILTO 环境变量中指定的用户。

（11）crontab 命令。

crontab 命令用于安装、删除或者列出用于驱动 cron 后台进程的表格。也就是说，用户把需要执行的命令序列放到 crontab 文件中以获得执行。每个用户都可以有自己的 crontab 文件。下面就来看看如何创建一个 crontab 文件。

在/var/spool/cron 下的 crontab 文件不可以直接创建或者修改。crontab 文件是通过 crontab 命令得到的。现在假设有个名为 foxy 的用户需要创建自己的一个 crontab 文件，首先可以使用任何文本编辑器建立一个新文件，向其中写入需要运行的命令和要定期执行的时间，然后存盘退出。假设该文件为/tmp/test.cron，最后使用 crontab 命令来安装这个文件，使之成为该用户的 crontab 文件。键入：

```
crontab test.cron
```

这样一个 crontab 文件就建立好了。可以转到/var/spool/cron 目录下查看，发现多了一个 foxy 文件，这个文件就是所需的 crontab 文件。用 more 命令查看该文件的内容可以发现文件头有 3 行信息：

```
# DO NOT EDIT THIS FILE -edit the master and reinstall.
#(test.cron installed on Mon Feb 22 14:20:20 1999)
#(cron version --$Id:crontab.c,v 2.13 1994/01/17 03:20:37 vivie Exp $)
```

大概意思是：

#切勿编辑此文件——如果需要改变请编辑源文件然后重新安装。

#test.cron 文件安装时间为 14:20:20 02/22/1999。

如果需要改变其中的命令内容，还是需要重新编辑原来的文件，然后再使用 crontab 命令安装。

可以使用 crontab 命令的用户是有限制的。如果/etc/cron.allow 文件存在，那么只有其中列出的用户才能使用该命令；如果该文件不存在但 cron.deny 文件存在，那么只有未列在该文件中的用户才能使用 crontab 命令；如果两个文件都不存在，那就取决于一些参数的设置，可能是只允许超级用户使用该命令，也可能是所有用户都可以使用该命令。

crontab 命令的语法格式如下：

```
crontab [-u user] file
crontab [-u user]{-l|-r|-e}
```

第一种格式用于安装一个新的 crontab 文件，安装来源就是 file 所指的文件，如果使用“-”符号作为文件名，那就意味着使用标准输入作为安装来源。

-u：如果使用该选项，也就是指定了是哪个具体用户的 crontab 文件将被修改；如果不指定该选项，将默认是操作者本人的 crontab，也就是执行该命令的用户的 crontab 文件将被修改。但是请注意，如果使用了 su 命令再使用 crontab 命令很可能就会出现混乱的情况。所以如果是使用了 su 命令，最好使用-u 选项来指定究竟是哪个用户的 crontab 文件。

-l：在标准输出上显示当前的 crontab。

-r：删除当前的 crontab 文件。

-e：使用 VISUAL 或者 EDITOR 环境变量所指的编辑器编辑当前的 crontab 文件。当结束编辑离开时，编辑后的文件将自动安装。

例如，列出用户目前的 crontab：

```
crontab  -l
  10 6 * * * date
  0 */2 * * * date
```

0 23-7/2，8 * * * date

在 crontab 文件中如何输入需要执行的命令和时间呢？该文件中每行都包括 6 个域，其中前 5 个域指定命令被执行的时间，最后一个域是要被执行的命令。每个域之间使用空格或制表符分隔，格式如下：

minute hour day-of-month month-of-year day-of-week commands

第一项是分钟，第二项是小时，第三项是一个月的第几天，第四项是一年的第几个月，第五项是一周的星期几，第六项是要执行的命令。这些项都不能为空，必须填入。如果用户不需要指定其中的几项，那么可以使用*代替。因为*是通配符，可以代替任何字符，所以就可以认为是任何时间，也就是该项被忽略了。指定时间的合法范围如下。

minute：00～59。

Hour：00～23。

day-of-month：01～31。

month-of-year：01～12。

day-of-week：0～6，其中周日是 0。

这样用户就可以往 crontab 文件中写入无限多的行以完成无限多的命令。命令域中可以写入所有可以在命令行写入的命令和符号，其他所有时间域都支持列举，也就是域中可以写入很多的时间值，只要满足这些时间值中的任何一个都将执行命令，每两个时间值中间使用逗号分隔。

例如：

5,15,25,35,45,55 16,17,18 * * * command

这就是表示任意天任意月，其实就是每天的下午 4 点、5 点、6 点的 5 min、15 min、25 min、35 min、45 min、55 min 时执行命令。

如果在每周一、三、五的下午 3:00 系统进入维护状态，重新启动系统，那么在 crontab 文件中就应该写入如下字段：

00 15 * * 1,3,5 shutdown -r +5

然后将该文件存盘为 foxy.cron，再键入 crontab foxy.cron 安装该文件。

又如，每天凌晨 3:20 执行用户目录下如下所示的两个指令（每个指令以“;”分隔）：

20 3 * * * （/bin/rm -f expire.ls logins.bad;bin/expire>expire.1st）

而如果要在每年的一月和四月，4 号到 9 号的 3:12 和 3:55 执行/bin/rm -f expire.1st 这个命令，并把结果添加在 mm.txt 文件之后（mm.txt 文件位于用户自己的目录位置），则应该写入以下字段：

12,55 3 4-9 1,4 * /bin/rm -f expire.1st>> m.txt

（12）进程的挂起及恢复命令 bg、fg。

作业控制允许将进程挂起并可以在需要时恢复进程的运行，被挂起的作业恢复后将从终止处开始继续运行。只要在键盘上按 Ctrl+Z 组合键即可挂起当前的前台作业。

例如，在图 2-2 中，输入 cat>myfile 以后立刻按下 Ctrl+Z 组合键，即可将进程挂起。

使用 jobs 命令可以显示 shell 的作业清单，包括具体的作业、作业号以及作业当前所处的状态。

恢复进程执行时，有两种选择：用 fg 命令将挂起的作业放回到前台执行；用 bg 命令将挂起的作业放到后台执行。

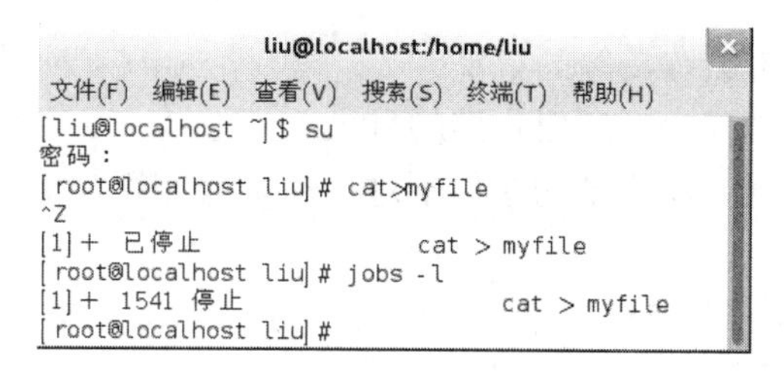

图 2-2 进程的挂起

默认情况下，fg 和 bg 命令对最近停止的作业进行操作。如果希望恢复其他作业的运行，可以在命令中指定要恢复作业的作业号来恢复该作业。例如：

```
$ fg 1
  cat >myfile
```

2.2.4 文件压缩命令

1. gzip 命令

gzip 命令用于对文件进行压缩和解压缩，一般格式为：

    gzip [选项] 压缩文件名/解压缩文件名

使用该命令压缩文件后，被压缩的文件扩展名是“.gz”，该命令还可以对扩展名为“.gz”的文件进行解压缩。

主要选项的含义如下。

-c：把压缩后的文件输出到标准输出设备并保留原始文件。

-d：解压缩文件。

-l：列出压缩文件的相关信息。

-r：递归处理，将指定目录下的所有文件及子目录一并处理。

-t：测试压缩文件是否正确无误。

-v：显示指令执行过程。

-num：num 是一个介于 1～9 之间的数值，预设值为 6，指定越大的数值，压缩效率就会越高。

例如，把当前目录下的 hello.txt 文件先压缩成.zip 文件再解压：

```
[root@localhost dir]# gzip hello.txt
[root@localhost dir]# gzip -d hello.txt.gz
```

2. unzip 命令

unzip 命令用于解压 win.zip 格式的压缩文件，一般格式为：

    unzip [选项] 压缩文件名.zip

主要选项的含义如下。

-l：显示压缩文件内所包含的文件。

-t：检查压缩文件是否正确，但不解压缩。

-v：查看压缩文件目录，但不解压缩。

-z：仅显示压缩文件的注释。

-j：不处理压缩文件中原有的目录路径，把所有文件解压缩到同一目录下。

-n：解压缩时不覆盖原有的文件。

-o：解压缩时允许覆盖原有文件。

-d<目录>：指定文件解压缩后所要存储的目录。

-x<文件>：解压缩文件，但指定的文件不进行解压缩处理。

3. tar 命令

tar 命令主要对文件和目录进行打包，一般格式为：

```
tar [选项] 文件或目录名
```

主要选项的含义如下。

-c：建立新的备份文件。

-f<备份文件>：指定备份文件。

-r：新增文件到已存在的备份文件的结尾部分。

-t：列出备份文件的内容。

-u：仅添加较备份文件内容更新的文件。

-x：从备份文件中还原文件。

-z：通过 gzip 指令处理备份文件。

例如，将/mnt/dir 目录下的文件名和子目录备份到 xyz.tar 文档中：

```
[root@localhost root]# tar -f xyz -cz /root/dir
```

2.2.5 网络命令

1. ping 命令

ping 命令用于测试本机与目标主机是否连通，一般格式为：

```
ping [选项] 主机名(IP 地址)
```

该命令使用 ICMP 传输协议，发出要求回应的信息，若目标主机的网络功能没有问题，则会回应该信息，因而得知和目标主机的连接正常。

主要选项的含义如下。

-c <完成次数>：设置完成要求回应的次数。

-i<间隔秒数>：指定收发信息的间隔时间。

-s<数据包大小>：设置数据包的大小。

-t<存活数值>：设置数据包的存活时间 TTL 的大小。

例如，测试本机与 IP 地址为 220.181.6.6 的计算机是否连通。在命令提示符下输入以下命令：

```
[root@linux-server root]# ping 220.181.6.6
PING 220.181.6.6 (220.181.6.6) 56(84) bytes of data.
64 bytes from 220.181.6.6: icmp_seq=1 ttl=51 time=41.1 ms
64 bytes from 220.181.6.6: icmp_seq=2 ttl=51 time=44.1 ms
64 bytes from 220.181.6.6: icmp_seq=3 ttl=51 time=48.0 ms
64 bytes from 220.181.6.6: icmp_seq=4 ttl=51 time=45.6 ms
64 bytes from 220.181.6.6: icmp_seq=5 ttl=51 time=45.3 ms
64 bytes from 220.181.6.6: icmp_seq=6 ttl=51 time=44.9 ms
64 bytes from 220.181.6.6: icmp_seq=7 ttl=51 time=44.1 ms
64 bytes from 220.181.6.6: icmp_seq=8 ttl=51 time=44.9 ms
64 bytes from 220.181.6.6: icmp_seq=9 ttl=51 time=43.7 ms
```

按 Ctrl+C 组合键终止执行 ping 命令，并对测试信息进行统计：

```
---  220.181.6.6 ping statistics  ---
9 packets transmited, 9 received, 0% packet loss,time 8074ms
rtt min/avg/max/mdev = 41.137/44.696/48.089/1.737 ms
```

2. ifconfig 命令

ifconfig 命令用于显示或设置网络设备，一般格式为：

```
ifconfig 网卡号 [选项] [IP 地址]
```

该命令可以设置网络设备的状态或是显示当前网络的状态。主要选项的含义如下。

up：启动指定的网卡。

down：关闭指定的网卡。

netmask<子网掩码>：设置网卡的子网掩码。

[IP 地址]：用于为指定的网卡设置 IP 地址。

例如，显示当前主机的网卡信息：

```
[root@linux-server roor]# ifconfig
eth0 Link encap:Ethernet Hwaddr 00:E0:4C:FE:D5:43
     inet addr:202.197.37.57 Bcast:202.197.37.255  Mask:255.255.255.0
     UP BROADCAST RUNNING MULTICAST MTU:1500  Metric:1
     RX packets:1976359 errors:52146 dropped:0 overruns:0 frame:0
     TX packets:1414542 errors:0 dropped:0 overruns:0 carrier:0
     collisions:642001 txqueuelen:100
     RX bytes:2305975522 (2199.1 MB) TX bytes:261684704 (249.5MB)
     Interrupt:11 Base address:0x6000
eth1 Link encap:Ethernet Hwaddr 00:E0:4B:39:1A:46
     inet addr:192.168.11.2  Bcast:192.168.11.255  Mask:255.255.255.0
     UP BROADCAST RUNNING MULTICAST MTU:1500  Metric:1
     RX packets:1595230 errors:14 dropped:0 overruns:0 frame:0
     TX packets:2254548 errors:0 dropped:0 overruns:0 carrier:0
     collisions:1337535 txqueuelen:100
     RX bytes:289518328 (276.1MB) TX bytes:2647238575(2524.6MB)
     Interrupt:12 Base address:0x8000
Lo   Link encap:Local Loopback
     inet addr:127.0.0.1 Mask:255.0.0.0
     UP LOOPBACK RUNNING MTU:16436  Metric:1
     RX packets:637696 errors:0 dropped:0 overruns:0 frame:0
     TX packets:637696 errors:0 dropped:0 overruns:0 carrier:0
     collisions:0 txqueuelen:0
     RX bytes:379272693(361.7 MB) TX bytes:379272693 (361.7 MB)
```

3. netstat 命令

netstat 命令的功能是显示网络连接、路由表和网络接口信息，可以让用户得知目前都有哪些网络连接正在运作，一般格式为：

```
netstat [选项]
```

主要选项的含义如下。

-a：显示所有的 socket，包括正在监听的。

-i：显示所有网络接口的信息。

-n：直接使用 IP 地址，而不通过域名服务器。

-r：显示核心路由表。

-t：显示 TCP 协议的连接情况。

-u：显示 UDP 协议的连接情况。

例如，显示网卡的统计信息：

```
[root@linux-server root]# netstat –i
Kernel Interface table
Iface MTU   Met RX-OK   RX-ERR RX-DRP RX-OVR TX-OK   TX-ERR TX-DRP TX-OVR Flg
Eth0  1500  0   1987811 52146  0      0      1414561 0      0      0      BMRU
Eth1  1500  0   1595301 14     0      0      2267094 0      0      0      BMRU
lo    16436 0   656993  0      0      0      656993  0      0      0      LRU
```

4. traceroute 命令

traceroute 命令用于显示本机到目标主机的路由路径，一般格式为：

```
traceroute 目标主机名或 IP 地址
```

主要选项的含义如下。

-d：使用 socket 层级的排错功能。

-f<存活数值>：设置第一个检测数据包的存活数值 TTL 的大小。

-g<网关>：设置来源路由网关，最多可以设置 8 个。

-m<存活数值>：设置检测数据包的最大存活数值 TTL 的大小。

-n：直接使用 IP 地址而不是主机名称。

-p<通信端口>：设置 UDP 传输协议的通信端口。

-w<超时秒数>：设置等待远端主机回报的时间。

-x：开启或关闭数据包的正确性检验。

例如，显示本机到 www.sohu.com 的路由路径：

```
[root@linux-server root]# traceroute www.sohu.com
traceroute: Warning: www.sohu.com has multiple addresses; using 221.236.12.142
traceroute to pgctccdt01.a.shou.com (221.236.12.142), 30 hops max, 38 byte packets
 1  202.197.37.254 (202.197.37.254) 2.263 ms  135.925 ms  2.395 ms
 2  218.196.127.9 (218.196.127.9) 0.599 ms  0.689 ms  0.502 ms
 3  202.197.48.13 (202.197.48.13) 1.358 ms  12.995 ms  3.074 ms
 4  210.43.47.149(210.43.47.149) 2.399 ms  3.052 ms  90.058 ms
 5  210.43.47.38(210.43.47.38) 1.563 ms  1.948 ms  1.679 ms
 6  202.112.62.17 (202.112.62.17) 25.944 ms  23.282 ms  24.833 ms
 7  202.127.216.177 (202.127.216.177) 35.371 ms  22.527 ms  23.444ms
 8  202.122.53.158 (202.112.53.158) 27.141 ms  25.239 ms  22.613 ms
 9  202.112.36.250 (202.112.36.250) 27.542 ms  24.578 ms  22.486 ms
10  202.112.53.173 (202.112.53.173) 30.758 ms  23.277 ms  22.617 ms
11  202.112.53.174 (202.112.53.174) 26.148 ms  22.494 ms  24.323 ms
12  202.97.15.201 (202.97.15.201) 919.662 ms  910.317 ms  912.978 ms
13  202.97.44.57 (202.97.44.57) 909.819 ms  873.801 ms  880.504 ms
```

5. finger 命令

finger 命令用于显示主机系统中的用户信息，一般格式为：

finger [选项] [账号名称]

单独执行finger命令，它会显示本地主机所有用户的登录信息，包括账号名称、真实姓名、登录的终端、空闲时间、登录时间以及地址和电话。

主要选项的含义如下。

-l：列出该用户的账号名称、真实姓名、用户专属目录、登录的终端、登录时间、电子邮件状态、计划文件和方案文件内容。

-m：排除查找用户的真实姓名。

-s：列出该用户的账号名称、真实姓名、登录的终端、空闲时间、登录时间以及地址和电话。

-p：列出该用户的账号名称、真实姓名、用户专属目录、登录的终端、登录时间、电子邮件状态，但不显示该用户的计划文件和方案文件内容。

例如，显示用户root的详细信息：

```
[root@linux-server root]# finger –p root
Login: root                              Name: root
Directory: /root                         Shell: /bin/bash
On since Thu Sep 25 12:16 (HKT) on pts/0 from 192.168.11.34
    2 hours 2 minutes idle
On since Thu Sep 25 12:16 (HKT) on pts/1   2 hours 1 minute idle
On since Thu Sep 25 12:17 (HKT) on pts/2   2 second idle
    (messages off)
No mail.
```

2.2.6 联机帮助命令

1. man命令

man命令用于显示某一命令的帮助手册，一般格式为：

man [选项] 命令名

使用该命令时一般不加选项，按Q键退出man命令。

例如，查看ps命令的使用方法，在命令提示符下输入以下命令：

```
[root@localhost root]# man ps
```

按回车键后就会显示ps命令的帮助手册，如果想退出，按Q键即可。

2. help命令

help命令用于查看所有shell命令的帮助信息，一般格式为：

help 命令名

例如，查看ps命令的使用方法，在命令提示符下输入以下命令：

```
[root@localhost root]# ps --help
```

2.2.7 操作要点

（1）Linux是大小写敏感的系统，举个例子，Mozilla、MOZILLA、mOzilla和mozilla是4个不同的命令（但是只有第4个mozilla是真正有效的命令）。此外，my_filE、my_file和my_FILE也是3个不同的文件。用户的登录名和密码也是大小写敏感的（这是由于UNIX系统和C语言的传统一向是大小写敏感所致）。

（2）文件名最多可以有256个字符，可以包含数字、点号“.”、下划线“_”、横线“-”，加上其他一些不被建议使用的字符。

（3）文件名前面带“.”的文件在输入 ls 或 dir 命令时一般不显示。可以把这些文件看作隐含文件，当然也可以使用命令 ls -a 来显示这些文件。

（4）“/”对等于 DOS 下的“\”（根目录，是所有其他目录的父目录，或者是在目录之间和目录与文件之间的一个间隔符号）。例如，cd /usr/doc。

（5）在 Linux 系统下，所有的目录显示在单一目录树下（有别于 DOS 系统的驱动器标识），这意味着所有的物理设备上的所有文件和目录都合并在单一的目录树下。

（6）在配置文件里，以#开头的行是注释行。在修改配置文件的时候尽量不要删除旧的设置——可以把原来的设置加上“#”变成注释行，总是在修改的地方对应地加入一些关于修改的注释，在以后的管理中可以获益。

（7）Linux 是继承性的多用户操作系统。个人设定（和其他用户的个人设定）放在主目录（一般是/home/your_user_login_name）下。许多的配置文件的文件名都以“.”开头，这样用户一般看不到这些文件。

（8）整个系统范围的设定一般放在目录/etc 下。

（9）和其他的多用户操作系统类似，在 Linux 系统下，文件和目录有自己的拥有者和访问权限。一般来说，只允许用户访问自身用户名的主目录（/home/your_user_login_name），例如，用户 qiaoyu 只能访问/home/qiaoyu，而不能访问其他用户的主目录。读者应该掌握关于文件权限管理的相关知识。

（10）命令参数选项一般由“-”引导，后面跟一个字符。当选项超过一个字符时由“--”引导，例如输入命令 rm --help。

2.3 Linux 启动过程详解

本文以 RedHat Linux Fedora 22 和 i686 平台为例，剖析了从用户打开电源直到屏幕出现命令行提示符的整个 Linux 启动过程。

当用户打开 PC 电源，BIOS 开机自检，按 BIOS 中设置的启动设备（通常是硬盘）启动，接着启动设备上安装的引导程序 LILO 或 GRUB 开始引导 Linux 启动。Linux 首先进行内核的引导，接下来传统的 Linux 系统执行的是 init 程序，init 程序调用了 rc.sysinit 和 rc 等程序，rc.sysinit 和 rc 完成系统初始化和运行服务的任务后返回 init；init 启动了 mingetty 后，打开终端供用户登录系统，用户登录成功后进入 shell，这样就完成了从开机到登录的整个启动过程。然而现在新发行的 Linux 系统在内核引导之后执行的是 systemd，systemd 将系统初始化和运行服务的过程分给各 target unit 完成，然后打开终端供用户登录。

2.3.1 启动 GRUB/LILO

启动管理器是存储在磁盘开始扇区中的一段程序，例如硬盘的 MBR（Master Boot Record）。在系统完成启动测试后，如果系统是从 MBR 启动，则 BIOS（Basic Input/Output System）将控制传输给 MBR，然后存储在 MBR 中的这段程序将运行。这段程序被称为启动管理器，它的任务就是将控制传输给操作系统完成启动过程。

GRUB（GR and Unified Bootloader）是一个将引导装载程序安装到主引导记录的程序。主引导记录是位于一个硬盘开始的扇区，它允许位于主引导记录区中特定的指令来装载一个 GRUB 菜单或是 GRUB 的命令环境。这使得用户能够开始操作系统的选择，在内核引导时传递特定指令给内核，或是在内核引导前确定一些系统参数（如可用的 RAM 大小）。

目前 GRUB 分成 GRUB legacy（以前称 GRUB）和 GRUB 2。0.9x 及其之前的版本都称为 GRUB legacy，从 1.x 开始的就称为 GRUB 2。

GRUB 的特点如下：

- 支持大硬盘。
- 支持开机画面。
- 菜单式选择。
- 分区位置改变后不必重新配置。
- 不支持汉字。

grub.conf 配置文件的位置为/boot/grub/grub.conf。

```
default=linux
timeout=10/0/-1
color=green/blacklight-gray/blue
splashimage=(hd0,0)/boot/grub/splash.xpm.gz
title linux
root (hd0,1)
kernel /vmlinuz root=/dev/hda5
kernel /boot/vmlinuz-2.4.18-14 ro root=LABEL=/
initrd /boot/initrd-2.4.18-14.img
title windows
rootnoverify (hd0,0)
root (hd0,0)
chainloader +1
```

GRUB 2 是新一代的 GRUB，它实现了一些 GRUB 中所没有的功能：

- 模块化设计。
- 支持多体系结构。
- 国际化的支持。
- 真正的内存管理。
- 支持脚本语言。

GRUB 2 的 grub.cfg 配置文件的位置为/boot/grub2/grub.cfg。

```
load_video
set gfxpayload=keep
insmod gzio
insmod part_msdos
insmod ext2
set root='hd0,msdos1'
linux /vilinuz-4.0.4-301.fc22.x86_64    root=/dev/mapper/fedora-root
initrd /initramfs-4.0.4-301.fc22.x86_64.img
```

LILO（Linux Loader）是一个优秀的开机启动管理程序，它最大的好处就是独立于文件系统，可以启动各种操作系统，如 Microsoft、OS/2、SCO UNIX、Unixware、PC-DOS、Linux 等。

LILO 可以安装在第一硬盘的引导扇区或软盘的引导扇区或第一硬盘的 Linux 文件系统分区上的引导扇区。LILO 的位置为/etc/lilo.conf。

```
boot=/dev/hda
delay=40
compact
vga=normal
root=/dev/hda1
read-only
image=/bzImage-2.5.99
label=try
image=/bzImage-1.0.9
label=1.0.9
```

GRUB 和 LILO 都是引导加载程序。简单地讲，引导加载程序（Boot Loader）会引导操作系统。当机器引导操作系统时，BIOS 会读取引导介质上最前面的 512 字节，即主引导记录（Master Boot Record，MBR）。在单一的 MBR 中只能存储一个操作系统的引导记录，当需要多个操作系统时就会出现问题，所以需要更灵活的引导加载程序。

所有的引导加载程序都以类似的方式工作，满足共同的目的。不过 LILO 和 GRUB 之间有很多不同之处：

（1）LILO 没有交互式命令界面，而 GRUB 拥有。

（2）LILO 不支持网络引导，而 GRUB 支持。

（3）LILO 将关于可以引导的操作系统位置的信息物理上存储在 MBR 中，如果修改了 LILO 配置文件，必须将 LILO 第一阶段引导加载的程序重写到 MBR。相对于 GRUB，这是一个更为危险的选择，因为错误配置的 MBR 可能会让系统无法被引导。使用 GRUB，如果配置文件配置错误，则只是默认转到 GRUB 命令行界面。

2.3.2 加载内核

当内核映像被加载到内存之后，内核阶段就开始了。内核映像并不是一个可执行的内核，而是一个压缩过的内核映像。通常它是一个 zImage（压缩映像，小于 512kB）或一个 bzImage（较大的压缩映像，大于 512kB），它是提前使用 zlib 压缩过的。将 zImage 或 bzImage 拷贝到/boot 下面并重新命名的内核映像即为 vmlinuz。在这个内核映像前是一个例程，它实现少量硬件设置，并对内核映像中包含的内核进行解压，然后将其放入内存中。如果有初始 RAM 磁盘映像，就会将它移动到内存中，并标明以后使用。然后该例程会调用内核，并开始启动内核引导的过程。

在 GRUB 命令行中，可以使用 initrd 映像引导一个特定的内核，方法如下：

```
grub> kernel /bzImage-2.6.14.2
[Linux-bzImage, setup=0x1400, size=0x29672e]
grub> initrd /initrd-2.6.14.2.img
[Linux-initrd @ 0x5f13000, 0xcc199 bytes]
grub> boot
Uncompressing Linux... Ok, booting the kernel.
```

在 GRUB 2 命令行中，用 initrd 映像引导一个特定的内核的方法如下：

```
grub> linux / vilinuz-4.0.4-301.fc22.x86_64
grub> initrd / initramfs-4.0.4-301.fc22.x86_64.img
grub> boot
```

如果用户不知道要引导的内核的名称，只需使用斜线（/）然后按 Tab 键即可，GRUB 会显示内核和 initrd 映像列表。

2.3.3　执行 init 系统

1．执行 init 进程

init 进程（Sysv init 启动系统）是系统所有进程的起点，内核在完成核内引导以后，即在本线程（进程）空间内加载 init 程序，它的进程号是 1。init 进程是所有进程的发起者和控制者，因为在任何基于 UNIX 的系统（如 Linux）中，它都是第一个运行的进程，所以 init 进程的编号（Process ID，PID）永远是 1。如果 init 出现了问题，系统的其余部分也就随之垮掉了。

init 进程有两个作用。第一个作用是扮演终结父进程的角色。因为 init 进程永远不会被终止，所以系统总是可以确信它的存在，并在必要的时候以它为参照。如果某个进程在它衍生出来的全部子进程结束之前被终止，就会出现必须以 init 为参照的情况，此时那些失去了父进程的子进程就都会以 init 作为它们的父进程。init 进程的第二个作用是在进入某个特定的运行级别（runlevel）时运行相应的程序，以此对各种运行级别进行管理。它的这个作用是由/etc/inittab 文件定义的。

2．执行 systemd

针对 Sysv init 启动系统效率不足的问题，现在很多的 Linux 发行版本都采用一种新的 init 系统——systemd。本文的 Linux Fedora 22 采用的就是 systemd。

systemd 使用并行的方法启动服务，它会为每个需要启动的守护进程建立一个套接字，对于使用它们的进程来说这些套接字是抽象的，这样不同守护进程之间就可以进行交互，很大程度上减少了系统的启动时间。systemd 会创建新进程并为每个进程分配一个控制组（cgroup），处于不同控制组的进程之间可以通过内核来互相通信。

相较 Sysv init 启动系统，systemd 采用并行启动方法从而可以更快地启动系统，引入了 cgroups 有利于资源的分配，减少了系统资源的占用。

2.3.4　进行初始化

1．执行 init 进程通过/etc/inittab 文件进行初始化

init 的工作是根据/etc/inittab 文件来执行相应的脚本进行系统初始化，如设置键盘、字体，装载模块，设置网络等。

对于 RedHat Linux 来说，init 执行的顺序为：

（1）执行/etc/rc.d/rc.sysinit。

/etc/rc.d/rc.sysinit 主要做在各个运行模式中相同的初始化工作，包括：

- 设置初始的$PATH 变量。
- 配置网络。
- 为虚拟内存启动交换。
- 设置系统的主机名。

- 检查 root 文件系统，以进行必要的修复。
- 检查 root 文件系统的配额。
- 为 root 文件系统打开用户和组的配额。
- 以读/写的方式重新装载 root 文件系统。
- 清除被装载的文件系统表/etc/mtab。
- 把 root 文件系统输入到 mtab。
- 使系统为装入模块做准备。
- 查找模块的相关文件。
- 检查文件系统以进行必要的修复。
- 加载所有的其他文件系统。
- 清除几个/etc 文件：/etc/mtab、/etc/fastboot 和/etc/nologin。
- 删除 UUCP 的 lock 文件。
- 删除过时的子系统文件。
- 删除过时的 pid 文件。
- 设置系统时钟。
- 打开交换。
- 初始化串行端口。
- 装入模块。

（2）执行/etc/rc.d/rcX.d/[KS]。

首先终止以 K 开头的服务，然后启动以 S 开头的服务。对每一个运行级别来说，在/etc/rc.d 子目录中都有一个对应的下级目录。这些运行级别的下级子目录的命名方法是 rcX.d，其中的 X 就是代表运行级别的数字。比如运行级别 3 的全部命令脚本程序都保存在/etc/rc.d/rc3.d 子目录中。在各个运行级别的子目录中，都建立有到 /etc/rc.d/init.d 子目录中命令脚本程序的符号链接，但是这些符号链接并不使用命令脚本程序在 /etc/rc.d/init.d 子目录中原来的名字。如果命令脚本程序是用来启动一个服务的，其符号链接的名字就以字母 S 开头；如果命令脚本程序是用来关闭一个服务的，其符号链接的名字就以字母 K 开头。在许多情况下，这些命令脚本程序的执行顺序都很重要。如果没有先配置网络接口，就没办法使用 DNS 服务解析主机名。为了安排它们的执行顺序，在字母 S 或 K 的后面紧跟着一个两位数字，数值小的在数值大的前面执行，比如/etc/rc.d/rc3.d/S50inet 就会在 /etc/rc.d/rc3.d/S55named 之前执行。存放在/etc/rc.d/init.d 子目录中的、被符号链接上的命令脚本程序才是真正完成启动或者停止各种服务操作过程的程序。当/etc/rc.d/rc 运行通过每个特定的运行级别子目录的时候，它会根据数字的顺序依次调用各个命令脚本程序执行。它先运行以字母 K 开头的命令脚本程序，然后再运行以字母 S 开头的命令脚本程序。对以字母 K 开头的命令脚本程序来说，会传递 Stop 参数；类似地，对以字母 S 开头的命令脚本程序来说，会传递 Start 参数。

（3）执行/etc/rc.d/rc.local。

RedHat Linux 中的运行模式 2、3、5 都把/etc/rc.d/rc.local 作为初始化脚本中的最后一个，所以用户可以自己在这个文件中添加一些需要在其他初始化工作之后、登录之前执行的命令。在维护 Linux 系统运转时，肯定会遇到需要系统管理员对开机或者关机命令脚本进行修改的情况。如果所做的修改只在引导开机的时候起作用，并且改动不大的话，可以考虑简单地编辑一下/etc/rc.d/rc.local 脚本。这个命令脚本程序是在引导过程的最后一步被执行的。

（4）执行/bin/login。

login 程序会提示用户输入账号及密码，接着编码并确认密码的正确性，若验证正确，则为用户进行初始化环境，并将控制权交给 shell，即等待用户登录。

2. 执行 systemd 使用.target 文件初始化

RedHat Linux Fedora 22 执行的是 systemd，systemd 使用各种 target unit 来处理引导和服务管理过程。这些 systemd 里的 target 被用于分组不同的引导单元以及启动同步进程。这是一个并行启动的过程，并没有严格的顺序，下面是启动的逻辑顺序。

systemd 执行的第一个 target 是 default.target。systemd 启动系统过程的方向取决于 default.target 文件，default.target 文件指明了系统启动时哪些 target 执行了。但实际上 default.target 是指向 graphical.target 的软链接的。Linux 里的软链接相当于 Windows 下的快捷方式。graphical.target 的实际位置是/usr/lib/systemd/system/graphical.target。graphical.target 执行时会启动 dislpay-manager.service 运行 GNOME 显示管理器。

在下个阶段会启动 multi-user.target，multi-user.target 将自己的 unit 放在/etc/systemd/ayatem/multi-user.target.wants 里。multi-user.target 执行时为多用户支持设定系统环境，开始在 RHEL 多用户模式下的服务，如打印、编辑和 SSH 等。multi-user.target 会将控制权交给其他层的 basic.target。

basic.target 单元的作用是启动基础服务，它通过/etc/systemd/system/basic.target.wants 目录来决定哪些服务会被启动。防火墙、微指令服务、SELinux、内核消息服务和加载模块服务也在这时启动。basic.target 会将控制权交给 sysinit.target。

sysinit.target 进行系统初始化，启动重要的系统服务如系统挂载，内存空间和设备交换，内核补充选项等。sysinit.target 在启动过程中会将控制权传递给 local-fs.target。

local-fs.target 单元只处理底层核心服务，不启动和用户相关的服务。它会根据/etc/fstab 和/etc/inittab 来执行相关操作。

通过这种层层链接的结构，需要支持多用户模式的组件都被初始化了。

2.4 Linux 系统服务

在 Linux 系统中，服务是执行指定系统功能的程序、例程或进程，以便支持其他程序，尤其是低层程序。服务是一种应用程序类型，它在后台运行。服务应用程序通常可以在本地和通过网络为用户提供一些功能，例如客户端/服务器应用程序、Web 服务器、数据库服务器以及其他基于服务器的应用程序。

2.4.1 系统服务的作用

Linux 系统服务主要有以下作用：

（1）启动、停止、暂停、恢复或禁用远程和本地计算机服务。

（2）管理本地和远程计算机上的服务。

（3）设置服务失败时的故障恢复操作。例如，重新自动启动服务或重新启动计算机。

（4）为特定的硬件配置文件启用或禁用服务。

（5）查看每个服务的状态和描述。

2.4.2 Linux 系统服务

Linux 在启动时要启动很多系统服务，它们向本地和网络用户提供了 Linux 的系统功能接口，直接面向应用程序和用户，Linux 常用的系统服务如表 2-1 所示。

表 2-1 Linux 常用的系统服务

服务	描述
aep1000	挂载或卸载 aep1000/2000 协处理器驱动
apmd	高级电源管理、能源管理服务
arpwatch	记录日志并构建一个在 LAN 接口上看到的以太网地址和 IP 地址对数据库
autofs	自动挂载/卸载文件系统服务
bcm5820	提供对 CryptoNetX SSL Accelerator 适配器的支持
crond	为 Linux 下自动安排的进程提供运行服务
gpm	提供字符模式下对鼠标的支持
cups	UNIX 通用打印系统
cups-lpd	支持用 LPD 协议跑 cups
daytime	获取并显示系统时间
echo	输出字符到客户端
finger	查询系统内的用户信息
imap	为邮件提供 IMAP 服务
imaps	为客户端提供 SSL 加密后的 IMAP 服务
ipop3	提供 POP3 服务
iptables	2.4 内核默认的防火墙
irda	红外线传输支持
netfs	提供网络文件系统（NSF、SMB、NCP）挂载/卸载
keytable	用于装载键盘镜像
kudzu	硬件探测器
mysqld	mySQL 数据库服务器
named	绑定域名服务
network	激活/关闭网络设备
nfs	网络文件系统服务
nfslock	提供一种 NFS 的权限设置
ntpd	网络时间协议 NTP
pops	提供 SSL 加密的 POP3
portmap	端口映射

续表

服务	描述
rexec	远程执行命令时提供用户验证
rlogin	提供远程登录服务
rsh	远程执行 Linux 命令服务
rsyn	高效的网络远程备份和镜像工具
sendmail	SendMail 邮件服务器
sshd	OpenSSH 服务器
servers	监听被激活的服务
smb	提供 samba 服务
snmp	简单网络管理服务
squid	Web 代理服务器
syslogd	日志服务
tux	集成内核的 Web 服务工具
vsftpd	一个安全的 FTP 服务端
winbind	smb 服务中解析来自 NT 服务器的名字
xfs	X Window 字型服务器，为本地和远程 X 服务器提供字型集
xinetd	支持多种网络服务的核心守护进程
yppasswdd	nis 服务中提供 NIS 用户验证服务

2.5　系统安全性

2.5.1　系统管理员安全

安全管理主要分为以下 4 个方面。

（1）防止未授权存取。这是计算机安全最重要的问题。用户意识、良好的口令管理（由系统管理员和用户双方配合）、登录活动记录和报告、用户和网络活动的周期检查，这些都是防止未授权存取的关键。

（2）防止泄密。这也是计算机安全的一个重要问题。防止已授权或未授权的用户存取他人的重要信息。文件系统查账、su 登录和报告、用户意识、加密都是防止泄密的关键。

（3）防止用户拒绝系统的管理。这一方面的安全应由操作系统来完成。一个系统不应被一个有意试图使用过多资源的用户损害。Linux 不能很好地限制用户对资源的使用，一个用户能够使用文件系统的整个磁盘空间，而 Linux 基本不能阻止用户这样做。系统管理员最好用 ps 命令、记账程序 df 和 du 周期地检查系统，查出过多占用 CUP 的进程和大量占用磁盘的文件。

（4）防止丢失信息。这一安全方面与一个好系统管理员的实际工作（例如周期地备份文件系统、系统崩溃后运行 fsck 检查、修复文件系统、当有新用户时检测该用户是否可能使用系统崩溃的软件）和保持一个可靠的操作系统有关（即用户不能经常性地使系统崩溃）。

2.5.2 文件系统安全

1. 文件系统概述

Linux 文件系统是 Linux 系统的心脏部分，提供了层次结构的目录和文件。文件系统将磁盘空间划分为每 1024 字节一组，称为块（也有用 512 字节为一块的）。编号从 0 到整个磁盘的最大块数。

全部块可划分为 4 个部分：块 0 称为引导块，文件系统不用该块；块 1 称为专用块，专用块含有许多信息，其中有磁盘大小和全部块的其他两部分的大小。从块 2 开始是 i 结点表，i 结点表中含有 i 结点，表的块数是可变的，后面将进行讨论。i 结点表之后是空闲存储块（数据存储块），可用于存放文件内容。文件的逻辑结构和物理结构是非常不同的，逻辑结构是用户键入 cat 命令后所看到的文件，用户可得到表示文件内容的字符流；物理结构是文件实际上如何存放在磁盘上的存储格式。用户长于一块的文件通常分散地存放在盘上，然而当用户存取文件时，Linux 文件系统将以正确的顺序取出各块，为用户提供文件的逻辑结构。

当然，在 Linux 系统的某处一定会有一个表，告诉文件系统如何将物理结构转换为逻辑结构，这就涉及到 i 结点表了。i 结点表是一个 64 字节长的表，含有一个相关文件的信息，包括文件大小，文件所有者，文件存取许可方式以及文件为普通文件、目录文件还是特别文件等。在 i 结点中最重要的一项是磁盘地址表，该表中有 13 个块号，前 10 个块号是文件前 10 块的存放地址。这 10 个块号能给出 1～10 块长的文件的逻辑结构，文件将以块号在磁盘地址表中出现的顺序依次取得相应的块。

当文件长于 10 块时，磁盘地址表中的第 11 项给出一个块号，这个块号指出的块中含有 256 个块号，因此，这种方法满足了至多长为 266 块的文件（272384 字节）。如果文件大于 266 块，磁盘地址表的第 12 项给出一个块号，这个块号指出的块中含有 256 个块号，这 256 个块号的每一个块号又指出一块，块中含 256 个块号，这些块号才用于获取文件的内容。磁盘地址中的第 13 项索引寻址方式与第 12 项类似，只是多一级间接索引。

2. 设备文件

Linux 系统与本系统上的各种设备之间的通信通过特别文件来实现，就程序而言，磁盘是文件，调制解调器是文件，甚至内存也是文件。所有连接到系统上的设备都在/dev 目录中有一个文件与其对应，当在这些文件上执行 I/O 操作时，由 Linux 系统将 I/O 操作转换成实际设备的动作。例如，文件/dev/mem 是系统的内存，如果使用 cat 命令显示这个文件，实际上是在终端显示系统的内存。为了安全起见，这个文件对普通用户是不可读的。因为在任一给定时间，内存区可能含有用户登录的口令或运行程序的口令、某部分文件的编辑缓冲区，缓冲区可能含有用 ed -x 命令解密后的文本，以及用户不愿让其他人存取的种种信息。

在/dev 中的文件通常被称为设备文件，用 ls /dev 命令可以查看系统中的一些设备。

- acuo：呼叫自动拨号器。
- console：系统控制台。
- dsknn：块方式操作的磁盘分区。
- kmem：核心内存。
- mem：内存。
- lp：打印机。

- mto：块方式操作的磁带。
- rdsknn：流方式操作的磁盘分区。
- rmto：流方式操作的磁带。
- swap：交换区。
- syscon：系统终端。
- ttynn：终端口。
- x25：网络端口。

3. /etc/mknod 命令

用于建立设备文件。只有系统管理员能使用这个命令建立设备文件。其参数是文件名，字母 c 或 b 分别代表字符特别文件或块特别文件、主设备号、次设备号。块特别文件是像磁带、磁盘这样一些以块为单位存取数据的设备。字符特别文件是如终端、打印机、调制解调器或者其他任何与系统通信时一次传输一个字符的设备，包括模仿对磁盘进行字符方式存取的磁盘驱动器。主设备号指定了系统子程序（设备驱动程序），当在设备上执行 I/O 操作时，系统将调用这个驱动程序。调用设备驱动程序时，次设备号将传递给该驱动程序（次设备规定具体的磁盘驱动器、带驱动器、信号线编号或磁盘分区）。每种类型的设备一般都有自己的设备驱动程序。

文件系统将主设备号和次设备号存放在 i 结点中的磁盘地址表内，所以没有磁盘空间分配给设备文件（除 i 结点本身占用的磁盘区外）。当程序试图在设备文件上执行 I/O 操作时，系统识别出该文件是一个特别文件，并调用由主设备号指定的设备驱动程序，次设备号作为调用设备驱动程序的参数。

将设备处理成文件，使得 Linux 程序独立于设备，即程序不必一定要了解正在使用的设备的任何特性，存取设备也不需要记录长度、块大小、传输速度、网络协议等信息，所有烦人的细节由设备驱动程序去关心和考虑，要存取设备，程序只需打开设备文件，然后作为普通的 Linux 文件使用即可。

从安全的观点来看这样处理很好，因为在任何设备上进行的 I/O 操作只经过了少量的渠道（即设备文件），用户不能直接地存取设备。所以如果正确地设置了磁盘分区的存取许可，用户就只能通过 Linux 文件系统存取磁盘，文件系统就有了内部安全机制（文件许可）。

4. 安装和拆卸文件系统

Linux 文件系统是可安装的，这意味着每个文件系统可以连接到整个目录树的任意结点上（根目录总是被安装上的）。安装文件系统的目录称为安装点。

/etc/mount 命令用于安装文件系统，用这条命令可以将文件系统安装在现有目录结构的任意处。安装文件系统时，安装点的文件和目录都是不可存取的，因此未安装文件系统时，不要将文件存入安装点目录。文件系统安装后，安装点的存取许可方式和所有者将改变为所安装的文件根目录的许可方式和所有者。

安装文件系统时要小心：安装点的属性会改变。还要注意新建的文件，除非新文件系统是由标准文件建立的，系统标准文件会设置适当的存取许可方式，否则新文件系统的存取许可将是 777。

可以用-r 选项将文件系统安装成只读文件系统。需要写保护的带驱动器和磁盘应当以这种方式来安装。

不带任何参数的/etc/mount 可以获得系统中所安装的文件系统的有关信息，包括文件系统被安装的安装点目录、对应/dev 中的设备、只读或可读写、安装时间和日期等。从安全的观点来讲，可安装系统的危险来自用户可能请求系统管理员为其安装用户自己的文件系统。如果安装了用户的文件系统，则应在允许用户存取文件系统前，先扫描用户的文件系统，搜索 SUID/SGID 程序和设备文件。在除了系统管理员外的任何用户都不能执行的目录中安装文件系统，用 find 命令或 secure 命令列出可疑文件，删除不属于用户的所有文件的 SUID/SGID 许可。

用户的文件系统用完后，可以用 umount 命令卸下文件系统，并将安装点目录的所有者改回系统管理员，存取许可改为 755。

5. 系统目录和文件

Linux 系统中有许多文件和目录不允许用户写，如/bin、/usr/bin、/usr/ sbin、/etc/passwd、/usr/ lib/crontab、/etc/rc、/etc/inittab，可写的目录允许移动文件，这样会产生安全问题。

系统管理员应该经常检查系统文件和目录的许可权限和所有者。可做一个程序根据系统提供的规则文件（在/etc/permlist 文件中）所描述的文件所有者和许可权规则检查各个文件。

需要注意的是，如果系统的安全管理不好，或系统是新安装的，其安全程序等级不够高，可以用 make 方式在安全性强的系统上运行上述程序，将许可规则文件拷贝到新系统中来，再以设置方式在新系统上运行上述程序，即可提高本系统的安全程序。但要记住，两个系统必须运行相同的 Linux 系统版本。

2.5.3 /etc/passwd 文件

/etc/passwd 文件是保证 Linux 安全的关键文件之一。该文件用于用户登录时校验用户的口令，当然应当仅对 root 可写。文件中每行的一般格式为：

LOGNAM:PASSWORD:UID:GID:USERINFO:HOME:SHELL

每行的头两项是登录名和加密后的口令，后面的两个数是 UID 和 GID，接着的一项是系统管理员想写入的有关该用户的信息，最后两项是两个路径名：一个是分配给用户的 HOME 目录，另一个是用户登录后将执行的 shell（若为空格则默认为/bin /sh）。

/etc/passwd 中的 UID 信息很重要，系统使用 UID 而不是登录名区别用户。一般来说，用户的 UID 应当是独一无二的，其他用户不应当有相同的 UID 数值。根据惯例，0～99 的 UID 保留用作系统用户的 UID（root、bin、uucp 等）。

如果在/etc/passwd 文件中有两个不同的入口项有相同的 UID，则这两个用户对相互的文件具有相同的存取权限。

2.5.4 /etc/group 文件

/etc/group 文件含有关于小组的信息，/etc/ passwd 文件中的每个 GID 在本文件中应当有相应的入口项，入口项中列出了小组名和小组中的用户。这样可以方便地了解每个小组的用户，否则必须根据 GID 在/etc/ passwd 文件中从头至尾地寻找同组用户。

/etc/group 文件对小组的许可权限的控制并不是必要的，因为系统用 UID 和 GID（取自/etc/passwd）决定文件存取权限，即使/etc/group 文件不存在于系统中，具有相同 GID 的用户也可以小组的存取许可权限共享文件。

小组就像登录用户一样可以有口令。如果/etc/group 文件入口项的第二个域为非空，则将被认为是加密口令，newgrp 命令将要求用户给出口令，然后将口令加密，再与该域的加密口令比较。

给小组建立口令一般不是一个好方法。首先，如果小组内共享文件，而某人猜中小组口令，则该组的所有用户的文件就可能泄密；其次，管理小组口令很费事，因为对于小组没有类似的 passwd 命令。可以用/usr/lib/makekey 生成一个口令写入/etc/group。

2.5.5　增加和删除用户

增加用户有 3 个过程：

（1）在/etc/passwd 文件中写入新用户的入口项。

（2）为新登录用户建立一个 HOME 目录。

（3）在/etc/group 中为新用户增加一个入口项。

在/etc/passwd 文件中写入新的入口项时，口令部分可以先设置为 NOLOGIN，以免有人作为此新用户登录。在修改文件前，应使用命令 mkdir/etc/ptmp，以免他人同时修改此文件。新用户一般独立为一个新组，GID 号与 UID 号相同（除非他要加入目前已存在的一个新组），UID 号必须和其他人不同，HOME 目录一般设置在/usr 或/home 目录下，建立一个以用户登录名为名称的目录作为其主目录。

删除用户与增加用户的工作正好相反，首先在/etc/passwd 和/etc/group 文件中删除用户的入口项，然后删除用户的 HOME 目录和所有文件。

```
rm   -r   /usr/loginname    //删除整个目录树
```

如果用户在/usr/spool/cron/crontabs 中有 crontab 文件，也应当删除。

2.5.6　系统检查命令

（1）du：报告在层次目录结构（当前工作目录或指定目录）中各目录占用的磁盘块数，可用于检查用户对文件系统的使用情况。

（2）df：报告整个文件系统当前的空间使用情况，可用于合理调整磁盘空间的使用和管理。

（3）ps：检查当前系统中正在运行的所有进程。对于用了大量 CPU 时间的进程、同时运行了许多进程的用户进程、运行了很长时间但用了很少 CPU 时间的用户进程进行深入检查。还可以查出运行了一个无限循环的后台进程的用户、未注销账户就关闭终端的用户进程（一般发生在直接连线的终端）。

（4）who：可以告诉系统管理员系统中工作的进展情况等许多信息，检查用户的登录时间、登录终端。

（5）su：每当用户试图使用 su 命令进入系统时，命令将在/usr/adm/sulog 文件中写一条信息，若该文件记录了大量试图用 su 命令进入 root 的无效操作信息，则表明可能有人企图破译 root 口令。

（6）login：在一些系统中，login 程序记录了无效的登录企图（若本系统的 login 程序不做这项工作而系统中有 login 源程序，则应修改 login）。

每天总有少量的无效登录，若无效登录的次数突然增加了两倍，则表明可能有人企图通过猜测登录名和口令非法进入系统。

最重要的一点是：系统管理员越熟悉自己的用户和用户的工作习惯，就越能快速发现系统中任何不寻常的事件，而不寻常的事件意味着系统已被人窃密。

习题二

一、填空题

1．超级用户的提示符是________，其他用户的提示符是________。

2．bash 的特点之一是可以使用查找匹配的方式快速查找某字符开头的命令，如输入 ls，按两次________键，可以查找到以 ls 开头的所有命令。

3．Linux 操作系统的引导装载程序有________。

4．某文件的权限为 drw-r--r-x，用数值形式表示该权限，则该八进制数为________。

5．在 Linux 系统中，安装点是指要安装的文件系统所在的________。

6．如果命令太长，一行放不下，可以在行尾输入________字符，并按回车键。

7．显示所有进程的命令是________，终止进程的命令是________。

8．文件的访问权限可以用字母来表示，其中，r 表示________，w 表示________，x 表示________。

9．工作目录用“.”表示，其父目录用________表示。

二、选择题

1．为了更好地保护用户账号的安全，Linux 允许用户随时修改自己的口令，修改口令的命令是（　　）。

A．password　　B．reboot　　C．chown　　D．passwd

2．Linux 安装过程中，根分区的大小最佳为（　　）。

A．1MB　　B．5GB　　C．3GB　　D．2GB

3．用 ls -al 命令列出下面的文件列表，（　　）文件是符号连接文件。

A．-rw-rw-rw- 2 hel-s　users　56　Sep 09 11:05　hello

B．-rwxrwxrwx　2 hel-s　users　56　Sep 09 11:05　goodbey

C．drwxr--r--　1 hel　users　1024　Sep 10 08:10　zhang

D．lrwxr--r--　1 hel　users　2024　Sep 12 08:12　cheng

4．在下列命令中，不能显示文本文件内容的命令是（　　）。

A．more　　B．less　　C．tail　　D．tar

5．下列命令中（　　）用来查找指定文件。

A．grep　　B．clear　　C．find　　D．ls

6．从后台启动进程，应在命令的结尾加上符号（　　）。

A．&　　B．@　　C．#　　D．$

7．使用命令 chmod 的数字设置，可以改变（　　）。

A．文件的访问权限　　B．目录的访问权限

C．文件/目录的访问权限　　D．文件属主

8．以下内部变量中，（　　）是传输给 shell 程序的位置参数的数量。

A．$# B．$0 C．$? D．$*

三、简答题

1．路径是怎样构成的？什么是绝对路径和相对路径？

2．简述 ln - s lunch /home/xu 命令的作用。

3．at 命令与 batch 命令有什么本质区别？

4．cron 命令在何时执行？如何改变其执行状态？

5．何谓前台作业、后台作业？如何挂起当前的前台作业？如果要恢复其运行又应该怎样做？

6．什么是进程？进程与作业有什么区别？

7．进程启动的方式有哪几种？

第 3 章　Linux 下的 C 编程基础

3.1　概述

3.1.1　C 语言简单回顾

C 语言是一种计算机程序设计语言。它既有高级语言的特点，又具有汇编语言的特点。它可以作为系统设计语言，编写工作系统应用程序，也可以作为应用程序设计语言，编写不依赖于计算机硬件的应用程序。因此，它的应用范围很广泛。

对操作系统和系统实用程序以及需要对硬件进行操作的场合，用 C 语言明显优于其他解释型高级语言，有一些大型应用软件也是用 C 语言编写的。

C 语言最早是由贝尔实验室的 Dennis Ritchie 为了 UNIX 的辅助开发而编写的，它是在 B 语言的基础上开发出来的。尽管 C 语言不是专门针对 UNIX 操作系统或机器编写的，但它与 UNIX 系统的关系十分紧密。由于 C 语言的硬件无关性和可移植性，它逐渐成为世界上使用最广泛的计算机语言。

为了进一步规范 C 语言的硬件无关性，1987 年，美国国家标准化协会（ANSI）根据 C 语言问世以来的各种版本对 C 的发展和扩充制定了新的标准，称为 ANSI C。ANSI C 比原来的标准 C 有了很大的进步，目前流行的 C 编译系统都是以它为基础的。

C 语言的成功并不是偶然的，它强大的功能和可移植性让它能在各种硬件平台上游刃有余。总体而言，C 语言具有如下特点：

（1）简洁紧凑、灵活方便。C 语言一共只有 32 个关键字，9 种控制语句，程序书写自由，主要用小写字母表示。它把高级语言的基本结构和语句与低级语言的实用性结合起来。C 语言可以像汇编语言一样对位、字节和地址进行操作，而这三者是计算机最基本的工作单元。

（2）运算符丰富。C 的运算符包含的范围很广泛，共有 34 个运算符。C 语言把括号、赋值、强制类型转换等都作为运算符处理。从而使 C 的运算类型极其丰富，表达式类型多样化，灵活使用各种运算符可以实现在其他高级语言中难以实现的运算。

（3）数据结构丰富。C 语言的数据类型有整型、实型、字符型、数组类型、指针类型、结构体类型、共用体类型等，能用来实现各种复杂的数据类型的运算，并引入了指针概念，使程序效率更高。另外 C 语言具有强大的图形功能，支持多种显示器和驱动器，且计算功能、逻辑判断功能强大。

（4）C 语言是结构式语言。结构式语言的显著特点是代码及数据的分隔化，即程序的各个部分除了必要的信息交流外彼此独立。这种结构化方式可使程序层次清晰，便于使用、维护和调试。C 语言是以函数形式提供给用户的，这些函数可方便地调用，并具有多种循环、条件语句控制程序流向，从而使程序完全结构化。

（5）C 语法限制不太严格，程序设计自由度大。虽然 C 语言也是强类型语言，但它的语法比较灵活，允许程序编写者有较大的自由度。

（6）C 语言允许直接访问物理地址，可以直接对硬件进行操作。因此既具有高级语言的功能，又具有低级语言的许多功能，能够像汇编语言一样对位、字节和地址进行操作，而这三者是计算机最基本的工作单元，可以用来写系统软件。

（7）C 语言程序生成代码质量高，程序执行效率高。一般只比汇编程序生成的目标代码效率低 10%～20%。

（8）C 语言适用范围广，可移植性好。C 语言适合多种操作系统，如 DOS、Windows、Linux 等，也适合多种体系结构。

3.1.2　Linux 下的 C 语言编程环境概述

Linux 下的 C 语言程序设计与在其他环境中的 C 语言程序设计一样，主要涉及编辑器、编译器、调试器及项目管理器。现在先对这 4 种工具进行简单介绍，后面会对其一一进行讲解。

（1）编辑器。Linux 下的编辑器就如 Windows 下的 Word、记事本等一样，完成对所录入文字的编辑功能。Linux 中最常用的编辑器有 vi（vim）和 Emacs，它们功能强大，使用方便，广受编程爱好者的喜爱。在本书中，着重介绍 vi 和 Emacs。

（2）编译器。编译是指源代码转化生成可执行代码的过程。可见，编译过程是非常复杂的，它包括词法、语法和语义的分析，中间代码的生成和优化，符号表的管理和出错处理等。在 Linux 中，最常用的编译器是 Gcc 编译器。它是 GNU 推出的功能强大、性能优越的多平台编译器，其执行效率与一般的编译器相比平均要高 20%～30%，堪称为 GNU 的代表作品之一。

（3）调试器。调试器并不是代码执行的必备工具，而是专为方便程序员调试程序的。有编程经验的读者都知道，在编程过程中，往往调试所消耗的时间远远大于编写代码的时间。因此，有一个功能强大、使用方便的调试器是必不可少的。Gdb 是绝大多数 Linux 开发人员所使用的调试器，它可以方便地设置断点、单步跟踪等，足以满足开发人员的需要。

（4）项目管理器。Linux 中的项目管理器 Make 有些类似于 Windows 中 Visual C++里的“工程”，它是一种控制编译或者重复编译软件的工具。另外，它还能自动管理软件编译的内容、方式和时机，使程序员能够把精力集中在代码的编写上而不是在源代码的组织上。

3.2　vi 编辑器

vi 是 Linux 上最基本的文本编辑器，工作在字符模式下。由于不需要图形界面，使它成了效率很高的文本编辑器。尽管在 Linux 上也有很多图形界面的编辑器可用，但 vi 在系统和服务器管理中的效率是那些图形编辑器所无法比拟的。vim 是 vi 的加强版，比 vi 更容易使用。vi 的命令几乎全部都可以在 vim 上使用。

vi 是 visual interface 的简称，它在 Linux 上的地位就像 Edit 程序在 DOS 上的一样。它可以执行输出、删除、查找、替换、块操作等众多文本操作，而且用户可以根据自己的需要对其进行定制，这是其他编辑程序所没有的。

3.2.1　vi 的工作模式

vi 有 3 种基本的工作模式：命令模式、插入模式和末行模式。

1. 命令模式

当用户启动 vi 后，vi 就处于命令模式。此时输入的任何字符都被当作编辑命令。如 i 表示插入命令，r 表示替换命令等。不管在什么时候，只要按一下 Esc 键，vi 就会回到命令模式。

2. 插入模式

在命令模式下，按字母 i、a、o、r 等就可以切换到插入模式。如果按的是字母 i，则在光标前插入文本；如果按的是字母 a，则在光标后插入文本。进入插入模式后用户即可输入或编辑文本。

3. 末行模式

在插入模式下，按 Esc 键回到命令模式，再按冒号（:）键就会转换到末行模式，此时光标停留在状态行上，并等待用户输入所需的末行模式的命令。用户可以用它来保存文件、装入另外的文件或退出 vi。

3.2.2 vi 的启动和退出

1. 启动 vi

在系统提示符下输入 vi 及文件名称后，就进入 vi 全屏幕编辑界面，如图 3-1 所示。

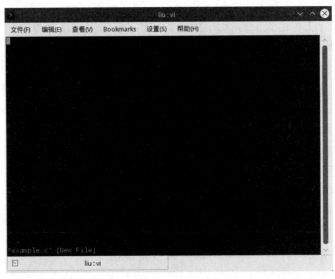

图 3-1 vi 编辑界面

example.c 是一个新文件，光标停留在左上角，在每一行开头都有一个“~”符号，表示空行。如果指定的文件存在，则打开该文件后在屏幕上显示的是该文件的内容，屏幕的最底行是 vi 的状态行，包括文件名、行数和字符数，如图 3-2 所示。

要特别注意的是，进入 vi 之后处于命令模式，切换到插入模式才能输入文字。在命令模式下按字母 i 便可进入插入模式，这时就可以开始输入文字了。

2. 退出 vi

当编辑完文件后，准备返回到 shell 状态时，需要执行退出 vi 的命令。在命令模式下按一下冒号键进入末行模式。

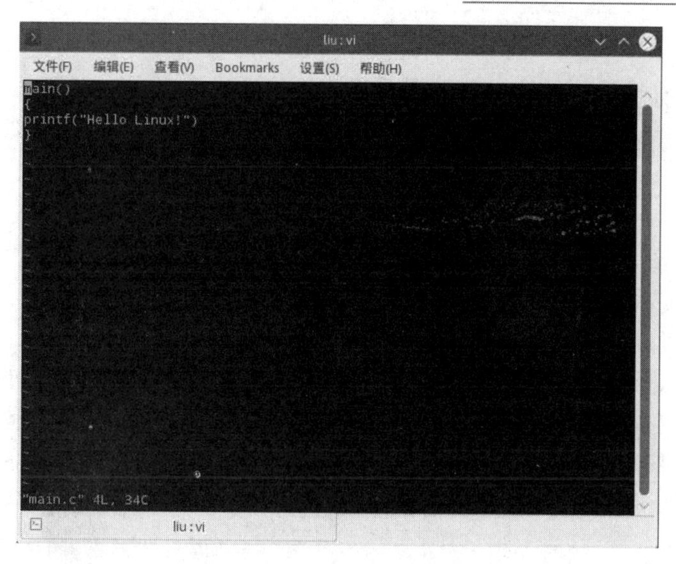

图 3-2　打开 main.c 的界面

（1）:wq：保存文件内容并退出 vi，回到 shell 状态。

（2）:q!：不保存内容强制退出 vi。

（3）:ZZ：仅当编辑的内容做过修改时，才将缓冲区的内容保存到文件。

（4）:x：与:ZZ 的功能相同。

3.2.3　文本输入

1. 插入命令

（1）i：在 i 命令之后输入的内容都插在光标位置之前，光标后的文本相应地向后移动。如果按 Enter 键，则插入新的一行或者换行。

（2）I：输入 I 命令后，光标移动到该行的行首，输入的相应文本则插入到行首的相应位置。例如，原来屏幕显示为：

```
main()
{
  a,b;
  printf("Hello Linux!");
}
```

按 Esc 键进入命令模式，按下 I 键，光标就移到行首，显示为：

```
main()
{
  a,b;
  printf("Hello Linux!");
}
```

接着输入“int”，则在行首插入所输字符，显示为：

```
main()
{
  int a,b;
  printf("Hello Linux!");
}
```

2. 附加命令

（1）a：在 a 命令之后输入的内容都插在光标位置之后。

（2）A：输入 A 命令后，光标移动到该行的行尾，输入的相应文本则插入到行尾的相应位置。

3. 打开命令

（1）o：在光标所在行的下面新开辟一行，输入的文本就插入该行。

（2）O：在光标所在行的上面新开辟一行，输入的文本就插入该行。

4. 移动光标

要对正文内容进行修改，首先必须把光标移动到指定位置。移动光标的最简单的方式是按键盘上的上、下、左、右箭头键。除了这种最原始的方法外，用户还可以利用 vi 提供的众多字符组合键在正文中移动光标，迅速到达指定的行或列实现定位。移动光标命令如表 3-1 所示。

表 3-1 移动光标命令

命令	作用
k、j、h、l	等同于上、下、左、右箭头键
w	在指定行内右移光标，到下一个字的开头
e	在指定行内右移光标，到下一个字的末尾
b	在指定行内左移光标，到前一个字的开头
0	数字 0，左移光标，到本行的开头
$	右移光标，到本行的末尾
^	移动光标，到本行的第一个非空字符
H	将光标移到屏幕的最上行
nH	将光标移到屏幕的第 n 行
M	将光标移到屏幕的中间
L	将光标移到屏幕的最下行
nL	将光标移到屏幕的倒数第 n 行
Ctrl+b	在文件中向上移动一页（相当于 PageUp 键）
Ctrl+f	在文件中向下移动一页（相当于 PageDown 键）

3.2.4 文本修改

1. 删除与替换

（1）删除。

在插入模式下，用 Backspace 键来删除前面的字符，还可以用 Delete 键来删除当前字符。也可以在 vi 的命令模式下用一些命令来删除一个字符、一个单词或者整行内容等，其删除命令如表 3-2 所示。

对于命令 db，当用户在命令模式先按下 D 键，再按下 B 键，则会删除当前光标所在单词字符至前一个单词开始间的所有字符。对于命令 ndw，用户先按下一个数字键，再先后按下 D 键、W 键，则会删除当前光标所在单词字符至后 n 个单词开始间的所有字符。

表 3-2　删除命令

命令	作用
x	删除当前光标所在的字符
db	删除当前光标所在单词字符至前一个单词开始间的所有字符
ndb	删除当前光标所在单词字符至前 n 个单词开始间的所有字符
dw	删除当前光标所在单词字符至后一个单词开始间的所有字符
ndw	删除当前光标所在单词字符至后 n 个单词开始间的所有字符
d$（或 shift+d）	删除从当前光标至行尾的所有字符
dd	删除当前光标所在行
ndd	删除当前光标后 n 行

例如，原来屏幕显示为：

This is a test file!

按 Esc 键进入命令模式，再先后按 2、D、W 键后，则删除当前光标到 test 单词开始间的所有字符，显示为：

This test file!

（2）替换。

在 vi 的命令模式下还提供了一些命令来替换字符、单词或者进行整行替换，其替换命令如表 3-3 所示。

表 3-3　替换命令

命令	作用
r	替换当前光标所在的字符
R	替换字符序列
cw	替换一个单词
ce	同 cw
cb	替换光标所在的前一字符
c$	替换从当前光标至行尾的所有字符
cc	替换当前光标所在行

例如，原来 vi 编辑器显示为：

This is a test file!

按 Esc 键进入命令模式，再先后输入 RTEST 后，test 被 TEST 替换了，显示为：

This is a TEST file!

2. 复制、粘贴和剪切

（1）复制。

在 vi 编辑器中复制的方式有两种：鼠标方式和命令方式。鼠标方式与 Windows 操作系统的复制操作类似，vi 提供的复制命令如表 3-4 所示。

表 3-4 复制命令

命令	作用
yw	复制当前光标至下一个单词开始的内容
y$	复制当前光标至行尾的内容
yy 或 Y	复制整行

（2）粘贴。

与复制一样，vi 编辑器中粘贴的方式也有两种，且不同的复制方式对应不同的粘贴方式。粘贴方式同 Windows 操作系统的粘贴操作类似，vi 提供的粘贴命令很简单，有以下两种形式。

1）p：在当前光标后面粘贴。

2）P：在当前光标前面粘贴。

使用命令方式粘贴时，先将光标移动到相应位置，然后按下相应的粘贴命令键即可。

（3）剪切。

在 vi 编辑器中，所有的删除命令也是剪切命令，因为删除的内容都被送到剪贴板中。如果用户用剪切命令剪切，可将剪切的内容使用粘贴命令粘贴。

3. 撤消

使用撤消命令可撤消用户最后一次的操作。撤消命令很简单，有以下两种形式。

（1）u：取消上次的操作。

（2）U：可以恢复对光标所在行的所有改变。

4. 查找

vi 提供字符串查找功能，包括向前查找、向后查找、继续上一次查找等。当 vi 向前查找，从光标当前位置向前查找，当找到文本的开头时，它就到文本的末尾继续查找；当 vi 向后查找，从光标当前位置向后查找，当找到文本的末尾时，它就到文本的开头继续查找。

vi 提供的查找命令如表 3-5 所示。

表 3-5 查找命令

命令	作用
?str	向前查找字符串 str
/str	向后查找字符串 str
n	继续查找，找出 str 字符串下次出现的位置
N	与上一次相反的方向查找

例如，要在 main.c 文件中查找 Hello，在命令模式下输入“?Hello”，屏幕显示为：

```
main()
{
    int a,b;
    printf("Hello Linux!");
}
```

光标定位在 Hello 单词上。在查找过程中注意字母是区分大小写的，如果输入“?hello”命令是找不到的，因为文中没有单词 hello。

3.2.5　文件操作

1. 打开文件

（1）打开一个文件。

在 vi 中打开文件方法很简单，在命令模式下使用命令：vi file。其中 file 是指定路径的文件，如果没有指定路径，则默认为当前目录。

例如，输入 vi test 即可打开当前目录下的 test 文件，此时按字母 i 或 a 即可切换到插入模式进行文本输入。

（2）打开多个文件。

vi 能一次打开多个文件，使用命令：vi file1 file2。其中 file1 和 file2 是指定路径的两个文件，如果没有指定路径，则默认为当前目录。

例如，输入“vi test main.c”可以打开当前目录下的 test、main.c 文件。

首先将第一个文件 test 读入缓冲区并显示：

```
This is a test file!
```

按 Esc 键进入命令模式，按冒号键进入末行模式，再输入命令 next，则可以打开第二个文件 main.c 并显示：

```
main()
{
   int a,b;
   printf("Hello Linux!");
}
```

如果想返回到第一个文件，在命令模式下输入命令“: previous”或“: prev”，则又可以打开第一个文件并显示。

（3）打开多个窗口。

vi 也可以在多个窗口中打开多个文件，在命令模式下，使用命令：vi -o file1 file2，即可在两个窗口中分别打开 file1 和 file2。

2. 保存文件

用户在编辑过程中或者编辑完成后要对文件进行保存，在末行模式下，使用如下命令来保存文件。

（1）:w：将缓冲区的内容保存到当前文件中。

（2）:w file：将缓冲区的内容保存到名为 file 的文件中。如果用户另存为的 file 文件已经存在，则使用该命令保存时状态行会出现“File exists(add ! to override)”的提示，即需要使用:w! file 命令来强制覆盖。

（3）:w! file：强制将缓冲区的内容保存到名为 file 的文件中。

3.3　Emacs 编辑器

Emacs 编辑器不仅仅是一款功能强大的编辑器，而且是一款融合编辑、编译、调试于一体的开发环境。Emacs 编辑器既可以在图形界面下完成相应的工作，也可以在没有图形显示的终端环境下出色地工作。

Emacs 编辑器的使用和 vi 编辑器截然不同。Emacs 编辑器只有一种编辑模式，而且它的命令全靠功能键完成。因此，功能键的使用也就相当重要了。但 Emacs 却还使用一个不同于 vi 的“模式”，即各种辅助环境。当编辑普通文本时，使用的是“文本模式”；而当编写程序时，使用的则是 C 模式、shell 模式等。

3.3.1 Emacs 的基本操作

1. *启动* Emacs

在系统提示符下直接输入 Emacs 命令，则进入 Emacs 的欢迎界面，如图 3-3 所示。

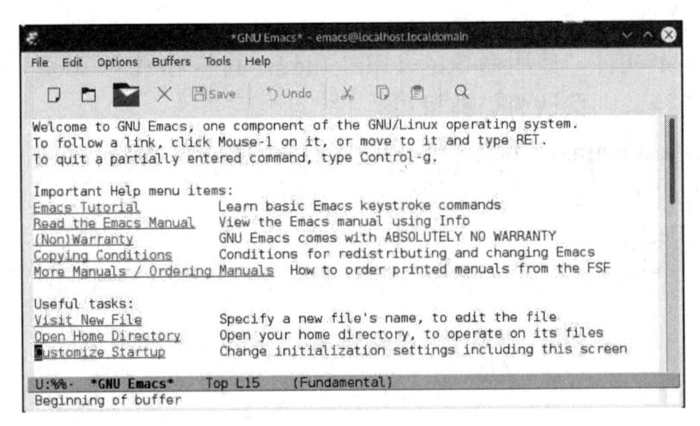

图 3-3　Emacs 的欢迎界面

可按任意键进入 Emacs 的工作窗口，也可以输入 Emacs 及文件名进入 Emacs 的工作窗口，工作窗口如图 3-4 所示。

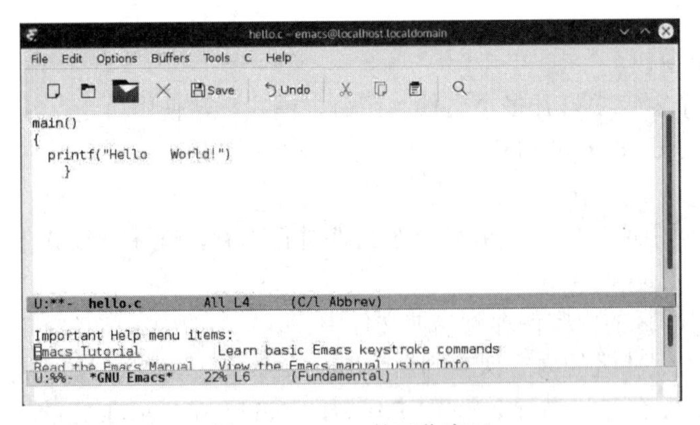

图 3-4　Emacs 的工作窗口

如果指定的文件不存在，则创建一个新文件。如果指定的文件存在，则打开该文件后在屏幕上显示的是该文件的内容。Emacs 的工作窗口分为上下两部分，上部为编辑窗口，底部为命令显示窗口，用户执行功能键的功能都会在底部有相应的显示，有时也需要用户在底部窗口中输入命令执行相应的操作。

2. *使用* Emacs

在进入 Emacs 后，即可进行文件的编辑。下面介绍 Emacs 中的基本编辑功能键。

Emacs 缩写注释：C-<chr>表示按住 Ctrl 键的同时键入字符<chr>，因此 C-f 就是按住 Ctrl

键的同时键入 f；M-<chr>表示当键入字符<chr>时同时按住 Meta 键或 Esc 键或 Alt 键（通常为 Alt 键）。

（1）复制、剪切和粘贴。

Emacs 复制文本包括选择复制区域和粘贴文本两步。选择复制区域的方法是：在复制起始点按 C-Shift-2 键使它成为一个表示点，再将光标移至复制结束点。按 M-w 键即可将复制起始点与结束点之间的文本复制到系统的缓冲区中。将光标移动到要粘贴的位置，按 C-y 键即可将其粘贴到指定位置。

以词和行为单位的剪切和粘贴功能键如表 3-6 所示。

表 3-6　剪切和粘贴功能键

命令	作用
M-Delete	剪切光标前面的单词
M-d	剪切光标前面的单词
M-k	剪切从光标位置到句尾的内容
C-k	剪切从光标位置到行尾的内容
C-y	将缓冲区中的内容粘贴到光标所在的位置
C-x u	撤消操作（先操作 C-x，接着再单击 u）

（2）查找文本。

Emacs 中查找文本的功能键如表 3-7 所示。

表 3-7　查找文本的功能键

命令	作用
C-s	查找光标以后的内容，并在对话框的“I-search:”后输入查找的字符串
C-r	查找光标以前的内容，并在对话框的“I-search backward:”后输入查找的字符串
C-s C-w	查找光标以后的内容，把光标所在的单词作为查找对象
C-r C-w	查找光标以前的内容，把光标所在的单词作为查找对象

（3）移动光标。

Emacs 中移动光标的功能键如表 3-8 所示。

表 3-8　移动光标的功能键

命令	作用
C-f	向前移动一个字符
C-b	向后移动一个字符
C-p	移动到上一行
C-n	移动到下一行
M-f	向前移动一个单词
M-b	向后移动一个单词
C-a	移动到行首
C-e	移动到行尾

（4）打开、保存和退出文件。

Emacs 中打开、保存和退出文件的功能键如表 3-9 所示。

表 3-9　打开、保存和退出文件的功能键

命令	作用
C-x C-f filename	打开一个 filename 文件
C-x C-s	保存文件
C-x C-c	退出 Emacs

3.3.2　Emacs 的编译概述

Emacs 不仅仅是一个强大的编辑器，它还是一个集编译、调试等于一体的工作环境。本节主要介绍 Emacs 作为编译器的最基本的概念。

1．Emacs 中的模式

Emacs 中并没有像 vi 中那样的“命令行”“编辑”模式，只有一种编辑模式。Emacs 的“模式”是指 Emacs 里的各种辅助环境。用 Emacs 打开某一文件时，Emacs 会判断文件的类型，并自动选择相应的模式。当然，用户也可以手动选择各种模式，使用功能键 M-x，然后再输入模式的名称，就启动了如图 3-5 所示的“C 模式”界面。

在 C 模式下，用户拥有“自动缩进”“注释”“预处理扩展”“自动状态”等强大功能。可以用 Tab 键自动地将当前行的代码进行适当的缩进，使代码结构清晰、美观。源代码要有良好的可读性，必须要有良好的注释。在 Emacs 中，用 M-可以产生一条右缩进的注释。C 模式下是“/* comments */”形式的注释，C++模式下是“//comments”形式的注释。当用户高亮选定某段文本，然后操作 C-c C-c 即可注释该段文字，如图 3-6 所示。

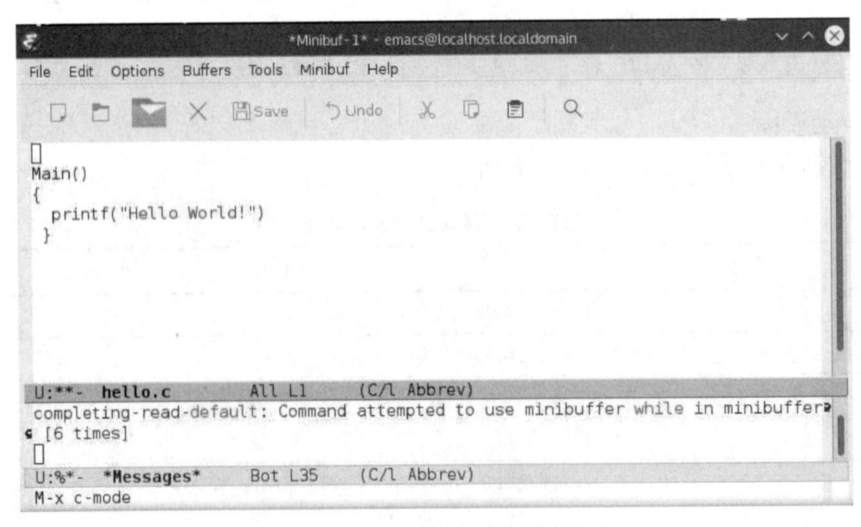

图 3-5　Emacs 的“C 模式”界面

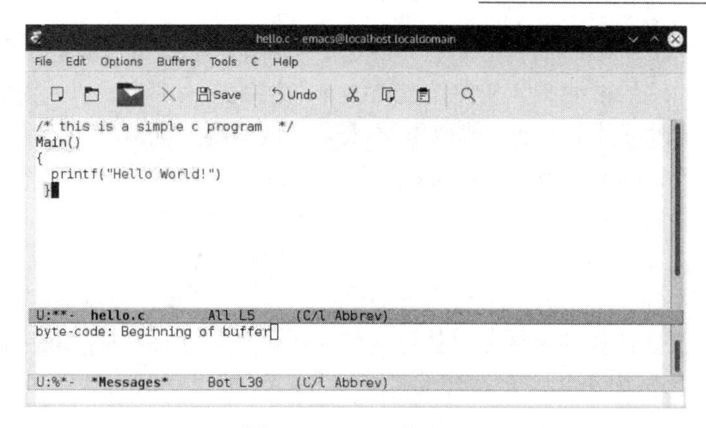

图 3-6　Emacs 的注释

2. Emacs 编译调试程序

Emacs 可以让程序员在 Emacs 环境里编译自己的软件。此时，编辑器把编译器的输出和程序代码连接起来。程序员可以像在 Windows 的其他开发工具中一样，将出错位置和代码定位联系起来。

Emacs 默认的编辑命令是对一个 make 的调用，用户可以打开 tool 下的 Compile 进行查看。Emacs 可以支持大量的工程项目，以方便程序员的开发。

另外，Emacs 为 Gdb 调试器提供了一个功能齐全的接口。在 Emacs 中使用 Gdb 的时候，程序员不仅能够获得 Gdb 用其他任何方式运行时所具有的全部标准特性，还可以通过接口增强而获得其他性能。

3.4　Gcc 编译器

3.4.1　Gcc 简介

Gcc 是 GNU 开源组织的一个项目，是一个用于编程开发的自由编译器。最初，Gcc 只是一个 C 语言编译器，它是 GNU C Compiler 的英文缩写。随着众多自由开发者的加入和 Gcc 自身的发展，如今的 Gcc 已经是一个包含众多语言的编译器了。其中包括 C、C++、Ada、Object C 和 Java 等。所以 Gcc 也由原来的 GNU C Compiler 变为 GNU Compiler Collection，也就是 GNU 编译器家族的意思。当然，如今的 Gcc 借助于它的特性，具有了交叉编译器的功能，即在一个平台下编译另一个平台的代码。

Linux 系统下的 Gcc（GNU C Compiler）是 GNU 推出的功能强大、性能优越的多平台编译器，是 GNU 的代表作品之一。Gcc 是可以在多种硬件平台上编译出可执行程序的超级编译器，其执行效率与一般的编译器相比平均要高 20%～30%。

虽然我们称 Gcc 是 C 语言的编译器，但使用 Gcc 由 C 语言源代码文件生成可执行文件的过程不仅仅是编译的过程，而需要经历 4 个相互关联的步骤：预处理（也称预编译，preprocessing）、编译（compilation）、汇编（assembly）和连接（linking）。

命令 gcc 首先调用 cpp 进行预处理，在预处理过程中，对源代码文件中的文件包含（include）、预编译语句（如宏定义 define 等）进行分析。接着调用 cc1 进行编译，这个阶段根据输入文件生成以.o 为后缀的目标文件。汇编过程是针对汇编语言的步骤调用 as 进行工作，一般来讲，以.s 为后缀的汇编语言文件经过预编译和汇编之后都生成以.o 为后缀的目标文件。当所有的目标文件都生成之后，gcc 就调用 ld 来完成最后的关键性工作，这个阶段就是连接。在连接阶段，所有的目标文件被安排在可执行程序中的恰当位置，同时，该程序所调用到的库函数也从各自所在的档案库中连接到合适的地方。

Gcc 编译器能将 C、C++语言源程序和目标程序编译、连接成可执行文件，如果没有给出可执行文件的名称，Gcc 将生成一个名为 a.out 的文件。在 Linux 系统中，可执行文件没有统一的后缀，系统从文件的属性来区分可执行文件和不可执行文件。而 Gcc 则通过后缀来区别输入文件的类别，表 3-10 列出了最常见的扩展名和 Gcc 解释它们的方式。

表 3-10　Gcc 最常见的扩展名及其解释

扩展名	解释
.c	C 语言源代码文件
.C、.cc、.cxx	C++源代码文件
.m	Objective-C 源代码文件
.a、.so	已编译的库文件
.h	程序所包含的头文件
.i	已经预处理过的 C 源代码文件
.ii	已经预处理过的 C++源代码文件
.o	编译后的目标文件
.s	汇编语言源代码文件
.S	经过预编译的汇编语言源代码文件

3.4.2　Gcc 的基本用法和选项

在使用 Gcc 编译器时，需要给出一系列必要的调用参数和文件名称。Gcc 编译器的调用参数约有 100 多个，其中多数参数可能根本就用不到，这里只介绍最基本、最常用的参数。

Gcc 最基本的用法是：gcc [选项] [文件名]

常用的选项如下。

（1）-c：只编译，不连接成为可执行文件，编译器只是由输入的.c 等源代码文件生成.o 为后缀的目标文件，通常用于编译不包含主程序的子程序文件。

（2）-o output_filename：确定输出文件的名称为 output_filename，同时这个名称不能和源文件同名。如果不给出这个选项，Gcc 就给出预设的可执行文件 a.out。

（3）-g：产生符号调试工具（GNU 的 gdb）所必要的符号信息，要想对源代码进行调试，必须加入这个选项。

（4）-E：预处理后即停止，不进行编译、汇编及连接。

（5）-O：对程序进行优化编译、连接，采用这个选项，整个源代码会在编译、连接过程中进行优化处理，这样产生的可执行文件的执行效率可以提高，但是编译、连接的速度就相应地要慢一些。

（6）-O2：比-O 更好地优化编译、连接，当然整个编译、连接的过程会更慢。

（7）-Idirname：将 dirname 所指的目录加入到程序头文件目录列表中，是在预编译过程中使用的参数。C 程序中的头文件包含以下两种情况。

A）#include <stdio.h>

B）#include "myinc.h"

其中，A 类使用尖括号，B 类使用双引号。对于 A 类，预处理程序 cpp 在系统预设包含文件目录（如/usr/include）中搜寻相应的文件；而对于 B 类，cpp 在当前目录中搜寻头文件，这个选项的作用是告诉 cpp，如果在当前目录中没有找到需要的文件，就到指定的 dirname 目录中去寻找。在程序设计中，如果需要的这种包含文件分别分布在不同的目录中，就需要逐个使用-I 选项给出搜索路径。

（8）-Ldirname：将 dirname 所指出的目录加入到程序函数档案库文件的目录列表中，是在连接过程中使用的参数。在预设状态下，连接程序 ld 在系统的预设路径（如/usr/lib）中寻找所需要的档案库文件，这个选项告诉连接程序，首先到-L 指定的目录中去寻找，然后到系统预设的路径中寻找，如果函数库存放在多个目录下，就需要依次使用这个选项，给出相应的存放目录。

（9）-lname：在连接时，装载名字为 libname.a 的函数库，该函数库位于系统预设的目录或者由-L 选项确定的目录下。例如，-lm 表示连接名为 libm.a 的数学函数库。

下面的例子是使用 gcc 从源文件 test.c 生成一个 test 程序。源代码如下：

```
#include <stdio.h>
int main(int argc, char **argv)
{
    printf("Hello, this is a test program.\n");
    return 0;
}
```

现在，要编译并运行该程序，在终端执行命令：

```
[root@localhost root]# gcc test.c -o test
```

如果一切顺利，gcc 会返回到 shell 提示符状态。它编译、连接源文件 test.c 并创建一个名为 test 的二进制代码。

使用下面的命令运行该程序并可以得到输出。

```
[root@localhost root]# ./test
Hello, this is a test program.
```

3.4.3　编译多个源文件

许多重要的程序都是由多个源代码文件组成的，执行最后的连接之前，各个源文件都必须编译成目标文件。为此，要向 Gcc 传递要编译的每个源代码的文件名。可以使用如下 gcc 命令来编译多个源文件：

```
[root@localhost root]# gcc file1.c file2.c file3.c -o program
```

Gcc 将创建 file1.o、file2.o 和 file3.o，然后把它们连接在一起创建 program 目标文件。除此之外，还可以先分别使用 gcc 的-c 选项为每个文件创建目标文件，然后再把目标文件连接在一起来创建可执行文件。因此，刚才的单条命令就变成如下几条命令：

```
[root@localhost root]# gcc -c file1.c
[root@localhost root]# gcc -c file2.c
[root@localhost root]# gcc -c file3.c
[root@localhost root]# gcc file1.o file2.o file3.o –o program
```

使用多条命令的好处是避免重新编译没有发生变化的文件。如果仅修改了 file1.c 中的源代码，则不需要重新编译 file2.c 和 file3.c 来重新创建 program。在连接源文件创建可执行文件之前，单独编译源文件还可以避免长时间运行编译程序。如果某个源代码模块实际很长，那么在单个 gcc 调用中编译多个文件就要花费一些时间。

下面的例子是使用多个源文件来创建单个二进制可执行文件。该示例程序包括两个 C 源代码文件 main.c 和 msg.c，以及一个头文件 msg.h，下面是各文件的源代码。

main.c 的源代码如下：

```
#include <stdio.h>
#include "msg.h"
int main(int argc, char ** grgv)
{
    char msg_hi[] = {"Hi, programmer!"};
    char msg_bye[] = {"Goodbye, Programmer!"};
    printf("%s\n",msg_hi);
    prmsg(msg_bye);
    return 0;
}
```

msg.h 的源代码如下：

```
#ifndef MSG_H_
#define MSG_H_

void prmsg(char *msg);

#endif
```

msg.c 的源代码如下：

```
#include <stdio.h>
#include "msg.h"

void prmsg(char *msg)
{
    printf("%s\n",msg);

}
```

使用如下命令创建 helloprogram：

```
[root@localhost root]# gcc msg.c main.c -o helloprogram
```

要分别创建目标文件，可以使用以下命令：

```
[root@localhost root]# gcc -c msg.c
[root@localhost root]# gcc -c main.c
```

然后，要从目标文件创建 helloprogram，使用以下命令：

```
[root@localhost root]# gcc msg.o main.o -o helloprogram
```

运行该程序，输出如下：

```
[root@localhost root]# ./helloprogram
Hi, programmer!
Goodbye, programmer!
```

3.5　Gdb 调试器

Gdb 是 GNU 发布的一个 Linux 下的程序调试工具，它是一个强大的命令行调试工具。命令行的强大在于可以形成执行序列和脚本。命令行软件的优势在于它们可以非常容易地集成在一起，使用几个简单的已有工具的命令就可以做出一个非常强大的功能。Linux 下的软件全是命令行形式的，Gdb 调试器的使用给程序开发提供了极大的便利。

一般来说，Gdb 主要帮助完成以下 4 方面的功能：

（1）启动程序，可以按照自定义的要求随心所欲地运行程序。

（2）可以让被调试的程序在所指定的断点处停住。

（3）当程序被停住时，可以检查此时程序中所发生的事。

（4）动态地改变程序的执行环境。

3.5.1　启动 Gdb

一般来说，Gdb 主要调试的是 C、C++的程序。要调试 C、C++的程序，首先在编译时必须把调试信息加入到可执行文件中。使用编译器（cc、Gcc、g++）的-g 参数可以做到这一点，如：

```
$ cc -g test.c -o test
$ g++ -g test.cpp -o test
```

如果没有-g，将看不见程序的函数名、变量名，所代替的全是运行时的内存地址。当用-g 把调试信息加入并成功编译目标代码以后，下面介绍如何用 Gdb 来调试程序。

启动 Gdb 的方法有以下几种：

（1）gdb program。program 也就是执行文件，一般在当前目录下。

（2）gdb core。用 gdb 同时调试一个运行程序和 core 文件，core 是程序非法执行 core dump 后产生的文件。

（3）gdb pid。如果程序是一个服务程序，那么可以指定这个服务程序运行时的进程 ID，Gdb 会自动进行调试。

下面提供一个有问题的程序：gdbtst.c。

源程序 gdbtst.c 如下：

```
#include <stdio.h>
#define INDEX 200
int func(int n)
{
   int sum=0,i;
   for(i=0; i<=n;i++)
   {
      sum+=i;
   }
   return sum;
}
```

```
void index_array(int array[])
{
   int i;
   for(i=0;i<INDEX;i++)
      array[i]=i;
}

int main()
{
int i,intarray[100];
 long result = 0;
 for(i=1; i<=100; i++)
 {
    result += i;
 }
 index_array(intarray);
 printf("result[1-100] = %d \n", result);
 printf("result[1-250] = %d \n", func(250));
 return 0;
}
```

首先使用 gcc -g 命令编译程序，然后再执行该程序，输出如下：

```
[root@localhost root]# gcc -g gdbtst.c -o gdbtst
[root@localhost root]# ./gdbtst
result[1-100] = 5050
result[1-250] = 31375
Segmentation fault (core dumped)
```

如果程序有 bug，则需要启动 Gdb 进行调试：

```
[root@localhost root]# gdb gdbtst
```

Gdb 初始化后，出现如图 3-7 所示的界面。

图 3-7 Gdb 初始化界面

Gdb 的命令很多，help 命令只是列出 Gdb 的命令种类，如果要查看种类中的命令，可以使用 help 命令，如 help breakpoints，查看设置断点的所有命令，如图 3-8 所示，也可以直接用 help 来查看命令的帮助。

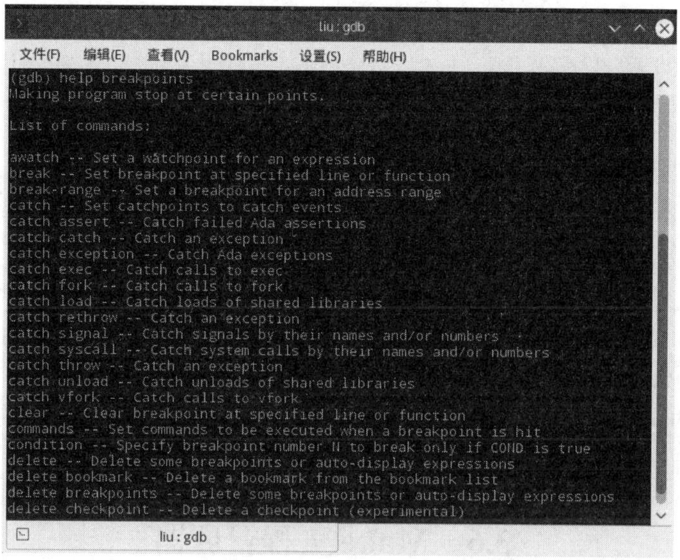

```
(gdb) help breakpoints
Making program stop at certain points.

List of commands:

awatch -- Set a watchpoint for an expression
break -- Set breakpoint at specified line or function
break-range -- Set a breakpoint for an address range
catch -- Set catchpoints to catch events
catch assert -- Catch failed Ada assertions
catch catch -- Catch an exception
catch exception -- Catch Ada exceptions
catch exec -- Catch calls to exec
catch fork -- Catch calls to fork
catch load -- Catch loads of shared libraries
catch rethrow -- Catch an exception
catch signal -- Catch signals by their names and/or numbers
catch syscall -- Catch system calls by their names and/or numbers
catch throw -- Catch an exception
catch unload -- Catch unloads of shared libraries
catch vfork -- Catch calls to vfork
clear -- Clear breakpoint at specified line or function
commands -- Set commands to be executed when a breakpoint is hit
condition -- Specify breakpoint number N to break only if COND is true
delete -- Delete some breakpoints or auto-display expressions
delete bookmark -- Delete a bookmark from the bookmark list
delete breakpoints -- Delete some breakpoints or auto-display expressions
delete checkpoint -- Delete a checkpoint (experimental)
```

图 3-8　用 help 命令查看 breakpoints 的所有命令

在 Gdb 中输入命令时，可以不用打全命令，只用输入命令的前几个字符即可，但这几个字符必须能标识唯一的命令。在 Linux 下，也可以按两次 Tab 键来补齐命令的全称，如果有重复的，那么 Gdb 会将其列出来。

例如，输入 b，然后按两次 Tab 键，可以显示所有以 b 开头的命令：

```
(gdb) b
backtrace break bt
```

3.5.2　设置断点

调试有问题的代码，在某点上暂停执行通常很有用。设置断点，可以在执行流过程中查看给定点上的某些变量值，可以进行逐条代码执行，这对于查找程序的 bug 是十分有用的。

Gdb 中使用 break 命令来设置断点，该命令有如下 4 种形式。

（1）break line-number：使程序恰好在执行给定行之前停止。

（2）break function-name：使程序恰好在进入指定的函数之前停止。

（3）break line-or-function if condition：如果 condition（条件）是真，程序到达指定行或函数时停止。

（4）break routine-name：在指定例程的入口处设置断点。

如果该程序是由很多源文件构成的，可以在各个源文件中设置断点，而不是在当前的源文件中设置断点，方法如下：

```
(gdb) break filename:line-number
(gdb) break filename:function-name
```

要想设置一个条件断点，可以利用 break if 命令，方法如下：

```
(gdb) break line-or-function if expr
```

在前面的代码中，当变量 i 等于 50 时，用以下命令可以在 gdbtst 的第 29 行停止程序的执行：

```
(gdb) break 29 if i==50
Breakpoint 1 at 0x80483ba: file gdbtst.c, line 29.
(gdb) run
Starting program: /root/gdbtst

Breakpoint 1, main() at gdbtst.c:29
29 result += i;
(gdb) print i
$1 = 50
(gdb) print result
$2 = 1225
```

从以上代码可以看出，在第 29 行停止执行程序，用 print 检查变量 i 的输出值是 50，检查变量 result 此时的输出值是 1225。

要在达到断点后继续运行，可输入 continue 命令。如果要查看已经设置的断点，可使用 info breakpoints 命令。

3.6 Make 工程管理器

工程管理器是一个管理具有较多文件的项目的工具。工程管理器能够自动识别更新的文件代码，同时又不需要重复输入冗长的命令行。Make 工程管理器也是一个“自动编译管理器”，这里的“自动”是指它能够根据文件时间戳自动发现更新过的文件而减少编译的工作量，同时，它通过读入 Makefile 文件的内容来执行大量的编译工作。用户只需编写一次简单的编译语句即可。它大大提高了实际项目的工作效率，而且几乎所有 Linux 下的项目编程均会涉及到它。

Makefile 文件是 Make 工具程序的配置文件。Make 工具程序的主要用途是能自动地决定在一个含有很多源程序文件的大型程序中哪个文件需要被重新编译。为了使用 Make 程序，就需要 Makefile 文件来告诉 Make 要做些什么工作。通常，Makefile 文件会告诉 Make 如何编译和连接一个文件。当明确指出时，Makefile 还可以告诉 Make 运行何种命令（例如进行清理操作而删除某些文件）。

Make 的执行过程分为两个不同的阶段。在第一个阶段，它读取所有的 Makefile 文件以及包含 Makefile 的文件等，记录所有的变量及其值、隐式的或显式的规则，并构造出所有目标对象及其先决条件的一幅全景图。在第二个阶段，Make 就使用这些内部结构来确定哪个目标对象需要被重建，并且使用相应的规则来操作。

当 Make 重新编译程序时，每个修改过的 C 代码文件必须被重新编译。如果一个头文件被修改过了，那么为了确保正确，每一个包含该头文件的 C 代码程序都将被重新编译。每次编译操作都产生一个与源程序对应的目标文件（object file）。最终，如果任何源代码文件都被编译过了，那么所有的目标文件不管是刚编译完的还是以前就编译好的必须连接在一起以生成新的可执行文件。

Makefile 文件相当于程序编译过程中的批处理文件，是工具程序 Make 运行时的输入数据文件。只要在含有 Makefile 的当前目录中键入 Make 命令，它就会依据 Makefile 文件中的设置对源程序或目标代码文件进行编译、连接或安装等活动。

Make 工具程序能自动地确定一个大程序系统中哪些程序文件需要被重新编译，并发出命令对这些程序文件进行编译。在使用 Make 之前，需要编写 Makefile 信息文件，该文件描述了整个程序包中各程序之间的关系，并针对每个需要更新的文件给出具体的控制命令。通常，执行程序是根据其目标文件进行更新的，而这些目标文件则是由编译程序创建的。一旦编写好一个合适的 Makefile 文件，那么在每次修改过程序系统中的某些源代码文件后，执行 Make 命令就能进行所有必要的重新编译工作。Make 程序是使用 Makefile 数据文件和代码文件的最后修改时间（Last-modification Time）来确定哪些文件需要进行更新的，对于每一个需要更新的文件它会根据 Makefile 中的信息发出相应的命令。在 Makefile 文件中，开头为#的行是注释行。文件开头部分的“=”赋值语句定义了一些参数或命令的缩写。

3.6.1　Makefile 的基本概念

1．Makefile 变量

Makefile 变量名不包括:、#、=前置空白和尾空白的任何字符串。同时，变量名中包含字母、数字以及下划线以外的情况应尽量避免，因为它们可能在将来被赋予特别的含义。变量名是大小写敏感的，如变量名 MAK、Mak 和 mak 代表不同的变量。

Makefile 中的变量均使用格式：$(VAR)。Makefile 变量分为用户自定义变量、预定义变量、自动变量和环境变量。自定义变量的值由用户自行设定，而预定义变量和自动变量通常为在 Makefile 中都会出现的变量，其中部分有默认值，也就是常见的设定值，当然用户可以对其进行修改。Make 在启动时会自动读取系统当前已经定义了的环境变量。但是，如果用户在 Makefile 中定义了相同名称的变量，那么用户自定义变量将会覆盖同名的环境变量。

表 3-11 和表 3-12 分别列出了 Makefile 中常用的自动变量和预定义变量。

表 3-11　Makefile 中常用的自动变量

命令	作用
$*	不包含扩展名的目标文件名称
$<	第一个依赖文件的名称
$+	所有的依赖文件
$?	所有时间戳比目标文件晚的依赖文件
$^	所有不重复的依赖文件
$%	如果目标是归档成员，则该变量表示目标的归档成员名称
$@	目标文件的完整名称

表 3-12　Makefile 中常用的预定义变量

命令	作用
AR	库文件维护程序的名称，默认值为 ar
AS	汇编程序的名称，默认值为 as

续表

命令	作用
CC	C 编译器的名称，默认值为 cc
CPP	C 预编译器的名称，默认值为$(CC)-E
CXX	C++编译器的名称，默认值为 g++
FC	FORTRAN 编译器的名称，默认值为 f77
RM	文件删除程序的名称，默认值为 rm-f
ARFLAGS	库文件维护程序的选项
ASFLAGS	汇编程序的选项
CFLAGS	C 编译器的选项
CPPFLAGS	C 预编译器的选项
CXXFLAGS	C++编译器的选项
FFLAGS	FORTRAN 编译器的选项

2. Makefile 的基本结构

Makefile 是 Make 读入的唯一配置文件，在一个 Makefile 中通常包含如下内容：

（1）需要由 Make 工具创建的目标体（Target），通常是目标文件或可执行文件。

（2）要创建的目标体所依赖的文件（Dependency_file）。

（3）创建每个目标体时需要运行的命令（command）。

Makefile 的格式为：

```
target:dependency_file
command
```

例如，有两个文件 hello.c 和 hello.h，创建的目标体为 hello.o，执行的命令为 Ogcc -c hello.c，则对应的 Makefile 可写为：

```
hello.o: hello.c hello.h
gcc-c hello.c-o hello.o
```

接着就可以使用 Make 了。使用 Make 的格式为：make target，这样 Make 就会自动读入 Makefile，执行对应 Target 的 Command 语句，并会找到相应的依赖文件，代码如下：

```
[root@localhost makefile]# make hello.o
gcc -c hello.c -o hello.o
```

这样，Makefile 执行了 hello.o 对应的命令语句，并生成了 hello.o 目标体。

3. Makefile 的规则

Makefile 的规则是 Make 进行处理的依据，它包括了目标体、依赖文件及其之间的命令语句。一般地，Makefile 中的一条语句就是一个规则。在上面的例子中，显式地指出了 Makefile 中的规则关系，如$(CC) $(CFLAGS) -c $< -o $@，但为了简化 Makefile 的编写，Make 还定义了隐式规则和模式规则。

（1）隐式规则。

隐式规则能够告诉 Make 怎样使用传统的技术完成任务，这样，当用户使用它们时就不必详细指定编译的具体细节，而只需把目标文件列出即可。Make 会自动搜索隐式规则目录来确定如何生成目标文件。

如常见的隐式规则指出：所有.o 文件都可自动由.c 文件使用命令$(CC) $(CPPFLAGS) $(CFLAGS) -c file.c -o file.o 生成。这样 hello.o 就可以调用$(CC) $(CFLAGS) -c hello.c -o hello.o。

（2）模式规则。

模式规则是用来定义相同处理规则的多个文件的。它不同于隐式规则，隐式规则仅仅只能够用 Make 默认的变量来进行操作，而模式规则还能引入用户自定义变量，为多个文件建立相同的规则，从而简化 Makefile 的编写。

模式规则的格式类似于普通规则，这个规则中的相关文件前必须用“%”标明，如%.o:%.c 表示所有的.o 文件由.c 文件生成：

```
%.o:%.c
$(CC) $(CFLAGS) -c $< -o $@
```

3.6.2 Make 管理器的使用

使用 Make 管理器非常简单，在 make 命令后键入目标名即可建立指定的目标：make target。此外 Make 还提供丰富的命令行选项，可以完成各种不同的功能。常用的 make 命令行选项如表 3-13 所示。

表 3-13 常用的 make 命令行选项

命令	作用
-C dir	读入指定目录下的 Makefile
-f file	读入当前目录下的 file 文件作为 Makefile
-i	忽略命令执行返回的出错信息
-s	沉默模式，在执行之前不输出相应的命令行信息
-n	非执行模式，输出所有执行命令，但并不执行
-t	更新目标文件
-p	输出所有宏定义和目标文件描述
-d	Debug 模式，输出有关文件和检测时间的详细信息

通过命令行选项中的 target，可指定 Make 要编译的目标，并且允许同时指定编译多个目标，操作时按照从左向右的顺序依次编译 target 选项中指定的目标文件。如果命令行中没有指定目标，则系统默认 target 指向描述文件中的第一个目标文件。

3.7 使用 autotools

Linux 下工程管理器 Make 是可用于自动编译、连接程序的实用工具。现在要写一个 Makefile 文件，然后用 make 命令来编译、连接程序。Makefile 文件的作用就是让编译器知道要编译一个文件需要依赖其他的哪些文件。使用 autotools 系列工具可以完成系统配置信息的收集并自动生成 Makefile 文件，用户只需输入简单的目标文件、依赖文件、文件目录等。autotools 系列工具包括 aclocal、autoscan、autoconf、autoheader、automake 等 5 个工具。

autotools 的使用流程如下：

（1）手工编写 Makefile.am 文件。

（2）在源代码目录树的最高层运行 autoscan，然后手动修改 configure.scan 文件，并改名为 configure.ac 或 configure.in。

（3）运行 aclocal，它会根据 configure.ac 的内容生成 aclocal.m4 文件。

（4）运行 autoconf，它根据 configure.ac 和 aclocal.m4 的内容生成 configure 这个配置脚本文件。

（5）运行 automake --add-missing，它根据 Makefile.am 的内容生成 Makefile.in。

（6）运行 configure，它会根据 Makefile.in 的内容生成 Makefile 文件。

获得 Makefile 文件后，即可使用 make 程序来管理工程了。

有一个简单的工程，其目录和文件结构为：工程的最高层目录 tests 中有一个 hello.c 文件和 lib、include 两个子目录，在 lib 目录中有一个 print.c 文件，在 include 目录中有一个 print.h 文件。

首先，为该工程编写 automake 的输入配置脚本 Makefile.am。

其次，使用 autotools 工具为该工程创建 Makefile 文件，并编译该工程。这里共有 3 个目录，但只要在 tests 目录和 tests/lib 目录下分别创建 Makefile.am 文件，tests/include 不需要创建 Makefile.am 文件。文件的内容如下。

（1）hello.c 文件的内容：

```
#include "include/print.h"
int main(void)
{
        print("Hello, Beijing!\n");
        return 0;
}
```

（2）print.h 文件的内容：

```
void print(char *s);
```

（3）print.c 文件的内容：

```
#include "../include/print.h"
#include<stdio.h>
void print(char *string)
{
        printf("%s",string);
}
```

（4）tests 目录下的 Makefile.am 文件的内容：

```
SUBDIRS = lib
AUTOMAKE_OPTIONS = foreign
bin_PROGRAMS = hello
hello_SOURCES = hello.c
hello_LDADD = ./lib/libprint.a
```

（5）lib 目录下的 Makefile.am 文件的内容：

```
noinst_LIBRARIES = libprint.a
libprint_a_SOURCES = print.c ../include/print.h
```

开始使用 aututools，步骤如下。

（1）执行 autoscan 命令，生成 configure.scan 文件，如图 3-9 所示。修改后的 configure.scan 文件的内容如图 3-10 所示，修改完后将文件重命名为 configure.ac 或 configure.in。

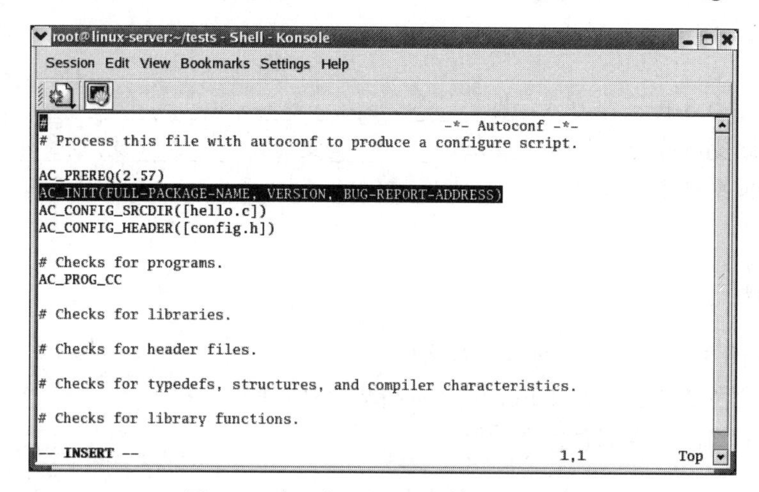

图 3-9　默认生成的 configure.scan 文件

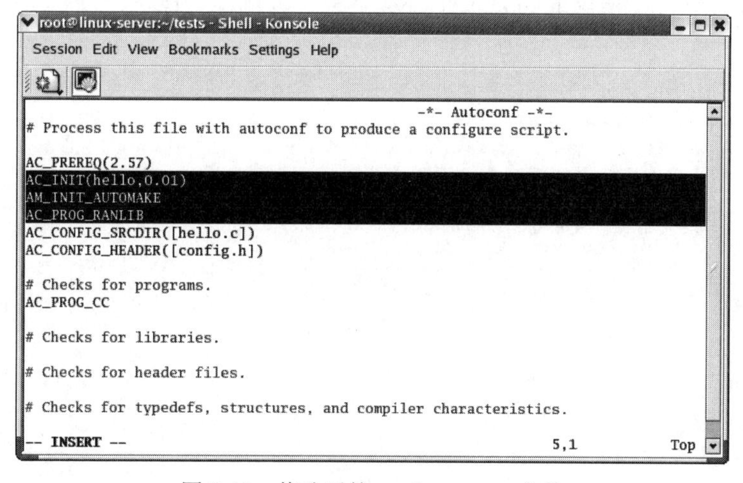

图 3-10　修改后的 configure.scan 文件

（2）先后执行 aclocal、autoconf、autoheader 命令。

（3）执行 automake --add-missing 命令，该步骤如果出现：

```
"Makefile.am:require file ./NEWS" not found"
"Makefile.am:require file "./README not found"
```

则运行 touch NEWS README * *（* *代表所缺失的文件，文件个数、名称因具体情况而定）。

（4）执行./configure 命令，即可生成 Makefile 文件。

（5）执行 make -f Makefile 命令编译文件，生成 hello 文件。

（6）输入./hello，运行结果如下：

```
[root@localhost tests]# ./hello
Hello, Beijing!
```

习题三

一、填空题

1．vi 编辑器有 3 种工作方式，即________、________和________。

2．Makefile 变量分为________变量、________变量、________变量和________变量。

3．autotools 系列工具包括________、________、________、________和________等 5 个工具。

二、简答题

1．简述 vi 的 3 种工作模式的转换方法。

2．什么是工程管理器？Makefile 的基本结构包括哪些？

3．Makefile 的模式规则有什么功能？

三、操作题

在 Linux 下使用 Gcc 编译器和 Gdb 调试器编写冒泡排序程序。

第 4 章　进程控制开发

4.1　Linux 下的进程概述

4.1.1　进程的概念

1. 进程的引入

多道程序在执行时，需要共享系统资源，从而导致各程序在执行过程中出现相互制约的关系，使程序的执行表现出间断性的特征。这些特征都是在程序的执行过程中发生的，是动态的过程，而传统的程序本身是一组指令的集合，是一个静态的概念，无法描述程序在内存中的执行情况，即无法从程序的字面上看出它何时执行、何时停顿，也无法看出它与其他执行程序的关系。因此，程序这个静态概念已不能如实反映程序并发执行过程的特征。为了深刻描述程序动态执行过程的性质，人们引入了“进程（Process）”概念。

2. 进程及其特征

进程的概念是 20 世纪 60 年代初首先由麻省理工学院的 MULTICS 系统和 IBM 公司的 CTSS/360 系统引入。

进程是一个具有独立功能的程序关于某个数据集合的一次运行活动。它可以申请和拥有系统资源，是一个动态的概念，是一个活动的实体。它不只是程序的代码，还包括当前的活动，通过程序计数器的值和处理寄存器的内容来表示。

进程是操作系统中最基本、最重要的概念，是多道程序系统出现后，为了刻画系统内部出现的动态情况，描述系统内部各道程序的活动规律而引进的一个概念，所有多道程序设计操作系统都建立在进程的基础上。

操作系统引入进程概念的原因是：从理论角度看，是对正在运行的程序过程的抽象；从实现角度看，是一种数据结构，目的在于清晰地刻画动态系统的内在规律，有效地管理和调度进入计算机系统主存储器运行的程序。进程具有如下特征：

（1）动态性。进程的实质是程序的一次执行过程，进程是动态产生、动态消亡的。

（2）并发性。任何进程都可以同其他进程一起并发执行。

（3）独立性。进程是一个能独立运行的基本单位，同时也是系统分配资源和调度的独立单位。

（4）异步性。由于进程间的相互制约，使进程具有执行的间断性，即进程按各自独立的、不可预知的速度向前推进。

（5）结构特征。进程由程序、数据和进程控制块 3 部分组成。

3. 进程与程序的关系

程序是指令的有序集合，其本身没有任何运行的含义，是一个静态的概念。而进程是程序在处理机上的一次执行过程，它是一个动态的概念。

程序可以作为一种软件资料长期存在，而进程是有一定生命期的。程序是永久的，进程是暂时的。

进程更能真实地描述并发，而程序不能；进程是由程序和数据两部分组成的。

进程具有创建其他进程的功能，而程序没有。

同一程序同时运行于若干个数据集合上，它将属于若干个不同的进程。也就是说同一程序可以对应多个进程。

在传统的操作系统中，程序并不能独立运行，作为资源分配和独立运行的基本单元都是进程。

4.1.2 进程的结构

为了让 Linux 来管理系统中的进程，每个进程用一个 task_struct 数据结构来表示。数组 task 包含指向系统中所有 task_struct 结构的指针。这意味着系统中的最大进程数目受 task 数组大小的限制，默认值一般为 512。创建新进程时，Linux 将从系统内存中分配一个 task_struct 结构并将其加入 task 数组。当前运行进程的结构用 current 指针来指示。

Linux 还支持实时进程。这些进程必须对外部时间作出快速反应，系统将区分对待这些进程和其他进程。虽然 task_struct 数据结构庞大而复杂，但它可以分成一些功能组成部分。

（1）进程状态。

进程在执行过程中会根据环境来改变状态。Linux 进程有以下状态。

- 运行态：进程处于运行（它是系统的当前进程）或者准备运行状态（它在等待系统将 CPU 分配给它）。
- 等待态：进程在等待一个事件或者资源。Linux 将等待进程分成两类，即可中断和不可中断。可中断等待进程可以被信号中断；不可中断等待进程直接在硬件条件下等待，并且任何情况下都不可中断。
- 停止态：进程被停止，通常是通过接收一个信号实现。正在被调试的进程可能处于停止状态。
- 僵死态：这是由于某些原因导致进程被终止，但是在 task 数据中仍然保留 task_struct 结构，它像一个已经死亡的进程。

（2）调度信息。调度器需要这些信息以便判定系统中哪个进程最迫切需要运行。

（3）标识符。系统中每个进程都有进程标志。进程标志并不是 task 数组的索引，它仅仅是一个数字。每个进程还有一个用户与组标志，它们用来控制进程对系统中文件和设备的存取权限。

（4）内部进程通信信息。Linux 支持经典的 UNIX IPC 机制，如信号、管道和信号灯以及系统 V 中的 IPC 机制，包括共享内存、信号灯和消息队列。

（5）链接信息。Linux 系统中的所有进程都是相互联系的。除了初始化进程外，所有进程都有一个父进程。新进程不是被创建就是被复制，或者从以前的进程克隆而来。每个进程对应的 task_struct 结构中包含有指向其父进程和兄弟进程（具有相同父进程的进程）以及子进程的指针。

另外系统中所有进程都用一个双向链表连接起来，而它们的根是 init 进程的 task_struct 数据结构。这个链表被 Linux 核心用来寻找系统中的所有进程，它为 ps 或 kill 命令提供了支持。

（6）时间和定时器。核心需要记录进程的创建时间以及在其生命期中消耗的 CPU 时间。时钟每跳动一次，核心就要更新保存在 jiffies 变量中记录进程在系统和用户模式下消耗的时间量。Linux 支持与进程相关的 interval 定时器，进程可以通过系统调用来设定定时器，以便在定时器到时后向它发送信号。这些定时器可以是一次性的或周期性的。

（7）文件系统。进程可以自由地打开或关闭文件，进程的 task_struct 结构中包含一个指向每个打开文件描述符的指针以及指向两个 VFS inode 的指针。每个 VFS inode 唯一地标记文件中的一个目录或文件，同时还对底层文件系统提供统一的接口。这两个指针，一个指向进程的根目录，另一个指向其当前目录或 pwd 目录。pwd 从 UNIX 命令 pwd 中派生出来，用来显示当前工作目录。这两个 VFS inode 包含一个 count 域，当多个进程引用它们时，它的值将增加。这就是为什么不能删除进程当前目录或其子目录的原因。

（8）虚拟内存信息。多数进程都有一些虚拟内存（核心线程和后台进程没有），Linux 核心必须跟踪虚拟内存与系统物理内存的映射关系。

（9）处理器信息。进程可以认为是系统当前状态的总和。进程运行时，它将使用处理器的寄存器以及堆栈等。进程被挂起时，进程的上下文——所有的 CPU 相关的状态必须保存在它的 task_struct 结构中。当调度器重新调度该进程时，所有上下文被重新设定。

4.2　Linux 进程控制编程

4.2.1　进程的创建

在 Linux 系统中，用户创建一个新进程的唯一方法就是调用系统调用 fork。调用 fork 的进程称为父进程，而新创建的进程叫做子进程。系统调用的语法格式如下：

```
pid = fork();
```

当一个进程调用了 fork 以后，系统会创建一个子进程。这个子进程和父进程不同的地方仅在于它的进程 ID 和父进程 ID，其他都是一样的，就像父进程克隆（clone）自己一样。当然创建两个一模一样的进程是没有意义的，为了区分父进程和子进程，我们必须跟踪 fork 的返回值。当 fork 调用失败时（内存不足或者已达到用户的最大进程数），fork 返回-1。对于父进程，fork 返回子进程的 ID；而对于 fork 子进程，则返回 0。系统就是根据这个返回值来区分父、子进程的。父进程为什么要创建子进程呢？前面已经说过了 Linux 是一个多用户操作系统，在同一时间会有许多用户在争夺系统的资源，有时进程为了早一点完成任务就创建子进程来争夺资源。一旦子进程被创建，父子进程一起从 fork 处继续执行，相互竞争系统的资源。有时候我们希望子进程继续执行，而父进程阻塞直到子进程完成任务，这个时候可以调用 wait 或 waitpid 系统调用。

核心为系统调用 fork 完成下列操作：

（1）为新进程在进程表中分配一个空项。

（2）为子进程赋一个唯一的进程标识号（PID）。

（3）做一个父进程上下文的逻辑副本。由于进程的某些部分，如正文区，可能被几个进程所共享，所以核心有时只要增加某个区的引用数即可，而不是真的将该区拷贝到一个新的内存物理区。

（4）增加与该进程相关联的文件表和索引结点表的引用数。

（5）对父进程返回子进程的进程号，对子进程返回 0。

4.2.2 进程的等待

父进程创建子进程往往是让子进程替自己完成某项工作。因此，父进程创建子进程之后，通常会等待子进程运行终止。

```
pid_t wait(int *stat_loc) ;
pid_t waitpid(pid_t pid,int *stat_loc,int options) ;
```

wait 系统调用会使父进程阻塞直到一个子进程结束。如果没有父进程，没有子进程或者其子进程已经结束，wait 会立即返回。成功时 wait 将返回子进程的 ID，否则返回-1，并设置全局变量 errno.stat_loc 是子进程的退出状态。子进程调用 exit、_exit 或者 return 来设置这个值。为了得到这个值，Linux 定义了几个宏来测试这个返回值。

- WIFEXITED：判断子进程退出值是非 0。
- WEXITSTATUS：判断子进程的退出值（当子进程退出时非 0）。
- WIFSIGNALED：子进程由于有没有获得的信号而退出。
- WTERMSIG：子进程没有获得的信号（在 WIFSIGNALED 为真时才有意义）。

waitpid 等待指定的子进程直到子进程返回。如果 pid 为正值则等待指定的进程，如果为 0 则等待任何一个组 ID 和调用者的组 ID 相同的进程，如果为-1 时等同于 wait 调用，如果小于-1 时等待任何一个组 ID 等于 pid 绝对值的进程。stat_loc 和 wait 的意义一样，options 可以决定父进程的状态，可以取 WNOHANG，父进程立即返回，当没有子进程存在时，也可以取 WUNTACHED，当子进程结束时 waitpid 返回，但是子进程的退出状态不可获得。

4.2.3 进程的终止

在 Linux 系统中，当要终止一个进程时，可以在程序的末尾使用系统调用 exit()。用户进程也可以使用 exit 来终止。核心为系统调用 exit 完成下列操作：

（1）撤消所有的信号量。

（2）释放其所有的资源，包括存储空间、已打开的文件、工作目录、信号处理表等。

（3）把进程状态置为“终止态”。

（4）向其父进程发送子进程终止的信号。

（5）执行相应的进程调度。

4.2.4 进程映像的更换

子进程被创建后，通常处于“就绪态”，以后被调度选中才可运行。由于创建子进程的过程是把父进程的映像复制给子进程，所以子进程开始执行的入口地址就是父进程调用 fork()系统调用建立子进程映像时的返回地址，此时二者的映像基本相同。

如果子进程不改变其映像，就必然重复父进程的过程。为此，要改变子进程的映像，使其执行另外的特定程序（如命令所对应的程序）。

更换进程映像的工作很复杂，是由系统调用 exec()实现的，它用一个可执行文件的副本来覆盖该进程的内存空间。核心为系统调用 exec 完成下列操作：

（1）验证文件的可执行性，即用户有权执行它。

（2）读文件头，检查它是一个可装入模块。

（3）释放原有的内存空间。

（4）按照可执行文件的要求分配新的内存空间，并装入内存。

4.3　Linux 守护进程

守护进程（Daemon）是运行在后台的一种特殊进程。它独立于控制终端并且周期性地执行某种任务或等待处理某些发生的事件。守护进程是一种很有用的进程，Linux 的大多数服务器就是用守护进程实现的，如 Internet 服务器 inetd、Web 服务器 httpd 等。同时，守护进程能完成许多系统任务，如作业规划进程 crond、打印进程 lpd 等。

守护进程的编程本身并不复杂，复杂的是各种版本的 UNIX 的实现机制不尽相同，造成不同 UNIX 环境下守护进程的编程规则并不一致。这就需要读者注意，照搬某些书上的规则（特别是 BSD4.3 和低版本的 System V）到 Linux 会出现错误。

4.3.1　守护进程及其特性

守护进程最重要的特性是在后台运行，在这一点上与 DOS 下的常驻内存程序 TSR 相似。其次，守护进程必须与其运行前的环境隔离开来。这些环境包括未关闭的文件描述符、控制终端、会话和进程组、工作目录以及文件创建掩模等。这些环境通常是守护进程从执行它的父进程（特别是 shell）中继承下来的。最后，守护进程的启动方式有其特殊之处。它可以在 Linux 系统启动时从启动脚本/etc/rc.d 中启动，可以由作业规划进程 crond 启动，还可以由用户终端（通常是 shell）执行。

总之，除了这些特殊性以外，守护进程与普通进程基本上没有什么区别。因此，编写守护进程实际上是把一个普通进程按照上述特性改造成为守护进程。如果读者对进程有比较深入的认识则更容易理解和编程了。

4.3.2　守护进程的编程要点

不同 UNIX 环境下守护进程的编程规则并不一致，但是守护进程的编程原则其实都一样，区别在于具体的实现细节不同，这个原则就是要满足守护进程的特性。同时，Linux 基于 System V 的 SVR4 并遵循 Posix 标准，实现起来与 BSD4 相比更方便。编程要点如下。

（1）在后台运行。为避免挂起，控制终端将守护进程放入后台执行，方法是在进程中调用 fork 使父进程终止，让守护进程在子进程中的后台执行。

```
if(pid=fork())
exit(0);
```

（2）脱离控制终端、登录会话和进程组。Linux 中的进程与控制终端、登录会话和进程组之间的关系：进程属于一个进程组，进程组号（GID）就是进程组长的进程号（PID）。登录会话可以包含多个进程组，这些进程组共享一个控制终端，而该控制终端通常是创建进程的登录终端。

控制终端、登录会话和进程组通常是从父进程继承下来的，目的就是要摆脱它们，使之不受它们的影响。方法是在要点（1）的基础上调用 setsid()使进程成为会话组长。

当进程是会话组长时，setsid() 调用失败。但要点（1）已经保证进程不是会话组长。setsid()调用成功后，进程成为新的会话组长和新的进程组长，并与原来的登录会话和进程组脱离。由于会话过程对控制终端的独占性，进程同时与控制终端脱离。

（3）禁止进程重新打开控制终端。现在，进程已经成为无终端的会话组长。但它可以重新申请打开一个控制终端。可以通过使进程不再成为会话组长来禁止进程重新打开控制终端。

```
if(pid=fork())
exit(0);            //结束第一子进程，第二子进程继续（第二子进程不再是会话组长）
```

（4）关闭打开的文件描述符。进程从创建它的父进程那里继承了打开的文件描述符。如不关闭，将会浪费系统资源，造成进程所在的文件系统无法卸下以及出现无法预料的错误。

（5）改变当前工作目录。进程活动时，其工作目录所在的文件系统不能卸载，一般需要将工作目录改为根目录。对于需要转储核心、写运行日志的进程将工作目录改到特定目录下。

（6）重设文件创建掩膜。进程从创建它的父进程那里继承了文件创建掩膜，掩膜可能修改守护进程所创建的文件的存取位。为防止这一点，将文件创建掩膜清除：

```
umask(0);
```

（7）处理 SIGCHLD 信号。处理 SIGCHLD 信号并不是必须的。但对于某些进程，特别是服务器进程往往在请求到来时生成子进程处理请求。如果父进程不等待子进程结束，子进程将成为僵尸进程（zombie），从而占用系统资源。如果父进程等待子进程结束，将增加父进程的负担，影响服务器进程的并发性能。在 Linux 下可以简单地将 SIGCHLD 信号的操作设为 SIG_IGN：

```
signal(SIGCHLD,SIG_IGN);
```

这样，内核在子进程结束时不会产生僵尸进程。这一点与 BSD4 不同，在 BSD4 下必须显式等待子进程结束才能释放僵尸进程。

4.4 Linux 内核简介

一个完整可用的操作系统主要由 4 部分组成：硬件、操作系统内核、操作系统服务和用户应用程序。

用户应用程序是指那些文字处理程序、Internet 浏览器程序或用户自行编制的各种应用程序；操作系统服务程序是指那些向用户提供的服务被看作是操作系统部分功能的程序，在 Linux 操作系统上，这些程序包括 X Window 系统、shell 命令解释系统以及那些内核编程接口等系统程序；操作系统内核程序主要用于对硬件资源的抽象和访问调度。

Linux 内核的主要用途就是与计算机硬件进行交互，实现对硬件部件的编程控制和接口操作，调度对硬件资源的访问，并为计算机上的用户程序提供一个高级的执行环境和对应硬件的虚拟接口。

Linux 内核主要由 5 个模块构成，它们分别是：进程调度模块、内存管理模块、文件系统模块、进程间通信模块和网络接口模块。

进程调度模块用来负责控制进程对 CPU 资源的使用。所采取的调度策略是各进程能够公平合理地访问 CPU，同时保证内核能及时地执行硬件操作。内存管理模块用于确保所有进程能够安全地共享机器主内存区，同时，内存管理模块还支持虚拟内存管理方式，使得 Linux 支持进程使用比实际内存空间更多的内存容量，并可以利用文件系统把暂时不用的内存数据块交换到外部存储设备上去，当需要时再交换回来。文件系统模块用于支持对外部设备的驱动和存储。虚拟文件系统模块通过向所有的外部存储设备提供一个通用的文件接口，隐藏了各种硬件设备的不同细节，从而提供并支持与其他操作系统兼容的多种文件系统格式。进程间通信模块子系统用于支持多种进程间的信息交换方式。网络接口模块提供对多种网络通信标准的访问并支持许多网络硬件。

在 boot/目录中引导程序把内核从磁盘上加载到内存中，并让系统进入保护模式下运行后，就开始执行系统初始化程序 init/main.c。该程序首先确定如何分配使用系统的物理内存，然后调用内核各部分的初始化函数分别对内存管理、中断处理、块设备、字符设备、进程管理以及硬盘和软盘硬件进行初始化处理。在完成了这些操作之后，系统各部分已经处于可运行状态，此后程序把自己“手工”移动到任务 0（进程 0）中运行，并使用 fork()调用首次创建出进程 1。在进程 1 中程序将继续进行应用环境的初始化并执行 shell 登录程序，而原进程 0 则会在系统空闲时被调度执行，此时任务 0 仅执行 pause()系统调用，并不会调用调度函数。

“移动到任务 0 中执行”这个过程由宏 move_to_user_mode(include/asm/system.h)完成。它把 main.c 程序执行流从内核态（特权级 0）移动到了用户态（特权级 3）的任务 0 中继续运行。在移动之前，系统在对调度程序的初始化过程（sched_init()）中，首先对任务 0 的运行环境进行了设置。这包括人工预先设置好任务 0 数据结构各字段的值（include/linux/sched.h）、在全局描述符表中添入任务 0 的任务状态段（TSS）描述符和局部描述符表（LDT）的段描述符，并把它们分别加载到任务寄存器 tr 和局部描述符表寄存器 ldtr 中。

这里需要强调的是，内核初始化是一个特殊过程，内核初始化代码也就是任务 0 的代码。由任务 0 数据结构中设置的初始数据可知，任务 0 的代码段和数据段的基址是 0，段限长是 640kB；而内核代码段和数据段的基址是 0，段限长是 16MB，因此任务 0 的代码段和数据段分别包含在内核代码段和数据段中。内核初始化程序 main.c 也就是任务 0 中的代码，只是在移动到任务 0 之前系统正以内核态特权级 0 运行着 main.c 程序。宏 move_to_user_mode 的功能就是把运行特权级从内核态的 0 级变换到用户态的 3 级，但是仍然继续执行原来的代码指令流。

Linux 系统中创建新进程使用 fork()系统调用，所有进程都是通过复制进程 0 而得到的，都是进程 0 的子进程。在创建新进程的过程中，系统首先在任务数组中找出一个还没有被任何进程使用的空项（空槽）。如果系统已经有 64 个进程在运行，则 fork()系统调用会因为任务数组表中没有可用空项而出错返回。然后系统为新建进程在主内存区中申请一页内存来存放其任务数据结构信息，并复制当前进程任务数据结构中的所有内容作为新进程任务数据结构的模板。为了防止这个还未处理完成的新建进程被调度函数执行，此时应该立刻将新进程状态设置为不可中断的等待状态（TASK_UNINTERRUPTIBLE）。

随后对复制的任务数据结构进行修改。把当前进程设置为新进程的父进程，清除信号位图，复位新进程各统计值，并设置初始运行时间片值为 15 个系统滴答数（150 毫秒）。接着根据当前进程设置任务状态段（TSS）中各寄存器的值，由于创建进程时新进程返回值应为 0，所以需要设置 tss.eax = 0。新建进程内核态堆栈指针 tss.esp0 被设置成新进程任务数据结构所在内存页面的顶端，而堆栈段 tss.ss0 被设置成内核数据段选择符，tss.ldt 被设置为局部表描述符在 GDT 中的索引值。如果当前进程使用了协处理器，则还需要把协处理器的完整状态保存到新进程的 tss.i387 结构中。

此后系统设置新任务的代码和数据段基址、限长并复制当前进程内存分页管理的页表。如果父进程中有文件是打开的，则应将对应文件的打开次数增加 1。接着在 GDT 中设置新任务的 TSS 和 LDT 描述符项，其中基地址信息指向新进程任务结构中的 tss 和 ldt。最后再将新任务设置成可运行状态并返回新进程号。

由上述描述可知，Linux 进程是抢占式的。被抢占的进程仍然处于 TASK_RUNNING 状态，只是暂时没有被 CPU 运行。进程的抢占发生在进程处于用户态执行阶段，在内核态执行时是不能被抢占的。为了能让进程有效地使用系统资源，又能使进程有较快的响应时间，就需要对进程的切换调度采用一定的调度策略。在 Linux 中采用了基于优先级排队的调度策略。

由于 Linux 内核是一种单内核模式的系统，因此，内核中所有的程序几乎都有紧密的联系，它们之间的依赖和调用关系非常密切。所以在阅读一个源代码文件时往往需要参阅其他相关的文件。因此有必要在开始阅读内核源码之前，先熟悉一下源码文件的目录结构和安排。

当使用 tar 命令将.tar.gz 解开时，内核源码文件被放到了 linux/目录中。linux 目录是源码的主目录，在该主目录中除了包括所有的 14 个子目录以外，还含有唯一的一个 Makefile 文件。该文件是编译辅助工具软件 Make 的参数配置文件。Make 工具软件的主要用途是通过鉴别哪些文件已被修改过，从而自动地决定在一个含有多个源程序文件的程序系统中哪些文件需要被重新编译。因此，Make 工具软件是程序项目的管理软件。

Linux 目录下的这个 Makefile 文件还嵌套地调用了所有子目录中包含的 Makefile 文件，这样，当 Linux 目录（包括子目录）下的任何文件被修改过时，Make 都会对其进行重新编译。因此，为了编译整个内核所有的源代码文件，只要在 Linux 目录下运行一次 Make 软件即可。

4.5 shell 基本工作原理及编程

Linux 系统的 shell 作为操作系统的外壳，为用户提供使用操作系统的接口。它是用户和 Linux 内核之间的接口程序，如果把 Linux 内核想象成一个球体的中心，shell 就是围绕内核的外层。当从 shell 或其他程序向 Linux 传递命令时，内核会做出相应的反应。

shell 是一个命令语言解释器，类似于 DOS 下的 command.com 程序，它拥有自己内建的 shell 命令集，shell 也能被系统中的其他应用程序所调用。用户在提示符下输入的命令都由 shell 先解释然后传给 Linux 核心，其特点概括如下：

（1）用户与 Linux 的接口。

（2）命令解释器。

（3）支持多用户。

（4）支持复杂的编程语言。

shell 有很多种，如 csh、tcsh、pdksh、ash、sash、zsh、bash 等。Linux 的默认 shell 为 bash（Bourne Again shell）。最常用的几种是 Bourne shell（sh）、C shell（csh）和 Korn shell（ksh）。这 3 种 shell 都有它们的优点和缺点。

Bourne shell 的作者是 Steven Bourne。它是 UNIX 最初使用的 shell 并且在每种 UNIX 上都

可以使用。Bourne shell 在 shell 编程方面相当优秀，但在处理与用户的交互方面做得不如其他两种 shell。

C shell 由以 BillJoy 为代表的 47 位作者所编写的，它更多地考虑了用户界面的友好性。普遍认为 C shell 的编程接口做得不如 Bourne shell，但 C shell 被很多 C 程序员使用，因为 C shell 的语法和 C 语言的很相似，这也是 C shell 名称的由来，它是 Linux 比较大的内核，共有 52 个内部命令。C shell 是指向/bin/tcsh 的，也就是说，csh 其实就是 tcsh。

Korn shell（ksh）由 Dave Korn 所写。它集合了 C shell 和 Bourne shell 的优点并且和 Bourne shell 完全兼容。通过 shell，可以同时在后台运行多个应用程序，并且把需要与用户交互的程序放在前台运行。通过在多条命令的序列中使用变量和流程控制，shell 可以作为一种复杂的编程语言。

bash 是 GNU 操作系统上默认的 shell，大部分 Linux 的发行套件使用的都是这种 shell。其主要特点有：

（1）可以使用类似 DOS 下的 Doskey 的功能，即可以保存用户最近使用过的命令，方便快速查阅、输入和修改命令。

（2）可以使用查找匹配的方式快速查找某字符开头的命令，如输入 ls，按两次 Tab 键，可以查找到以 ls 开头的所有命令。

（3）包含了自动帮助的功能。在 shell 提示符后输入 help，可以看到 bash 下的内置的命令。

用户如何知道安装的 Linux 版本支持哪些 shell 呢？在提示符下输入：

```
cat  /etc/shells
```

如果用户想知道自己现在使用的是哪种 shell，可以在提示符后输入：

```
echo  $SHELL
```

用户当前运行的是 bash，那么怎样运行 csh，又怎样退出 csh 呢？直接在提示符下输入 /bin/csh 就可以运行 csh，当然前提是所安装的 Linux 版本支持 csh，输入 exit 可以退出 csh。

4.5.1　shell 的基本工作原理

Linux 系统提供给用户的最重要的系统程序是 shell 命令语言解释程序。它不属于内核部分，而是在核心之外，以用户态方式运行。其基本功能是解释并执行用户输入的各种命令，实现用户与 Linux 核心的接口。系统初启后，核心为每个终端用户建立一个进程去执行 shell 解释程序。它的执行过程基本上按如下步骤进行：

（1）读取用户由键盘输入的命令行。

（2）分析命令，以命令名作为文件名，并将其他参数改造为系统调用 execve()内部处理所要求的形式。

（3）终端进程调用 fork()建立一个子进程。

（4）终端进程本身用系统调用 wait4()来等待子进程完成（如果是后台命令，则不等待）。当子进程运行时调用 execve()，子进程根据文件名（即命令名）到目录中查找有关文件（由命令解释程序构成的文件），将它调入内存，执行这个程序（解释这条命令）。

（5）如果命令末尾有&号（后台命令符号），则终端进程不用系统调用 wait4()等待，立即发提示符，让用户输入下一个命令，转向（1）；如果命令末尾没有&号，则终端进程要一直等待，当子进程（即运行命令的进程）完成处理后终止，向父进程（终端进程）报告，此时终端进程醒来，在做必要的判别等工作后，终端进程发提示符，让用户输入新的命令，重复上述处理过程。

shell 基本执行过程及父子进程之间的关系如图 4-1 所示。

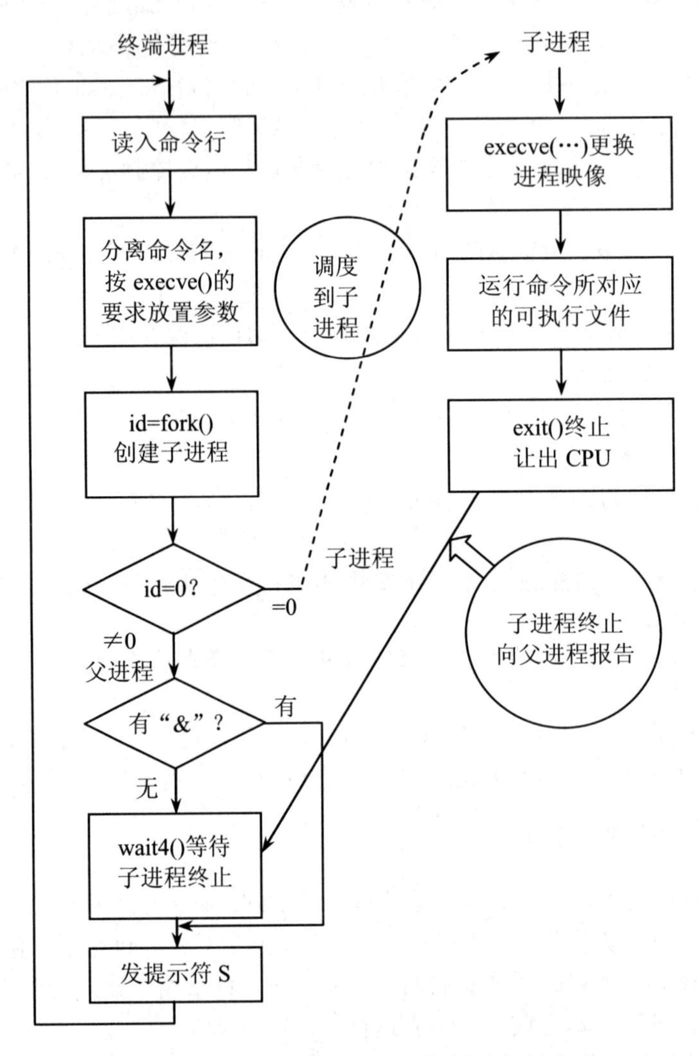

图 4-1 shell 命令执行过程及父子进程之间的关系

4.5.2 创建和执行 shell 脚本

1. 创建 shell 脚本

shell 脚本是使用用户环境 shell 提供的语句所编写的命令文件。用户可以用任何编辑器来编写 shell 脚本。因为 shell 脚本是解释执行的，所以不需要编译成目标文件。下面以 bash 为例编写一个 shell 脚本。

```
#!/bin/bash
#This is a shell script!
```

```
echo "Hello Shell!"
date
#end
```

文中以“#”开头的行是注释行，第一行一般为“#!/bin/bash”，表示用/bin/bash 去执行 shell 脚本。要执行指定的 shell 时，一定要将它写在第一行，如果没有指定，则以当前正在执行的 shell 来解释。

2．执行 shell 脚本

执行 shell 程序的方法有以下 3 种：

（1）输入重定向到 shell 脚本。利用输入重定向，使 shell 命令解释程序的输入取自指定的文件。一般形式为：

```
$ bash < 脚本名
```

例如：

```
$ bash <hellotest
```

shell 从文件 hellotest 中读取命令行，并执行它们。当 shell 到达文件末尾时就终止执行，并把控制返回到 shell 命令状态。要注意的是，这种执行方式的脚本名后面不能带参数。

（2）以脚本名作为参数，其一般形式为：

```
$ bash 脚本名 [参数]
```

例如：

```
$bash   iftest   morn
```

其执行过程与上一种方式一样，但这种方式能在脚本名后面带参数，从而将参数值传递给程序中的命令。

（3）用 chmod 命令使 shell 脚本权限设置为可执行的。一个文件能否运行取决于该文件是否具有执行权。对于 shell 脚本，用编辑器直接生成的文件是没有“执行”权限的。利用命令 chmod 将它置为有“执行”权限。例如：

```
$chmod   a+x   iftest
```

就把 shell 脚本 iftest 置为对所有用户都有“执行”权限。然后，在提示符后输入脚本名 iftest 即可直接执行该文件。此时，可以直接在提示符下执行它。

shell 脚本经常被用来执行重复性的工作，例如，当进入系统时要查看有无信件、列出谁在系统中、将工作目录改到指定目录并予以显示、印出当前日期等。完成这些工作的命令是固定的，为了减少录入时间，可以把这些命令建立在一个 shell 脚本中，以后每次使用该文件名即可执行这些工作。

另外，完成某些固定工作时需要输入的命令很复杂，例如文件系统的安装（mount），要带多个选项和参数。此时，利用 shell 脚本存放该命令，以后使用时就很方便了。

4.5.3　shell 变量

像高级程序设计语言一样，shell 也提供说明和使用变量的功能。与其他语言不同的是，shell 变量的取值都是一个字符串。shell 主要有以下几种变量类型，即用户变量、系统变量和环境变量。

1．用户变量

用户变量是最常用的变量，使用也十分简单。变量名必须是以字母和下划线开头的、由字母、数字及下划线序列组成的字符串，并且变量名是大小写敏感的。用户变量的赋值很简单，一般形式为：

```
变量名=字符串/数字
```

如：

```
country="China"
Count=1
```

访问变量时，需要在前面加$符号，如果要访问 country 变量，需要使用$country 来访问。例如：

```
echo "Hello $country !"
```

输出结果为：

```
Hello China !
```

这里需要注意一点，变量和“=”之间不要有空格，“=”和赋值之间也不要有空格，否则 shell 不会认为变量被定义。

2. 系统变量

系统变量是 Linux 所提供的一种特殊类型的变量，shell 常用的系统变量并不多，但却十分有用，特别是在做一些参数检测的时候。表 4-1 给出了 shell 常用的系统变量。

表 4-1 shell 系统变量

命令	作用
$#	传送给 shell 程序的位置参数的数量
$0	当前 shell 程序的名称
$?	前一个命令或函数的返回码
$*	调用 shell 程序时所传送的全部参数组成的单字符串
$$	本程序的 PID
$!	上一个命令的 PID

编写一个 shell 脚本 sysvar，内容如下：

```
#!/bin/bash
#This file is used to explain the shell system variable.
echo "the number of parameters is $#"
echo "the return code of last command is $?"
echo "the script name is $0"
echo "the parameters are $*"
echo "\$1=$1;\$2=$2"
#end
```

执行该 shell 脚本，传递两个参数，得到如下执行结果：

```
[root@localhost bin]# bash sysvar China Shanghai
the number of parameters is 2
the return code of last command is 0
the script name is /bin/sysvar
the parameters are China Shanghai
$1=China;$2=Shanghai
```

3. 环境变量

shell 环境变量是所有 shell 程序都会接收的参数。shell 程序运行时，都会接收一组变量，这组变量就是环境变量。shell 在开始执行时就已经定义了一些和系统的工作环境有关的变量，其中的一些变量用户还可以重新进行定义。

常用的 shell 环境变量有：

（1）HOME：用于保存注册目录的全路径名。

（2）PATH：用于保存用冒号分隔的目录路径名，shell 将按 PATH 变量中给出的顺序搜索这些目录，找到的第一个与命令名称一致的可执行文件将被执行。

（3）UID：当前用户的识别字，取值是由数位构成的字符串。

（4）PWD：当前工作目录的绝对路径名，该变量的取值随 cd 命令的使用而变化。

（5）PS1：主提示符，在特权用户下，默认的主提示符是#；在普通用户下，默认的主提示符是$。

（6）PS2：在 shell 接收用户输入命令的过程中，如果用户在输入行的末尾输入“\”然后回车，或者当用户按回车键时 shell 判断出用户输入的命令没有结束时，就显示这个辅助提示符，提示用户继续输入命令的其余部分，默认的辅助提示符是>。

（7）TERM：用户终端的类型。

4. 位置参数

位置参数是一种在调用 shell 程序的命令行中按照各自的位置决定的变量，是在程序名之后输入的参数。位置参数之间用空格分隔，shell 取第一个位置参数替换程序文件中的$1，第二个替换$2，依此类推。$0 是一个特殊的变量，它的内容是当前这个 shell 程序的文件名，所以，$0 不是一个位置参数，在显示当前所有的位置参数时是不包括$0 的。

4.5.4 shell 的特性

1. 通配符和命令补齐功能

通配符（wildcards）是转义字符的子集，例如?、*、[]，用来查找匹配文件名，表 4-2 给出了通配符的含义。

表 4-2　shell 通配符

字符	含义
*	匹配 0 个或者多个单字符
?	匹配一个单字符
[ ]	只匹配[ ]内的字符。可以是一个单字符，也可以是字符序列。可以使用“-”表示[ ]内字符序列的范围，如用[1-5]代表[12345]
[!]	匹配除[!]之外的任意一个字符
{}	匹配一个字符串或字符序列

^：在正规表达式中代表行首。

$：在正规表达式中代表行尾。

注意：“*”不能匹配首字符是“.”的文件或目录名。

例 1 #ls file[1-10].c

例 2 如果需要显示 nic_1.png、nic_2.png、nic_3.png、nic_4.png、nic_5.png，只需要在终端的命令提示符后输入：

```
ls nic_[1-5].png
```

例 3 rm a*out*temp?

该命令可以删除一系列临时性的输出文件，如 ab.out.temp1、ab.out.temp2 等。

命令补齐功能：所谓命令补齐是指当键入的字符足以确定目录中一个唯一的文件时，只须按 Tab 键即可自动补齐该文件名的剩下部分，例如要把目录/freesoft 下的文件 gcc-2.8.1.tar.gz 解包，当键入到 tar xvfz /freesoft/g 时，如果此文件是该目录下唯一以 g 开头的文件，这时即可按下 Tab 键，则命令会被自动补齐为 tar xvfz /freesoft/gcc-2.8.1.tar.gz，操作非常方便。

2. 输入输出重定向

系统定义了 3 个标准文件：标准输入（stdin）、标准输出（stdout）、标准错误输入（stderr）。

（1）注释和管道符。

注释：在 shell 脚本中，以“#”开头的正文行表示注释，但第一行以“#!”开头则表示脚本所使用的 shell 的绝对路径。

例 4

```
#!/bin/bash
#This script is a test!
```

管道符：将一个命令的输出连接到另一个命令的输入。

例 5 ls |sort

“|”的作用是将 ls 的输出作为 sort 命令的输入。

```
[root@localhost root]# ls |sort
a1.c
a.c
anaconda-ks.cfg
b.c
chen.c
Desktop
filel.c
file2.c
install.log
install.log.syslog
myfile
```

例 6 cat file |more

命令的功能是分屏显示文件 file 的内容，等价于命令 more file。

例 7 sort a.c |more

命令的功能是分屏显示文件 a.c 排序以后的结果。

（2）过滤器（filters）：用来接收标准输入，经过一定的转化，再写到标准输出。所以，过滤器一般放在管道符中间。

每个程序启动时，就有 3 个文件描述：STDIN (0)、STDOUT(1)和 STDERR(2)。用“<”改变输入，用“>”改变输出，用“2>”改变错误输出，用“>>”追加到已有的文件中。

常用的过滤器有 expand、sed、awk、fmt、tac、tr、grep、nl、pr。

标准输入对应键盘，标准输出对应显示屏幕。

重定向用来改变程序运行的输入来源和输出地点。可以通过重定向将程序的输入定向到某个指定的文件，或者将程序的输出结果定向到某个指定的文件。

例 8　sort< myfile.txt

例 9　sort< myfile.txt > myfile_sort.txt

1）输出重定向。

命令> 文件名：将命令执行结果传送到指定的文件，而不在屏幕上显示。如果指定的文件不存在，则新建这一文件；如果指定的文件存在，则原来的内容被覆盖，例如：

```
[root@localhost root]# vi a.c
[root@localhost root]# cat a.c
a
x
b
y
c
z

[root@localhost root]# sort a.c


a
b
c
x
y
z
[root@localhost root]# cat a.c
a
x
b
y
c
z

[root@localhost root]# sort a.c>b.c
[root@localhost root]# cat b.c

a
b
c
x
y
z
```

从操作中可以看到，b.c 文件保存了 a.c 文件排序后的内容。

命令>>文件名：在进行重定向时，只是追加到已有的文件之后，该文件原有的内容不被破坏，例如：

```
[root@localhost root]# vi a1.c
[root@localhost root]# cat a1.c
2
1
3

[root@localhost root]# sort a1.c>>b.c
[root@localhost root]# cat b.c


a
b
c
x
y
z

1
2
3
```

思考：如果继续输入 cat a1.c>b.c 命令，则 b.c 文件的内容应该是什么？

2）输入重定向。

命令<文件名：把命令的标准输入重新定向到指定文件。

命令<<文件名：here 文档，也称即时文档。当前命令的标准输入来自命令行中一对分隔符之间的正文。

需要说明的是，如果程序所需输入数据较多或者会被反复执行，那么采用输入重定向方式的效率比较高。

执行 shell 脚本的一种方法是将文件重定向到 shell，如 bash<example3。

```
[root@localhost root]# wc<<delim
>Best wishes to you on your birthday.
>delim
     1      7     37
```

在上例中，创建了一个 here 文档，其中 delim 是成对的分隔符，这对分隔符中间的“Best wishes to you on your birthday.”是文档的正文部分，这个操作把所创建的 here 文档重定向输入到 wc 命令，作为 wc 命令的输入，输出的结果 1，7，37 分别统计出了该 here 文档的行数、字数和字符数。

3. 命令换行符

多条命令可以输入到一行中，并用“;”字符分隔。在一行命令后加“\”表示另起一行继续输入，下一行的提示符变为“>”，继续输入命令，按回车键结束。

4. 别名

使用 alias 命令可以定义一些别名，例如：

```
#alias  'rm -f'  rm
```

5．更改登录用户

命令 su 的意思是 substitute users（替代用户），它允许用户暂时以其他用户身份登录。当键入 su 命令然后按回车键时，用户仍位于自己的登录 shell 中（用户的主目录），但是用户的身份已变成根用户（又称超级用户）。键入 su -使用户变成带有根登录 shell 的根用户，这就如同原本就以根用户身份登录一样。

6．特殊字符

（1）双引号。由双引号括起来的字符，除$（用来访问变量的值）、`（命令替换）、\（转义字符）保留其特殊功能外，其余的字符都作为普通字符处理。

（2）单引号。用单引号括起来的字符都作为普通字符出现。

（3）倒引号。用倒引号括起来的字符串被 shell 解释为命令行。在执行的时候，shell 会先执行该命令行，并以它的标准输出结果取代整个倒引号部分。

（4）反斜杠。转义字符（metacharacters），即把特殊字符变成普通字符。

在下例中，用双引号括起来的字符中，$符号保留它的功能，完成了对 a 变量的值的引用。

```
[root@localhost root]# echo "this is an example"
this is an example
[root@localhost root]# a=3
[root@localhost root]# echo "the value of a is $a"
the value of a is 3
[root@localhost root]#
```

而在下例中，用单引号括起来的字符中，$符号失去了它的功能，只被当成了普通字符。

```
[root@localhost root]# echo 'this is an example'
this is an example
[root@localhost root]# echo 'the value of a is $a'
the value of a is $a
[root@localhost root]# ▌
```

HOME 是一个环境变量，表示用户目录的全路径名。如超级用户的注册名是 root，则 HOME 的值是/root，如果用户是普通用户，例如注册名为 exuser，则 HOME 的值为/home/exuser。以超级用户登录后，命令 echo "home directory is $HOME"与命令 echo 'home directory is $HOME' 的执行结果对比如下：

```
[root@localhost root]# echo "home directory is $HOME"
home directory is /root
[root@localhost root]# echo 'home directory is $HOME'
home directory is $HOME
[root@localhost root]#
```

使用倒引号（` `）同括起来的字符串被 shell 解释为命令行。执行时，shell 会先执行该命令行，并以它的标准输出结果取代整个倒引号部分，称为命令替换。例如：

```
[root@localhost root]# echo "current directory is `pwd`"
current directory is /root
[root@localhost root]# ▌
```

pwd 是一个命令，用来显示当前工作目录。可以看到，pwd 命令在上面的命令行中被执行了，命令的结果是替换了倒引号部分。

再比如：

```
[root@localhost root]# touch filel.c
[root@localhost root]# touch file2.c
[root@localhost root]# vi myfile
[root@localhost root]# cat myfile
filel.c
file2.c
[root@localhost root]# ls `cat myfile` -1
-rw-r--r--   1 root    root         0 Apr 24 20:22 file1.c
-rw-r--r--   1 root    root         0 Apr 24 20:23 file2.c
```

执行命令 ls `cat myfile` -l 相当于执行了两条命令，即：

```
ls   file1.c   -l
ls   file2.c   -l
```

转义字符“\”用来将特殊字符（\、"、$、`）变成普通字符，用法如下：

```
[root@localhost root]# echo "\\this is an example\\"
\this is an example\
[root@localhost root]# echo "\"this is an example\""
"this is an example"
```

4.5.5 控制结构

1．测试语句

shell 中进行条件测试用 test 命令，test 命令的语法如下：

test 条件表达式

或者

[条件表达式]

test 命令可以进行数值测试、字符串测试、文件测试和逻辑操作符等的测试，其测试符和相应的功能分别如下：

（1）数值测试。

-eq：两数值相等，测试条件为真。

-ne：两数值不相等，测试条件为真。

-gt：大于则测试条件为真。

-ge：大于等于则测试条件为真。

-lt：小于则测试条件为真。

-le：小于等于则测试条件为真。

（2）字符串测试。

=：两字符串相等，测试条件为真。

!=：两字符串不相等，测试条件为真。

-z：字符串长度等于 0，测试条件为真。

-n：字符串长度大于 0，测试条件为真。

（3）文件测试。

-e 文件名：如果文件存在，测试条件为真。

-r 文件名：如果文件存在且可读，测试条件为真。

-w 文件名：如果文件存在且可写，测试条件为真。

-x 文件名：如果文件存在且可执行，测试条件为真。

-s 文件名：如果文件存在且至少有一个字符，测试条件为真。

-d 文件名：如果文件存在且为目录，测试条件为真。

-f 文件名：如果文件存在且为普通文件，测试条件为真。

-c 文件名：如果文件存在且为字符型特殊文件，测试条件为真。

-b 文件名：如果文件存在且为块特殊文件，测试条件为真。

（4）逻辑操作符。

Linux 还提供了与（-a）、或（-o）、非（！）3 个逻辑操作符，与一般逻辑操作符含义一样。

注意：test 命令中命令和命令，参数和参数之间必须要使用空格分隔。

2. 条件语句

（1）if 语句。

if 语句用于条件控制结构中，其一般格式为：

```
if  测试条件
then
     命令 1
else
     命令 2
fi
```

或者为：

```
if  测试条件 1
then
     命令 1
elif 测试条件 2
then
     命令 2
…
else
     命令 n
fi
```

其中，if、then、elif、else 和 fi 是关键字。应该注意，if 语句中 else 部分可以缺省。另外，if 语句的 else 部分还可以是 else—if 结构，此时可以用关键字“elif”代替“else if”。通常，if 的测试部分是利用 test 命令实现的。

例如：

```
#!/bin/bash
#if statement example
if [ "$1" = "1" ]
then
    echo "Good morning"
elif [ "$1" = "2" ]
then
    echo "Good afternoon"
else
    echo "Good evening"
```

```
fi
#end
```

执行该 shell 脚本，传递一个参数，得到的执行结果为：

```
[root@localhost bin]# bash iftest 2
Good afternoon
```

（2）case 语句。

case 语句允许进行多重条件选择，其一般语法形式为：

```
case  字符串  in
      模式字符串 1)  命令
                     …
                     命令;;
      模式字符串 2)  命令
                     …
                     命令;;
                     …
      模式字符串 n)  命令
                     …
                     命令;;
      *)  命令
esac
```

其执行过程是用“字符串”的值依次与各模式字符串进行比较，如果发现同某一个匹配，那么就执行该模式字符串之后的各个命令，直至遇到两个分号为止。如果没有任何模式字符串与该字符串的值相符合，则不执行任何命令。

例如：

```
#!/bin/bash
#case statement example
case $1 in
   1) echo "Good morning";;
   2) echo "Good afternoon";;
   *) echo "Good evening";;
esac
#end
```

运行脚本：

```
[root@localhost bin]# bash casetest 1
Good morning
[root@localhost bin]# bash casetest 2
Good afternoon
[root@localhost bin]# bash casetest 3
Good evening
[root@localhost bin]# bash casetest
Good evening
```

在使用 case 语句时应注意：

1）每个模式字符串后面可以有一条或多条命令，其最后一条命令必须以两个分号（即;;）结束。

2）模式字符串中可以使用通配符。

3）如果一个模式字符串中包含多个模式，那么各模式之间应以竖线（|）隔开，表示各模式是“或”的关系，即只要给定字符串与其中一个模式匹配，就会执行其后的命令表。

4）各模式字符串应是唯一的，不应重复出现，并且要合理安排它们的出现顺序。例如，不应将“*”作为头一个模式字符串，因为“*”可以与任何字符串匹配，它若第一个出现，就不会再检查其他模式了。

5）case 语句以关键字 case 开头，以关键字 esac 结束。

6）case 的返回值是整个结构中最后执行的那个命令的退出值。若没有执行任何命令，则返回值为 0。

3. 循环语句

shell 中有 3 种用于循环的语句：while 语句、for 语句和 until 语句。

（1）while 语句。

while 语句的一般形式为：

```
while 测试条件
do
    命令表
done
```

其执行过程是，先进行条件测试，如果结果为真，则进入循环体，执行其中的命令，然后再作条件测试，直至测试条件为假时才终止 while 语句的执行。例如：

```
#!/bin/bash
#while statement example
while [ -n "$1" ]
do
  if [ "$1" = "1" ]
  then
    echo "Good morning"
  else
    echo "Good afternoon"
  fi
  shift
done
#end
```

这段程序对给定的位置参数，首先判断其长度是否大于 0，若是，则执行 while 循环体内容。如果参数为 1，则显示“Good morning”；否则，显示“Good afternoon”。每次循环处理一个位置参数$1，利用 shift 命令可把后续位置参数左移。

（2）for 语句。

for 语句是最常用的建立循环结构的语句，一般格式为：

```
for 变量 in 值表
do
    命令表
done
```

例如：

```
#!/bin/bash
#for statement example
```

```
for month in January February March April May June July
do
    echo "The month is $month"
done
#end
```

执行脚本并显示结果：

```
[root@localhost bin]# bash fortest
The month is January
The month is February
The month is March
The month is April
The month is May
The month is June
The monthe is July
```

其执行过程是：变量 month 依次取值表中的各字符串，即第一次将“January”赋给 month，然后进入循环体，执行其中的命令。第二次将“February”赋给 month，然后执行循环体中的命令。依次处理，当 month 把值表中各字符串都取过一次之后，结束 for 循环。因此，值表中字符串的个数就决定了 for 循环执行的次数。

（3）until 语句。

until 语句的一般形式为：

```
until  测试条件
do
     命令表
done
```

它与 while 语句很相似，只是测试条件不同，当测试条件为假时才进入循环体，直至测试条件为真时终止循环。

4. 其他语句

break 语句用于立即终止当前循环的执行，而 continue 语句用于跳过循环中在它之后的语句而回到本层循环的开头，开始下一次循环的执行。这两个语句只有放在 do 和 done 之间才有效。

break 语句的语法格式为：

```
break   [n]
```

其中，n 表示要跳出 n 层循环。默认值为 1，表示只跳出一层循环。

continue 语句的语法格式为：

```
continue   [n]
```

其中，n 表示从包含 continue 语句的最内层循环体向外跳到第 n 层循环。默认值为 1，循环层数由内向外编号。

习题四

一、填空题

1．bash 的特点之一是可以使用查找匹配的方式快速查找某字符开头的命令，如输入 ls，按两次________键，可以查找到以 ls 开头的所有命令。

2．如果命令太长，一行放不下，可以在行尾输入________字符，并按回车键。

3．显示所有进程的命令是________，终止进程的命令是________。

4．在 Linux 的内部变量中，________是传送给 shell 程序的位置参数的数量。

二、简答题

1．Linux 的文件名的通配符有哪些，分别表示什么意思？

2．查看系统进程的命令是什么？杀死进程的命令是什么？

3．现在如果是超级用户登录，命令 echo "home directory is $HOME"与命令 echo 'home directory is $HOME'的执行结果分别是什么？

三、编程题

1．编写一个脚本，求 Fibonacci 数列的前 10 项并输出。

2．编写一个 shell 脚本，功能是清屏，并显示系统日期，然后把第二个位置参数及其以后的各个参数指定的文件拷贝到第一个位置参数指定的目录中。

3．编写一个 shell 脚本，显示当天日期，查找给定的某用户是否在系统中工作。如果在系统中工作，就发一个问候给用户。

4．用 for 循环将当前目录下的.c 文件移到指定的目录下，并按文件大小排序，显示移动后指定目录的内容。

第 5 章　进程间通信

5.1　Linux 下的进程间通信概述

Linux 下的进程通信手段基本上是从 UNIX 平台上的进程通信手段继承而来的。对 UNIX 发展做出重大贡献的两大主力 AT&T 的贝尔实验室及 BSD（加州大学伯克利分校的伯克利软件发布中心）在进程间通信（IPC，InterProcess Communication）方面的侧重点有所不同。前者对 UNIX 早期的进程间通信手段进行了系统的改进和扩充，形成了“System V IPC”，通信进程局限在单个计算机内；后者则跳过了该限制，形成了基于套接字的进程间通信机制。而 Linux 则把两者继承了下来。

最初 UNIX IPC 包括管道、FIFO 和信号；System V IPC 包括 System V 消息队列、System V 信号灯和 System V 共享内存区；Posix IPC 包括 Posix 消息队列、Posix 信号灯和 Posix 共享内存区。有两点需要简单说明一下：

（1）由于 UNIX 版本的多样性，电气和电子工程师协会（IEEE）开发了一个独立的 UNIX 标准，这个新的 ANSI UNIX 标准被称为计算机环境的可移植性操作系统界面（PSOIX）。现有大部分 UNIX 和流行版本都遵循 POSIX 标准，而 Linux 从一开始就遵循 POSIX 标准。

（2）BSD 并不是没有涉足单机内的进程间通信。事实上，很多 UNIX 版本的单机 IPC 都留有 BSD 的痕迹，如 4.4BSD 支持的匿名内存映射、4.3BSD 对可靠信号语义的实现等。

现在 Linux 下的进程间通信方式主要有以下几种：

（1）管道（pipe）：管道分为无名管道和命名管道，无名管道只能用于具有亲缘关系进程间的通信，允许一个进程和另一个与它有共同祖先的进程之间进行通信，而命名管道除具有无名管道的功能外，还能用于无亲属关系的进程间的通信。

（2）信号（signal）：信号是比较复杂的通信方式，用于通知接收进程有某种事件发生，除了用于进程间通信外，进程还可以发送信号给进程本身。Linux 除了支持 UNIX 早期信号语义函数 signal 外，还支持语义符合 Posix.1 标准的信号函数 sigaction。

（3）消息队列：消息队列是消息的链接表，包括 Posix 消息队列和 System V 消息队列。它克服了信号承载信息量少，管道只能承载无格式字节流以及缓冲区大小受限等缺点，使具有写权限的进程可以向队列中添加消息，具有读权限的进程可以读取队列中的消息。

（4）共享内存：共享内存是最有用的进程间通信方式，它使得多个进程可以访问同一块内存空间。它往往需要与其他通信机制结合，如与信号量结合使用可实现进程间的同步与互斥。

（5）内存映射（mapped memory）：内存映射允许任意多个进程间通信，每一个使用该机制的进程通过把一个共享的文件映射到自己的进程地址空间来实现它。

（6）信号量（semaphore）：主要作为进程间以及同一进程不同线程之间的同步手段。

（7）套接字（socket）：应用更为广泛的进程间通信机制，可用于不同机器之间的进程间通信。所有提供了 TCP/IP 协议栈的操作系统几乎都提供了套接字，而这些操作系统，对套接字的编程方法几乎是完全一样的。

5.2　管道通信

5.2.1　管道概述

Linux 的 shell 一般都允许使用管道来连接多个命令，如“ls /usr/src | more”中，“|”即为管道符号，该命令会由 shell 对管道前后的两种语句分别单独创建一个进程执行，然后将 ls 命令进程的标准输出用管道与 more 命令进程的标准输入相连接，从而实现文件的分屏显示。

管道分为无名管道和命名管道，它们都通过内核缓冲区按先进先出的方式传输数据，管道一端顺序地写入数据，另一端顺序地读出数据，读写的位置都自动增加，数据只读一次，之后就被释放。在缓冲区写满时，则由相应的规则控制读写进程进入等待队列，当空的缓冲区有写入数据或满的缓冲区有数据读出时，就唤醒等待队列中的读写进程继续读写。

管道是 Linux 支持的最初 UNIX IPC 形式之一，具有以下特点：

（1）管道是半双工的通信模式，数据只能向一个方向流动。

（2）只能用于具有亲缘关系的进程间的通信，即父子进程或兄弟进程之间。

（3）管道对于管道两端的进程而言就是一个文件，但它不是普通的文件，它不属于某种文件系统，而是单独构成一种文件系统，并且只存在于内存中。

在 Linux 系统中，管道用两个指向同一个临时性 VFS 索引结点的文件数据结构来实现。这个临时性的 VFS 索引结点指向内存中的一个物理页面。每个文件数据结构包含指向不同文件操作例程向量的指针。一个例程用于写管道，另一个用于从管道中读数据。从一般读写普通文件的系统调用的角度来看，这种实现方法隐藏了下层的差异。当写进程执行写管道操作时，数据被复制到共享的数据页面中；而读进程执行读管道操作时，数据又从共享数据页中复制出来。Linux 必须同步对管道的访问，使读进程和写进程步调一致。为了实现同步，Linux 使用锁、等待队列和信号量这 3 种方式。

写进程使用标准的写库函数来写管道。使用文件操作库函数要求传递文件描述符来索引进程的文件数据结构集合。每个文件数据结构代表一个打开的文件或是一个打开的管道。Linux 写系统调用使用代表该管道的文件数据结构指向的写例程，而写例程又使用代表该管道的 VFS 索引结点中保存的信息来管理写请求。

如果有足够大的空间把所有的数据写入管道中，并且该管道没有被读进程锁定，那么 Linux 为写进程锁定管道，把待写的数据从进程空间复制到共享数据页中。如果管道被读进程锁定或者没有足够大的空间存放数据，那么当前的进程被强制进入睡眠状态，放在管道对应的索引结点的等待队列中，然后系统调用进程调度器来选择合适的进程进入运行状态。睡眠的进程是可中断的，它可以接收信号，也可以在管道中有足够大的空间来容纳写数据或在管道被解锁时被读进程唤醒。写数据完成后，管道的 VFS 索引结点被解锁。系统会唤醒所有在读索引结点等待队列中睡眠的读进程。

从管道中读数据的过程与向管道中写数据非常相似。进程可以做非阻塞的读操作，但它依赖于打开管道的模式。进程使用非阻塞读时，如果管道中无数据或者该管道被锁定，读系统调用会立即返回出错信息。通过这种办法，进程可以继续运行。另一种处理方法是进程在索引结点的等待队列中等待写进程完成，一旦所有的进程都完成了管道操作，管道的索引结点和共享数据页会立即被释放。

5.2.2 管道创建与关闭

当创建一个管道时，它会创建两个文件描述符：fd[0]和 fd[1]，其中 fd[0]用于读管道，fd[1]用于写管道，这样就构成了一个半双工的通道。而管道的关闭只需要将创建的两个文件描述符 fd[0]和 fd[1]关闭即可。

创建管道可以通过调用 pipe 函数来实现。pipe 函数的语法要点如下。

头文件：#include <unistd.h>

函数原型：int pipe(int fd[2])

pipe 函数通过传入两个文件描述符来创建管道，调用成功时返回 0，否则返回-1。

下面给出一个创建管道的实例。创建管道只需要调用 pipe 函数即可，关闭管道只需关闭两个文件描述符。程序的源代码如下：

```
/*mypipe.c*/
#include <stdio.h>
#include <stdlib.h>
#include <errno.h>
#include <unistd.h>

int main()
{
    int fd[2];
    //创建一个管道
    if(pipe(fd)<0){
       printf("Pipe error!\n");
       exit(1);
    }
    printf("Pipe create success!\n");
    //关闭管道
    close(fd[0]);
    close(fd[1]);
    exit(0);
}
```

5.2.3 管道读写

管道两端分别用描述符 fd[0]和 fd[1]来描述，一端只能用于读，由描述符 fd[0]表示，称其为管道读端；另一端则只能用于写，由描述符 fd[1]来表示，称其为管道写端。如果试图从管道写端读取数据，或者向管道读端写入数据都将导致错误发生。一般文件的 I/O 函数都可以用于管道，如 close、read、write 等。一个进程在由 pipe()创建管道后，一般再用 fork 函数创建一个子进程，然后通过管道实现父子进程间的通信，而且只要两个进程中存在亲缘关系，即具有共同的祖先，都可以采用管道的方式来进行通信。

下面给出一个管道读写的实例。首先用 pipe 函数创建管道，然后父进程使用 fork 函数创建子进程，接着关闭父进程的读描述符和子进程的写描述符，在父子进程间建立管道通信。程序的源代码如下：

```
/*mypiperw.c*/
#include <unistd.h>
#include <sys/types.h>
#include <errno.h>
#include <stdio.h>
#include <stdlib.h>
int main()
{
    int pipe_fd[2];
    pid_t pid;
    char r_buf[100];
    int r_num;
    int cmd;

    memset(r_buf,0,sizeof(r_buf));
    //创建管道
    if(pipe(pipe_fd)<0){
        printf("pipe create error\n");
        return -1;
    }
    //创建子进程
    if((pid=fork())==0){
        //关闭子进程写描述符
        close(pipe_fd[1]);
        //确保父进程关闭读描述符
        sleep(3);
        //子进程读取管道内容
        r_num=read(pipe_fd[0],r_buf,100);
        printf( "%d nums read from the pipe is '%s'\n",r_num,r_buf);
        //关闭子进程读描述符
        close(pipe_fd[0]);
        exit(0);
    }
    else if(pid>0){
        //关闭父进程读描述符
        close(pipe_fd[0]);
        if(write(pipe_fd[1],"mypipe",6)!=-1)
            printf("parent write over\n");
        //关闭父进程写描述符
        close(pipe_fd[1]);
        printf("parent close fd[1] over\n");
        sleep(6);
        //收集子进程退出信息
        waitpid(pid,NULL,0);
```

```
        exit(0);
    }
}
```

程序执行的过程和结果如下：

```
[root@localhost root]# gcc mypiperw.c -o mypiperw
[root@localhost root]# ./mypiperw
parent write over
parent close fd[1] over
6 nums read from the pipe is 'mypipe'
```

5.2.4 标准流管道

Linux 下管道也有基于文件流的操作，这种基于文件流的管道主要用来连接另一个进程，这个进程是可以执行一定操作的可执行文件，如 Linux 的 shell 命令或者用户自己编写的程序。由于这一类操作比较常见，因此系统提供了一个 popen 函数来完成标准流管道的一系列创建过程。popen 函数的使用可大大减少代码的编写量，但是创建管道时缺少灵活性，该函数只能支持标准的 I/O 函数，不能使用 read、write 这类不带缓冲的 I/O 函数。

关闭标准流管道使用 pclose 函数来完成，该函数关闭标准 I/O 流，并等待命令执行结束。

标准流管道的 API 接口函数如下：

```
#include <stdio.h>
FILE *popen(const char *command, const char *type);
int pclose(FILE *stream);
```

popen 函数用创建管道的方式启动一个进程，并调用 shell。因为管道是被定义成单向的，所以 type 参数只能定义成只读或只写，两者不能同时定义，结果流也相应地是只读或只写。

command 参数是一个字符串指针，指向的是一个以 null 结束符结尾的字符串，这个字符串包含一个 shell 命令。type 参数也是一个指向以 null 结束符结尾的字符串的指针，这个字符串必须由 r 或 w 来指明是读还是写。

popen 函数的返回值是一个普通的标准 I/O 流，它只能用 pclose 函数来关闭。

pclose 函数等待相关的进程结束并返回 popen 函数的退出状态。stream 参数指定的是要关闭的文件流。

下面给出一个标准流管道的实例，使用 popen 函数来执行 shell 命令“ls -l /usr”，程序短小精练。程序的源代码如下：

```
/*stdpipe.c*/
#include <stdio.h>
#define BUFF 1024

int main()
{
    FILE *pp;
    char buf[BUFF];
    char *cmd = "ls -l /usr";
    //调用 popen 函数执行 cmd 命令
    if((pp=popen(cmd,"r"))==NULL){
```

```
            printf("popen error!\n");
            exit(1);
        }
        //输出命令执行结果
        while(fgets(buf,sizeof(buf),pp)){
            printf("%s",buf);
        }
        //关闭
        pclose(pp);
        return 0;
    }
```

程序执行的过程和结果如下：

```
[root@localhost root]# gcc stdpipe.c -o stdpipe
[root@localhost root]# ./stdpipe
total 140
drwxr-xr-x     2 root     root        36864 Sep 16   2006 bin
drwxr-xr-x     2 root     root         4096 Jan 25   2003 dict
drwxr-xr-x     2 root     root         4096 Jan 25   2003 etc
drwxr-xr-x     2 root     root         4096 Jan 25   2003 games
drwxr-xr-x    48 root     root         4096 Jan  2   2000 include
drwxr-xr-x     4 root     root         4096 Sep  2   2006 java
drwxr-xr-x     8 root     root         4096 Jan  2   2000 kerberos
drwxr-xr-x    73 root     root        32768 Sep 10   2006 lib
drwxr-xr-x     6 root     root         4096 Jan  2   2000 libexec
drwxr-xr-x    14 root     root         4096 Jul  9 16:11 local
drwxr-xr-x    15 root     root         4096 Jan  2   2000 locale
drwxr-xr-x     6 root     root         4096 Sep 16   2006 man
drwxr-xr-x     4 root     root         4096 Jul  8   2007 new folder
drwxr-xr-x     2 root     root         8192 Sep 16   2006 sbin
drwxr-xr-x   171 root     root         4096 Jan  2   2000 share
drwxr-xr-x     4 root     root         4096 Jan  2   2000 src
lrwxrwxrwx     1 root     root           10 Jan  2   2000 tmp -> ../var/tmp
drwxr-xr-x     4 root     root         4096 Jul  8   2007 upnp
drwxrwxr-x     6 oracle   dba          4096 Aug 16   2001 upnpsdk-1.0.4
drwxr-xr-x     7 root     root         4096 Jan  2   2000 X11R6
```

5.2.5　FIFO

前面讲述的管道是无名管道，Linux 还支持另外一种管道形式，称为命名管道（named pipes），因为这种管道的操作方式基于“先进先出”原理，也称为 FIFO。命名管道中，先写入管道的数据也是先被读出的数据。无名管道是临时对象，而 FIFO 是通过 mkfifo 命令创建文件系统的真正实体，如果进程有足够的权限就可以使用 mknod。FIFO 和无名管道的数据结构以及操作极其类似，二者的主要区别在于，FIFO 在使用之前就已经存在，用户可打开或关闭 FIFO；而无名管道只在操作时存在，因而是临时对象。

FIFO 的打开方式与普通管道有所不同，普通管道（包括两个文件数据结构：对应的 VFS

索引结点和共享数据页）在进程每次运行时都会创建一次，而 FIFO 是一直存在的，需要用户打开和关闭。Linux 必须处理读进程先于写进程打开管道、读进程在写进程写入数据之前读入这两种情况。除此之外，FIFO 的使用方式与普通管道完全相同，都使用相同的数据结构和操作。

在程序中调用 mkfifo 函数创建 FIFO，mkfifo 函数调用的原型为：

```
#include  <sys/types.h>
#include  <sys/state.h>
int mkfifo(const char *filename,mode_t mode);
```

其中，filename 参数是要创建的管道名称；mode 参数表示该管道的权限；O_RDONLY 表示只读；O_WRONLY 表示只写；O_RDWR 表示读写；O_NONBLOCK 表示非阻塞；O_CREAT 表示如果该管道不存在就创建一个新的管道。若创建成功则返回 0，否则返回-1。FIFO 的出错信息如表 5-1 所示。

表 5-1　FIFO 出错信息

代码	含义
EACCESS	参数 filename 所指定的目录路径无可执行的权限
EEXIST	参数 filename 所指定的文件已存在
ENAMETOOLONG	参数 filename 的路径名称太长
ENOENT	参数 filename 包含的目录不存在
ENOSPC	文件系统的剩余空间不足
ENOTDIR	参数 filename 路径中的目录存在但却不是真正的目录
EROFS	参数 filename 指定的文件存在于只读文件系统内

一旦 FIFO 被创建，它可以由任何具有适当权限的进程利用标准的 open()系统调用加以访问。当用 open()调用打开时，一个 FIFO 和一个无名管道具有同样的基本功能。即当管道是空的时候，read()调用被阻塞；当管道是满的时候，write()等待被阻塞。由于 FIFO 可以被很多无关系的进程同时访问，在有多个读进程和多个写进程的应用中使用 FIFO 是非常有用的。

从 FIFO 中读取数据的规则如下：

（1）如果有写进程打开 FIFO，且当前 FIFO 内没有数据，则对于设置了阻塞标识的读操作来说，将一直阻塞；对于没有设置阻塞标识的读操作来说则返回-1，当前 errno 值为 EAGAIN，提醒以后再试。

（2）对于设置了阻塞标识的读操作来说，造成阻塞的原因有两种：一种是当前 FIFO 内有数据，但有其他进程在读这些数据；另一种是 FIFO 内没有数据。

（3）如果 FIFO 中有数据，则设置了阻塞标识的读操作不会因为 FIFO 中的字节数小于请求读的字节数而阻塞，此时读操作会返回 FIFO 中现有的数据量。

向 FIFO 中写入数据的规则分为如下两种情况。

（1）对于设置了阻塞标识的写操作：

1）当要写入的数据量不大于 PIPE_BUF 时，Linux 将保证写入的原子性。如果此时管道空闲缓冲区不足以容纳要写入的字节数，则进入睡眠状态，直到缓冲区中能够容纳要写入的字节数时才开始进行一次性的写操作。

2）当要写入的数据量大于 PIPE_BUF 时，Linux 将不再保证写入的原子性。FIFO 缓冲区一有空闲区域，写进程就会试图向管道内写入数据，写操作在写完所有请求写的数据后返回。

（2）对于没有设置阻塞标志的写操作：

1）当要写入的数据量大于 PIPE_BUF 时，Linux 将不再保证写入的原子性。在写满所有 FIFO 空闲缓冲区后，写操作返回。

2）当要写入的数据量不大于 PIPE_BUF 时，Linux 将保证写入的原子性。如果当前 FIFO 空闲缓冲区能够容纳请求写入的字节数，写完后成功返回；如果当前 FIFO 空闲缓冲区不能够容纳请求写入的字节数，则返回 EAGAIN 错误，提醒以后再写。

下面给出一个 FIFO 的实例，该实例包含两个程序：一个用于读管道，一个用于写管道，首先在写管道程序 fifow.c 中创建 FIFO，打开 FIFO 并写入内容，再在读管道程序 fifor.c 中打开 FIFO 进行读操作。程序的源代码如下：

```
/*fifow.c*/
#include <stdio.h>
#include <stdlib.h>
#include <string.h>
#include <sys/types.h>
#include <sys/stat.h>
#include <errno.h>
#include <fcntl.h>
#define FIFO "/tmp/myfifo"
#define BUFF 128

int main(int argc, char** argv)
{
    int fd;
    char w_buf[BUFF];
    int wr;
    //创建 FIFO，并设置相应权限
    if((mkfifo(FIFO,O_CREAT|O_EXCL)<0)&&(errno!=EEXIST))
        printf("Can't create fifo server!\n");
    //打开 FIFO，并设置非阻塞标识
    fd=open(FIFO,O_WRONLY|O_NONBLOCK,0);
    if(fd==-1)
        if(errno==ENXIO)
            printf("Open error,no reading process!\n");
    if(argc==1)
        printf("Please send something\n");
    strcpy(w_buf,argv[1]);
    //向管道中写入字符串
    if((wr=write(fd,w_buf,128))==-1){
        if(errno==EAGAIN)
            printf("The FIFO has not been read yet.Please try later!\n");
    }
    else
```

```
            printf("write %s to the FIFO\n",w_buf);
    }

    /*fifor.c*/
    #include <stdio.h>
    #include <stdlib.h>
    #include <string.h>
    #include <sys/types.h>
    #include <sys/stat.h>
    #include <errno.h>
    #include <fcntl.h>
    #define FIFO "/tmp/myfifo"
    #define BUFF 128

    int main(int argc,char** argv)
    {
        char buf_r[BUFF];
        int fd;
        int rd;
        printf("Preparing fo reading...\n");
        memset(buf_r,0,sizeof(buf_r));
        //打开 FIFO 管道，并设置非阻塞标识
        fd=open(FIFO,O_RDONLY|O_NONBLOCK,0);
        if(fd==-1){
            perror("Open!");
            exit(1);
        }
        while(1){
            memset(buf_r,0,sizeof(buf_r));
            if((rd=read(fd,buf_r,128))==-1){
                if(errno==EAGAIN)
                    printf("no data\n");
            }
            printf("read %s from FIFO\n",buf_r);
            sleep(2);
        }
        pause();
        unlink(FIFO);
    }
```

首先打开一个终端运行读管道程序，再打开一个新的终端运行写管道程序，运行过程和结果如下：

（1）读管道程序运行。

```
[root@localhost root]# ./fifor
Preparing fo reading...
read   from FIFO
read   from FIFO
```

```
read    from FIFO
read    from FIFO
read Linux_Pipe from FIFO
read    from FIFO
read    from FIFO
read    from FIFO
read    from FIFO
read    from FIFO
```

（2）写管道程序运行。

```
[root@localhost root]# ./fifow Linux_Pipe
write Linux_Pipe to the FIFO
```

5.3　信号机制

5.3.1　信号概述

1. 信号及信号来源

信号是在软件层次上对中断机制的一种模拟，在原理上，一个进程收到一个信号与处理器收到一个中断请求可以说是一样的。信号是异步的，一个进程不必通过任何操作来等待信号的到达，事实上，进程也不知道信号到底什么时候到达。

信号是进程间通信机制中唯一的异步通信机制，可以看作是异步通知，通知接收信号的进程有哪些事情发生了。信号机制经过 POSIX 实时扩展后，功能更加强大，除了基本的通知功能外，还可以传递附加信息。

信号事件的发生有两个来源：硬件来源（如按键或者其他硬件故障）和软件来源（最常用的发送信号的系统函数是 kill、raise、alarm、setitimer 和 sigqueue，软件来源还包括一些非法运算等操作）。

2. 信号的种类

可以从两个不同的分类角度对信号进行分类：①可靠性方面，分为可靠信号与不可靠信号；②与时间的关系，分为实时信号与非实时信号。

（1）可靠信号与不可靠信号。

Linux 信号机制基本上是从 UNIX 系统中继承过来的。早期 UNIX 系统中的信号机制比较简单和原始，后来在实践中暴露出一些问题，因此把那些建立在早期机制上的信号叫做不可靠信号，信号值小于 SIGRTMIN 的信号都是不可靠信号。它的主要问题是：进程每次处理信号后，就将对信号的响应设置为默认动作。在某些情况下，这将导致对信号的错误处理。因此，用户如果不希望这样的操作，那么就要在信号处理函数结尾再一次调用 signal()，重新安装该信号。

因此，早期 UNIX 下不可靠信号的问题主要指的是进程可能对信号做出错误的反应以及信号可能丢失。Linux 支持不可靠信号，但是对不可靠信号机制做了改进：在调用完信号处理函数后，不必重新调用该信号的安装函数（信号安装函数是在可靠机制上的实现）。因此，Linux 下的不可靠信号问题主要指的是信号可能丢失。

随着时间的发展，实践证明了有必要对信号的原始机制加以改进和扩充。所以，后来出现的各种 UNIX 版本分别在这方面进行了研究，力图实现可靠信号。由于原来定义的信号已有许多应用，不好再做改动，最终只好又新增加了一些信号，并在一开始就把它们定义为可靠信号，这些信号支持排队，不会丢失。同时，信号的发送和安装也出现了新版本：信号发送函数 sigqueue()和信号安装函数 sigaction()。POSIX.4 对可靠信号机制做了标准化。但是，POSIX 只对可靠信号机制应具有的功能以及信号机制的对外接口做了标准化，对信号机制的实现没有做具体的规定。

信号系统内有一组可以由内核或其他的进程触发的预定义信号，并且这些信号都有相应的优先级。可以使用 kill 命令列出系统支持的所有信号。

格式：kill -1　[信号]

图 5-1 显示了所有的 kill 信号。

图 5-1　kill 信号

信号值位于 SIGRTMIN 和 SIGRTMAX 之间的信号都是可靠信号，可靠信号克服了信号可能丢失的问题。Linux 在支持新版本的信号安装函数 sigaction()以及信号发送函数 sigqueue()的同时，仍然支持早期的 signal()信号安装函数和信号发送函数 kill()。

信号的可靠与不可靠只与信号值有关，与信号的发送和安装函数无关。目前 Linux 中的 signal()是通过 sigaction()函数实现的，因此，即使是通过 signal()安装的信号，在信号处理函数的结尾也不必再调用一次信号安装函数。同时，由 signal()安装的实时信号支持排队，同样不会丢失。

对于目前 Linux 的两个信号安装函数 signal()和 sigaction()来说，它们都不能把 SIGRTMIN 以前的信号变成可靠信号，但对 SIGRTMIN 以后的信号都支持排队。这两个函数的最大区别在于，经过 sigaction 安装的信号都能传递信息给信号处理函数，而经过 signal()安装的信号却不能向信号处理函数传递信息。对于信号发送函数来说也是一样的。

（2）实时信号与非实时信号。

早期的 UNIX 系统只定义了 32 种信号，而 RedHat 7.2 支持 64 种信号，编号为 0～63（SIGRTMIN=31，SIGRTMAX=63），将来可能进一步增加，这需要得到内核的支持。前 32 种信号已经有了预定义值，每个信号有了确定的用途及含义，并且每种信号都有各自的默认动作。如按 Ctrl ^C 时，会产生 SIGINT 信号，对该信号的默认反应就是进程终止。后 32 个信号表示实时信号，等同于前面阐述的可靠信号。这保证了发送的多个实时信号都被接收。实时信号是 POSIX 标准的一部分，可用于应用进程。

非实时信号都不支持排队，都是不可靠信号；实时信号都支持排队，都是可靠信号。

3. 进程对信号的响应

进程对信号的响应有以下 3 种方式：

（1）忽略信号，即对信号不做任何处理，但是有两个信号不能忽略，即 SIGKILL 和 SIGSTOP。

（2）捕捉信号，定义信号处理函数，当信号发生时，执行相应的处理函数。

（3）执行默认操作，Linux 对每种信号都规定了默认操作。

Linux 究竟采用上述哪一种方式来响应信号，取决于传递给相应 API 函数的参数。进程可以选择忽略上面的大多数信号，但 SIGSTOP 和 SIGKILL 是不可忽略的。其中，SIGSTOP 信号使进程停止执行，而 SIGKILL 信号使进程终止。对于其他情况，进程可以自主决定如何处理各种信号：它可以阻塞信号；如果不阻塞，也可以选择由进程自己处理信号或者由内核来处理。由内核来处理信号时，内核对每个信号使用相应的默认处理动作，例如，当进程收到 SIGFPE 信号（浮点异常）时，内核的默认动作是进行内核转储（core dump），然后终止该进程。信号之间不存在内在的相对优先级。如果对同一个进程同时产生两个信号的话，它们会按照任意顺序提交给该进程，并且对同种信号无法区分信号的数量。

5.3.2 信号的发送

发送信号的主要函数有 kill()、raise()、alarm()、pause()、sigqueue()和 setitimer()。

1. kill()和 raise()

kill 函数和 kill 系统命令一样，可以发送信号给进程或进程组。它不仅可以终止进程，还可以向进程发送其他信号。与 kill 函数不同，raise 函数允许向其自身发送信号。

kill 函数的相关语法要点如下。

头文件：#include <sys/types.h> 和 #include <signal.h>

函数原型：int kill(pid_t pid,int signo)

参数说明：pid 大于 0 时，它是要发送信号的进程号；pid 等于 0 时，信号被发送到所有和 pid 进程在同一个进程组的进程；pid 等于-1 时，除了进程号最大的进程外，信号发送给所有进程表的进程。signo 是信号值，当值为 0 时，实际不发送任何信号，但照常进行错误检查，因此可用于检查目标进程是否存在，以及当前进程是否具有向目标发送信号的权限。

函数返回值：返回值为 0 时，调用成功；返回值为-1 时，调用出错。

raise 函数相关语法要点如下。

头文件：#include <sys/types.h> 和 #include <signal.h>

函数原型：int raise(int signo)

参数说明：signo 是信号值。

函数返回值：返回值为 0 时，调用成功；返回值为-1 时，调用出错。

2. alarm()和 pause()

alarm 函数可以在进程中设置一个定时器，当定时器指定的时间到达时，它就向进程发送 SIGALARM 信号。一个进程只有一个闹钟时间，如果在调用 alarm 之前已经设置过闹钟时间，则新设置的闹钟时间会替代以前设置的闹钟时间。

pause 函数用于将调用进程挂起直至捕捉到信号为止，通常可用于判断信号是否已到。

alarm 函数的相关语法要点如下。

头文件：#include <unistd.h>

函数原型：unsigned int alarm(unsigned int seconds)

参数说明：专门为 SIGALARM 信号而设，在指定的时间 seconds（秒）后，将向进程本身发送 SIGALARM 信号，又称为闹钟时间。如果参数 seconds 为 0，那么进程内将不再包含任何闹钟时间。

函数返回值：如果调用 alarm()前，进程中已经设置了闹钟时间，则返回上一个闹钟时间的剩余时间，否则返回 0。

pause 函数的相关语法要点如下。

头文件：#include <unistd.h>

函数原型：int pause (void)

函数返回值：返回值为-1，并把 error 值设为 EINTR。

3. sigqueue()

sigqueue 函数是比较新的发送信号的系统调用，主要是针对实时信号提出的（当然也支持前 32 种），支持信号带有参数，与函数 sigaction()配合使用。

sigqueue()比 kill()传递了更多的附加信息，但 sigqueue()只能向一个进程发送信号，而不能发送信号给一个进程组。如果 signo 等于 0，将会执行错误检查，但实际上不发送任何信号，0 值信号可用于检查 pid 的有效性以及当前进程是否有权限向目标进程发送信号。

在调用 sigqueue 函数时，sigval_t 指定的信息会拷贝到一个信号处理函数的 siginfo_t 结构中，这样信号处理函数就可以处理这些信息了。由于 sigqueue 系统调用支持发送带参数的信号，所以比 kill()系统调用的功能要灵活和强大得多。

sigqueue 函数的相关语法要点如下。

头文件：#include <sys/types.h> 和 #include <signal.h>

函数原型：int sigqueue(pid_t pid, int signo, const union sigval val)

参数说明：pid 是指定接收信号的进程 ID；signo 参数确定即将发送的信号；val 参数是一个联合数据结构 union sigval，指定了信号传递的参数，即通常所说的 4 字节值。

函数返回值：返回值为 0 时，调用成功；返回值为-1 时，调用出错。

4. setitimer()

setitimer()比 alarm()功能强大，支持以下 3 种类型的定时器。

（1）ITIMER_REAL：设定绝对时间。经过指定的时间后，内核将发送 SIGALARM 信号给本进程。

（2）ITIMER_VIRTUAL：设定程序执行时间。经过指定的时间后，内核将发送 SIGVTALARM 信号给本进程。

（3）ITIMER_PROF：设定进程执行以及内核因本进程而消耗的时间和。经过指定的时间后，内核将发送 ITIMER_VIRTUAL 信号给本进程。

setitimer 函数的相关语法要点如下。

头文件：#include <sys/time.h>

函数原型：int setitimer(int which, const struct itimerval *value, struct itimerval *ovalue))

参数说明：which 参数指定定时器类型；value 参数是结构 itimerval 的一个实例，结构 itimerval 的形式如下：

```
struct itimerval {
struct timeval it_interval;     /* next value */
   struct timeval it_value;     /* current value */
};
struct timeval {
long tv_sec;                    /* seconds */
   long tv_usec;                /* microseconds */
};
```

函数返回值：返回值为 0 时，调用成功；返回值为-1 时，调用出错。

5.3.3　信号的处理

如果进程要处理某一信号，那么就要在进程中关联该信号。关联信号主要用来确定信号值及进程针对该信号值的动作之间的映射关系，即进程将要处理哪个信号、该信号被传递给进程时将执行何种操作。因此，首先要建立进程与信号之间的关联关系，也就是信号的处理。

信号产生后，并不立即提交给进程，它必须要等到进程再次被调度运行。每当进程从系统调用中返回时，系统都会检查进程的 signal 域和 blocked 域，以确定是否出现某些未阻塞的信号。这看起来非常不可靠，但实际上系统的每个进程都在不断地做系统调用，如向终端写字符。进程可以选择挂起在可中断的状态上，等待某一个它希望的信号出现，Linux 的信号处理程序为当前每个未阻塞的信号查找 sigaction 结构。

如果一个信号被设置为按默认动作处理，那么内核会处理它。SIGSTOP 信号的默认处理运作是把当前进程的状态改为停止状态，然后运行进程调度器选择一个新进程运行。SIGFPE 信号的默认处理动作是对该进程进行内核转储，然后终止该进程。相反，进程也可以指定自己的信号处理例程。在 sigaction 结构中存储有这个信号处理例程的地址，当信号产生时，这个例程就会被调用。内核必须调用信号处理例程，但如何调用是与处理器相关的。在调用信号处理例程时，所有的 CPU 必须要考虑到以下问题：当前进程正在核态中运行，准备返回到用户态，而对信号处理例程的调用是由内核或系统例程来完成的。这个问题可以通过对栈和进程寄存器进行操作来解决，系统把进程的程序计数器置为进程信号处理例程的地址，并把例程的参数加到函数调用帧中或通过寄存器来传递参数。当进程重新开始运行时，信号处理例程就像被正常调用了一样。

Linux 兼容 POSIX 标准，进程在某个信号处理例程被调用时，能指出哪些信号可以被阻塞。这意味着在调用进程信号处理例程时需要改变阻塞掩码，当信号处理例程结束时，阻塞掩码必须要恢复到初始值。因此，Linux 增加了一次对清理例程的调用。清理例程按照信号处理例程的调用栈来恢复初始的阻塞掩码。在几个信号处理例程都需要被调用时，Linux 也提供了优化方案。Linux 把这些例程压入栈中，这样每当一个处理例程退出时，下一个处理例程立即被调用，当所有处理例程都完成后清理例程才被调用。

Linux 主要有两个函数实现信号的处理：signal()和 sigaction()。其中 signal()在可靠信号系统调用的基础上实现，是库函数。它只有两个参数，不支持信号传递信息，主要用于前 32 种非实时信号的安装；而 sigaction()是较新的函数（由两个系统调用实现：sys_signal 和 sys_rt_sigaction），有 3 个参数，支持信号传递信息，主要用来与 sigqueue() 系统调用配合使用，当然，sigaction()同样支持非实时信号的安装。sigaction()优于 signal()主要体现在支持信号带有参数。

1. signal 函数

signal 函数的相关语法要点如下。

头文件：#include <signal.h>

函数原型：void (*signal(int signum, void (*handler)(int)))(int)

如果该函数原型不容易理解，可以用下面的方式来进行理解：

```
typedef void (*sighandler_t)(int);
sighandler_t signal(int signum, sighandler_t handler);
```

首先该函数原型指向一个无返回值的带一个整型参数的函数指针，也就是信号的原始配置函数。该原型又带有两个参数，第一个参数指定信号的值，第二个参数指定针对前面信号值的处理，可以忽略该信号（参数设为 SIG_IGN），可以采用系统默认方式处理信号（参数设为 SIG_DFL），也可以指定一个函数指针作为参数值。

如果 signal()调用成功，返回最后一次为处理信号 signum 而调用 signal()时的 handler 值，否则返回 SIG_ERR。

下面给出一个实例，该实例表明如何使用 signal 函数捕捉相应信号并做出处理，其中 pro_func 就是信号处理的函数指针。

```
#include <stdio.h>
#include <stdlib.h>
#include <signal.h>
/*自定义信号处理函数*/
void pro_func(int sign)
{
   if(sign==SIGINT)
      printf("I have got SIGINT!\n");
   else if(sign==SIGQUIT)
      printf("I have got SIGQUIT!\n");
}

int main()
{
   printf("Waiting for signal SIGINT or SIGQUIT:\n");
   signal(SIGINT,pro_func);      //发送相应信号，并跳转到信号处理函数
```

```
    signal(SIGQUIT,pro_func);
    pause();
    exit(0);
}
```

2. 信号集函数组

信号集被定义为一种数据类型：

```
typedef struct {
    unsigned long sig[_NSIG_WORDS];
} sigset_t
```

信号集用来描述信号的集合，Linux 所支持的所有信号可以全部或部分地出现在信号集中，主要与信号阻塞相关函数配合使用。下面是为信号集操作定义的相关函数。

（1）sigemptyset(sigset_t *set)：初始化由 set 指定的信号集，信号集里面的所有信号被清空。

（2）sigfillset(sigset_t *set)：调用该函数后，set 指向的信号集中将包含 Linux 支持的 64 种信号。

（3）sigaddset(sigset_t *set, int signum)：在 set 指向的信号集中加入 signum 信号。

（4）sigdelset(sigset_t *set, int signum)：在 set 指向的信号集中删除 signum 信号。

（5）sigismember(const sigset_t *set, int signum)：判定信号 signum 是否在 set 指向的信号集中。

下面给出一个实例，在该实例中，首先初始化信号集为空，再先后将 SIGQUIT 和 SIGINT 信号添加到信号集中，然后将该信号集设置为阻塞状态，使程序暂停 3 秒，再将信号集设为非阻塞状态，最后对这两个信号分别进行操作，SIGINT 执行用户定义的操作，SIGQUIT 执行默认操作，源代码如下：

```
#include <stdio.h>
#include <stdlib.h>
#include <signal.h>
#include <unistd.h>
/*自定义 SIGINT 的处理函数*/
void my_func(int sigo_num)
{
    printf("If you want to quit, please try 'Ctrl+\\' .\n");
}

int main()
{
    sigset_t set;
    struct sigaction action1, action2;
    /*初始化信号集为空*/
    if (sigemptyset(&set) < 0) {
        perror("sigemptyset");
        exit(1);
    }
    /*将相应的信号加入信号集*/
    if (sigaddset(&set, SIGQUIT) < 0) {
```

```
            perror("sigaddset SIGQUIT");
            exit(1);
        }
        if (sigaddset(&set, SIGINT) < 0) {
            perror("sigaddset SIGINT");
            exit(1);
        }
        /*设置信号屏蔽字*/
        if (sigprocmask(SIG_BLOCK, &set, NULL) < 0) {
            perror("sigprocmask SIG_BLOCK");
            exit(1);
        }
        else {
            printf("blocked,and sleep for 3s ...\n");
            sleep(3);
        }
        if (sigprocmask(SIG_UNBLOCK, &set, NULL) < 0) {
            perror("sigprocmask SIG_UNBLOCK");
            exit(1);
        }
        else {
            printf("unblock\n");
            /*此处可以添加函数功能模块 process()*/
            sleep(1);
            printf("If you want to know how to quit, please try 'Ctrl+C'\n");
        }
        /*对相应的信号进行循环处理*/
        while (1) {
            if (sigismember(&set, SIGINT)) {
                sigemptyset(&action1.sa_mask);
                action1.sa_handler = my_func;
                sigaction(SIGINT, &action1, NULL);
            }
            else if (sigismember(&set, SIGQUIT)) {
                sigemptyset(&action2.sa_mask);
                /*SIG_DFL 采用默认的方式处理*/
                action2.sa_handler = SIG_DFL;
                sigaction(SIGTERM, &action2, NULL);
            }
        }
        return 0;
    }
```

执行结果如下：

```
[root@localhost root]# gcc signalproc.c -o signalproc
[root@localhost root]# ./signalproc
```

```
blocked, and sleep for 3s ...
unblock
If you want to know how to quit, please try 'Ctrl+C'
If you want to quit, please try 'Ctrl+\'.
```

5.4　共享内存

5.4.1　共享内存概述

System V 进程间通信（IPC）包括 3 种机制：消息队列、信号量、共享内存。这 3 种通信机制使用相同的授权方法，进程只有通过系统调用将标识符传递给核心之后，才能获取这些资源。消息队列和信号量均是内核空间的系统对象，经由它们的数据需要在内核和用户空间进行额外的数据拷贝；而共享内存和访问它的所有应用程序均同处于用户空间，应用进程可以通过地址映射的方式直接读写内存，从而获得非常高的通信效率。

System V 共享内存把共享数据放在共享内存区域，任何想要访问该数据的进程通过共享该内存区域来获得访问权。System V 共享内存通过 shmget 获得或创建一个 IPC 共享内存区域，并返回相应的标识符。内核在保证 shmget 获得或创建一个共享内存区，初始化该共享内存区相应的 shmid_kernel 结构的同时，还将在特殊文件系统 shm 中创建并打开一个同名文件，并在内存中建立起该文件的相应 dentry 和 inode 结构，新打开的文件不属于任何一个进程（任何进程都可以访问该共享内存区）。所有这一切都是系统调用 shmget 完成的。

每一个共享内存区都有一个控制结构 struct shmid_kernel，shmid_kernel 是共享内存区域中非常重要的一个数据结构，它是存储管理和文件系统结合起来的桥梁，定义如下：

```
struct shmid_kernel
{
    struct kern_ipc_perm shm_perm;
    struct file * shm_file;
    int id;
    unsigned long shm_nattch;
    unsigned long shm_segsz;
    time_t shm_atim;
    time_t shm_dtim;
    time_t shm_ctim;
    pid_t shm_cprid;
    pid_t shm_lprid;
};
```

该结构中最重要的一个域应该是 shm_file，它存储了将被映射的文件的地址。每个共享内存区的对象都对应特殊文件系统 shm 中的一个文件。一般情况下，特殊文件系统 shm 中的文件是不能用 read()、write()等方法访问的，当采取共享内存的方式把其中的文件映射到进程地址空间后，可直接采用访问内存的方式对其进行访问。

每个想访问共享内存区的进程必须先通过系统调用将该共享内存区连接到它的虚地址空间中，这个操作会创建一个描述该进程共享内存区的 vm_area_struct 数据结构。进程既可以指定共享内存区放在它的虚地址空间的位置，也可以由 Linux 自动选择一个足够大的自由空间。新的 vm_area_struct 数据结构被放入由 shmid_ds 指向的 vm_area_struct 结构的双向链表中。这个双向链表由 vm_area_struct 结构中的 vm_next_shared 指针和 vm_prev_shared 指针链接在一起。

在执行连接操作时，系统实际上还没有创建该共享内存区，只有在第一个进程要访问共享内存区时，系统才会执行实际的创建工作。

当某一进程第一次访问共享内存区的某一页时，系统会产生一个页失效。Linux 在处理页失效时，它会找到描述该页的 vm_area_struct 数据结构。在 vm_area_struct 结构中包含处理这种共享内存区页失效的例程的句柄。共享内存区页失效处理例程会为 shmid_ds 结构查找页表项的列表，以确定共享内存区中的这个页是否存在。如果不存在，Linux 分配一个物理页，并为该页创建页表项，这个新的页表项会被同时保存到当前进程的页表和 shmid_ds 结构中。这种处理方法使得在下一个进程访问这个页，产生页失效时，共享内存区页失效处理例程会再次使用被分配的物理页。因此，第一个访问共享内存区某个页的进程会导致系统创建该共享页，而其他访问该共享页的进程仅仅会把该页增加到它们的虚地址空间中。

在创建了一个共享内存区域后，还要将它映射到进程地址空间，这通过系统调用 shmat()完成此功能。由于在调用 shmget()时，已经创建了文件系统 shm 中的一个同名文件与共享内存区域相对应，因此，调用 shmat()的过程相当于映射文件系统 shm 中的同名文件的过程。

当进程不再使用共享内存区时，进程会执行分离操作。只要还有其他的进程仍在使用这块内存区，分离操作就只会影响当前进程。进程的 vm_area_struct 结构会被从 shmid_ds 结构中删除、释放掉，系统更新当前进程的页表以使原来被共享的虚地址区域无效。在最后一个使用共享内存区的进程执行分离操作时，处在物理存储器中的共享页面才会被释放掉，同时该共享内存区对应的 shmid_ds 数据结构也会被释放。

当共享内存区没有被锁定在物理内存区上时，会产生更复杂的情况。这时如果内存利用率比较高，共享内存区的页面会被交换到系统的磁盘交换区中。

5.4.2 共享内存实现

1. 接口函数

System V 为共享内存主要定义了 ftok()、shmget()、shmat()、shmdt()和 shmctl()几个 API 接口函数：

```
# include <sys/types.h>
# include <sys/ipc.h>
# include <sys/shm.h>
key_t ftok(const char *pathname, int proj_id);
int shmget(key_t key, int size, int shmflg);
void* shmat(int shmid, const void *shmaddr, int shmflg);
int shmdt(void *shmaddr);
int shmctl(int shmid, int cmd, struct shmid_ds *buf);
```

ftok 函数用于生成一个键值：key_t key。该键值将作为共享内存对象的唯一标识符，并提供给 shmget 函数作为其输入参数。ftok 函数的第一个参数指定一个文件或目录的路径名，该路径名必须已经存在；第二个参数 proj_id 不可为 0。

shmget 函数用于创建（或者获取）一个由 key 键值指定的共享内存对象，返回该对象的系统标识符：shmid。第一个参数 key 标识共享内存的键值：0 或 IPC_PRIVATE。当 key 的取值为 IPC_PRIVATE 时，函数 shmget()将创建一块新的共享内存；如果 key 的取值为 0，而参数 shmflg 中设置了 IPC_PRIVATE 这个标识，则同样将创建一块新的共享内存。第二个参数 size 指定创建的共享内存的大小，单位为字节。第三个参数 shmflg 主要和一些标识有关。其中有效的包括 IPC_CREAT 和 IPC_EXCL，当 shmflg 取值为 IPC_CREAT 时，如果共享内存不存在，则创建一个共享内存，否则执行打开操作；当 shmflg 取值为 IPC_EXCL 时，只有在共享内存不存在时才创建新的共享内存，否则就会产生错误。

shmat 函数用于建立调用进程与由标识符 shmid 指定的共享内存对象之间的连接，返回被映射的段地址。第一个参数 shmid 是要映射的共享内存对象的标识符。第二个参数 shmaddr 是将共享内存映射到的指定地址，如果为 0 则表示把该段共享内存映射到调用进程的地址空间。第三个参数 shmflg 可取值 SHM_RDONLY 或 0，当 shmflg 的取值为 SHM_RDONLY 时，共享内存只读；当默认取值为 0 时，共享内存可读写。

shmdt 函数用于断开调用进程与共享内存对象之间的连接。参数 shmaddr 表示被映射的共享内存段地址。

shmctl 函数用于对已创建的共享内存对象进行查询、设值、删除等操作。

2. 实例

下面给出一个共享内存的实例。该实例首先使用 shmget 函数创建一个新的共享内存，接着使用 shmat 函数将该共享内存映射到本进程，最后使用 shmdt 函数解除映射关系。程序的源代码如下：

```
/*myshare.c*/
#include <stdio.h>
#include <stdlib.h>
#include <sys/types.h>
#include <sys/ipc.h>
#include <sys/shm.h>

#define BUFF 2048

int main()
{
  int shmid;
  char *share;
  //使用 shmget 函数创建新的共享内存
  if((shmid=shmget(IPC_PRIVATE,BUFF,0666))<0){
      perror("shmget error!");
      exit(1);
  }
  else
      printf("%d shared memory has created!\n",shmid);
      //调用系统命令，显示系统内存情况
      system("ipcs -m");
```

```
  //使用 shmat 函数映射共享内存
if((share=shmat(shmid,0,0))<(char*)0){
      perror("shmat error!");
      exit(1);
  }
  else
      printf("attached shared memory!\n");
      system("ipcs -m");

  //使用 shmdt 函数解除映射关系
  if(shmdt(share)<0){
      perror("shmdt error!");
      exit(1);
  }
  else
      printf("deleted shared memory!\n");
      system("ipcs -m");
      exit(0);
}
```

运行程序后，可显示各个阶段的内存情况，运行结果如下：

```
[root@localhost root]# gcc myshare.c -o myshare
[root@localhost root]# ./myshare
294918 shared memory has created!

------ Shared Memory Segments --------
key          shmid      owner     perms     bytes      nattch     status
0x00000000 0            oracle    640       4194304    8
0x00000000 32769        oracle    640       33554432   8
0x00000000 65538        oracle    640       25165824   8
0x00000000 98307        oracle    640       20971520   8
0x00000000 131076       oracle    640       29360128   8
0xe99e51a8 163845       oracle    640       29360128   40
0x00000000 294918       root      666       2048       0

attached shared memory!

------ Shared Memory Segments --------
key          shmid      owner     perms     bytes      nattch     status
0x00000000 0            oracle    640       4194304    8
0x00000000 32769        oracle    640       33554432   8
0x00000000 65538        oracle    640       25165824   8
0x00000000 98307        oracle    640       20971520   8
0x00000000 131076       oracle    640       29360128   8
0xe99e51a8 163845       oracle    640       29360128   40
0x00000000 294918       root      666       2048       1
```

```
deleted shared memory!

------ Shared Memory Segments --------
key          shmid       owner      perms      bytes       nattch     status
0x00000000 0            oracle     640        4194304     8
0x00000000 32769        oracle     640        33554432    8
0x00000000 65538        oracle     640        25165824    8
0x00000000 98307        oracle     640        20971520    8
0x00000000 131076       oracle     640        29360128    8
0xe99e51a8 163845       oracle     640        29360128    40
0x00000000 294918       root       666        2048        0
```

5.5 消息队列

5.5.1 消息队列概述

消息队列就是一个消息的链表。可以把消息看作一个记录，具有特定的格式和特定的优先级。用户可以从消息队列中添加消息、读取消息。对消息队列有写权限的进程可以向其中按照一定的规则添加新消息；对消息队列有读权限的进程则可以从消息队列中读取消息。

每个消息队列都有一个队列头，用结构 struct msg_queue 来描述。队列头中包含了该消息队列的大量信息，包括消息队列键值、用户 ID、组 ID、消息队列中的消息数目等，甚至记录了最近对消息队列进行读写的进程 ID。用户可以访问这些信息，也可以设置其中的某些信息。

图 5-2 说明了内核与消息队列是怎样建立联系的。其中，struct ipc_ids msg_ids 是内核中记录消息队列的全局数据结构，struct msg_queue 是每个消息队列的队列头。

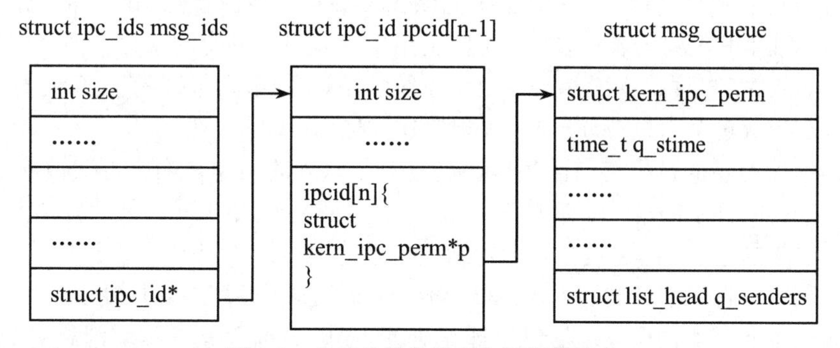

图 5-2 内核与消息队列之间的联系

从图 5-2 可以看出，全局数据结构 struct ipc_ids msg_ids 可以访问到每个消息队列头的第一个成员 struct kern_ipc_perm；而每个 struct kern_ipc_perm 能够与具体的消息队列对应是因为在该结构中有一个 key_t 类型成员 key，而 key 能唯一确定一个消息队列。其中 kern_ipc_perm 的结构如下：

```
struct kern_ipc_perm{ //内核中记录消息队列的全局数据结构 msg_ids 能访问到该结构
```

```
key_t key;      //该键值则唯一对应一个消息队列
    uid_t uid;
    gid_t gid;
    uid_t cuid;
    gid_t cgid;
    mode_t mode;
    unsigned long seq;
}
```

目前主要有两种类型的消息队列：POSIX 消息队列和 System V 消息队列。System V 消息队列目前被大量使用。

System V 消息队列是随内核持续的，只有在内核重启或者显示删除一个消息队列时，该消息队列才会真正被删除。因此系统中记录消息队列的数据结构 struct ipc_ids msg_ids 位于内核中，系统中的所有消息队列都可以在结构 msg_ids 中找到访问入口。

5.5.2 消息队列实现

1. 接口函数

消息队列允许一个或多个进程向队列中写入消息，然后由一个或多个读进程读出。Linux 系统维护一个消息队列的表。该表是 msgque 结构的数组，数组中每个元素指向一个能完全描述消息队列的 msqid_ds 数据结构。一旦一个新的消息队列被创建，则在系统内存中会为一个新的 msqid_ds 数据结构分配空间，并把它插入到数组中。

每个 msqid_ds 结构都包含 ipc_perm 数据结构以及指向进入该队列的消息的指针。除此之外，Linux 还记录像队列最后被更改的时间等队列时间的更改信息。msqid_ds 结构还包括两个等待队列；一个用于存放写进程的消息，另一个用于消息队列。

每次进程要向写队列写入消息时，系统都要把它的有效用户标识和组标识与该队列的 ipc _ perm 数据结构中的访问模式进行比较。如果进程可以写队列，那么消息会从进程的地址空间复制到一个 msg 数据结构中，然后系统把该 msg 数据结构放在消息队列的尾部。由于 Linux 限制写消息的数量和消息的长度，所以可能会出现没有足够的空间来存放消息的情况。这时当前进程会被放入对应消息的写等待队列中，系统调用进程调度器选择合适的进程运行。在该消息队列中有一个或多个消息被读出时，睡眠的进程会被唤醒。

从队列中读消息的过程与前面相似，进程对写队列的访问权限会再次被核对。一个读进程可以选择获得队列中的第一个消息而不考虑消息的类型，还是读取某种特别类型的消息。如果没有符合要求的消息，读进程会被加入到该消息的读等待队列中，系统唤醒进程调度器调度新进程运行。一旦有新消息被写入消息队列，睡眠的进程被唤醒，并再次运行。

消息队列主要有 4 种操作：创建或打开消息队列、添加消息、读取消息和控制消息队列。System V 为消息队列的实现主要定义了 msgget()、msgsnd()、msgrcv()和 msgctl()等几个 API 接口函数：

```
# include <sys/types.h>
# include <sys/ipc.h>
# include <sys/msg.h>
int msgget(key_t key, int msgflg);
int msgsnd(int msqid, struct msgbuf *msgp, int msgsz, int msgflg);
```

```
int msgrcv(int msqid, struct msgbuf *msgp, int msgsz, long msgtyp, int msgflg);
int msgctl(int msqid, int cmd, struct msqid_ds *buf);
```

msgget 函数用于创建或打开消息队列。该调用返回与键值 key 相对应的消息队列描述符。第一个参数 key 标识队列的键值，当 key 的取值为 IPC_PRIVATE 时，则函数 msgget ()将创建一个新的消息队列。第二个参数 msgflg 主要和一些标识有关，可以是 IPC_CREAT、IPC_EXCL、IPC_NOWAIT 或三者的或结果，当 msgflg 取值为 IPC_CREAT 时，如果消息队列不存在，则创建一个新的消息队列，否则执行打开操作。

msgsnd 函数用于发送消息，即向 msqid 代表的消息队列发送一个消息，将发送的消息存储在 msgp 指向的 msgbuf 结构中，消息的大小由 msgsz 指定。参数 msgflg 的有效标识为 IPC_NOWAIT，指明在消息队列没有足够空间容纳要发送的消息时 msgsnd 是否等待。

造成 msgsnd()等待的条件有两个：

（1）当前消息的大小与当前消息队列中的字节数之和超过了消息队列的总容量。

（2）当前消息队列的消息个数不小于消息队列的总容量（字节数）。

msgsnd()解除阻塞的条件有 3 个：

（1）消息队列中有容纳该消息的空间。

（2）msqid 代表的消息队列被删除。

（3）调用 msgsnd()的进程被信号中断。

msgrcv 函数用于读取消息，即该系统调用从 msgid 代表的消息队列中读取一个消息，并把消息存储在 msgp 指向的 msgbuf 结构中。该调用成功则返回读出消息的实际字节数，否则返回-1。第一个参数 msqid 为消息队列描述符，消息返回后存储在第二个参数 msgp 指向的地址中，第三个参数 msgsz 指定消息内容的长度，第四个参数 msgtyp 为请求读取的消息类型，第五个参数 msgflg 读取消息标识，可以为以下几个常量值的或：

- IPC_NOWAIT：如果没有满足条件的消息，调用立即返回，此时 errno=ENOMSG。
- IPC_EXCEPT：与 msgtyp>0 配合使用，返回队列中第一个类型不为 msgtyp 的消息。
- IPC_NOERROR：如果队列中满足条件的消息内容大于所请求的 msgsz 字节数，则把该消息截断，截断部分将丢失。

msgctl 函数用于对由 msqid 标识的消息队列执行 cmd 操作：IPC_STAT、IPC_SET 和 IPC_RMID。

IPC_STAT：获取消息队列信息，返回的信息存储在 buf 指向的 msqid 结构中。

IPC_SET：设置消息队列的属性，要设置的属性存储在 buf 指向的 msqid 结构中。可以设置的属性包括 msg_perm.uid、msg_perm.gid、msg_perm.mode 和 msg_qbytes，同时也影响 msg_ctime 成员。

IPC_RMID：删除 msqid 标识的消息队列。

2. 实例

下面给出一个消息队列的实例。该实例首先使用 msgget 函数创建一个新的消息队列，接着使用 msgsnd 函数添加一个消息到消息队列中，然后使用 msgrcv 函数从消息队列中读取消息，最后使用 msgctl 函数删除该消息队列。程序的源代码如下：

```
/*mymsg.c*/
#include <stdio.h>
```

```
#include <stdlib.h>
#include <sys/types.h>
#include <sys/ipc.h>
#include <sys/msg.h>
#include <unistd.h>
#include <string.h>
#define BUFF 512
typedef struct message{
        long type;
        char text[BUFF];
}msg;

int main()
{
    int qid,length;
    key_t key;
    msg mymsg;
    if((key=ftok(".",'a'))==-1){
        perror("ftok error!");
        exit(1);
    }
    //创建消息队列
    if((qid=msgget(key,IPC_CREAT|0666))==-1){
        perror("msgget error!");
        exit(1);
    }
    printf("Open the queue:%d\n",qid);
    puts("Please input the message to queue:");
    if((fgets((&mymsg)->text,BUFF,stdin))==NULL){
        puts("no message!");
        exit(1);
    }
    mymsg.type = getpid();
    length = strlen(mymsg.text);
    //添加消息到消息队列中
    if((msgsnd(qid,&mymsg,length,0))<0){
        perror("message sended!");
        exit(1);
    }
    //读取消息队列
    if(msgrcv(qid,&mymsg,BUFF,0,0)<0){
        perror("msgrcv error!");
        exit(1);
    }
    printf("message is:%s",(&mymsg)->text);
    //删除消息队列
    if(msgctl(qid,IPC_RMID,NULL)<0){
```

```
            perror("msgctl error!");
            exit(1);
        }
        printf("message is deleted!\n");
        exit(0);
    }
```

程序执行的过程和结果如下：

```
[root@localhost root]# gcc mymsg.c -o mymsg
[root@localhost root]# ./mymsg
Open the queue:196608
Please input the message to queue:
Message in the queue.
message is:Message in the queue.
message is deleted!
```

5.6　信号量

信号量用于保护系统中关键的代码或者数据结构。应当注意的是，每一次对关键数据，例如 VFS 索引结点的存取，都是由系统内核代表某一个进程来完成的。允许一个进程修改其他进程可能正在使用的数据是十分危险的。Linux 系统中使用信号量技术使得某一时刻只有一个进程可以存取关键区域的代码和数据，其他希望存取此资源的进程只有等待直到此资源空闲为止。等待的进程将会被挂起，但系统中的其他进程可以正常地运行。

Linux 系统中信号量的数据结构包括以下信息：

（1）count。记录希望使用此资源的进程个数。正值意味着此资源可用，负值或零值意味着进程正在等待此资源。其初始值为 1，说明此时有一个且仅有一个进程可以使用此资源。当进程使用此资源时，它们将会减少此字段的值。当它们释放此资源时，将会增加此字段的值。

（2）waking。等待此资源的进程个数，同时也表示当此资源空闲时，可以唤醒以便被执行的进程个数。

（3）wait queue。当进程等待此资源时，它们将会被放入此等待队列中。

（4）lock。用于存取 waking 字段时所用的锁。

最简单的信号量是内存中的一个区域，它的值可以被多个进程执行 test_and_set 操作（一种具有原子性的系统调用，用于测试某一地址的值，然后再更改它）。test_and_set 操作对每个进程来说是不可中断的，即具有原子性。一旦一个进程执行该操作，其他的任何进程都不能打断它。test_and_set 操作的结果是对当前信号量的值进行增量操作，但增量可以是正的，也可以是负的。根据 test_and_set 操作的结果，进程可能会进入睡眠状态，等待其他进程改变信号量的值。信号量能用于实现关键段操作（关键段指一段关键的代码段，同一时间内只有一个进程能执行该段操作）。

假如有许多相互协作的进程从一个数据文件中读取或写入记录，那么要求对文件的访问应是严格相互同步的。这样可以在文件操作的代码外面使用两个信号量操作并把信号量的初始值置为 1：第一个操作是测试并减少信号量的值，第二个操作是测试并增加信号量的值。

当第一个进程访问文件时，它会减少信号量的值，使信号量的值变为 0，这样第一个进程可以成功地进行文件操作了。这时若有另一个进程要访问文件而去减小信号量的值，信号量的值变为-1，这个进程被挂起，等待第一个进程完成数据文件的操作。当第一个进程完成文件操作时，它会增加信号量的值，使其再次变为 1。现在系统会唤醒所有的等待进程，这时第二个要访问文件进程的减 1 操作会成功执行。

System V 的每个 IPC 信号量对象都对应一个信号量数组，在 Linux 中用 semid_ds 数据结构来表示它。系统中所有的 semid_ds 数据结构都被一个叫 semary 的指针向量指向。在每个信号量数组中都有 sem_nsems 域，这个域由 sem_base 指向的 sem 数据结构来描述。所有允许对 System V IPC 信号量对象的信号量数组进行操作的进程，都必须通过系统调用来执行这些操作。在系统调用中可以指出有多少个操作，而每个操作包含 3 个输入项：信号量的索引、操作值和一组标志位。信号量索引是对信号量数组的索引值，而操作值是加到当前信号量值上的数值。首先 Linux 会测试是否所有的操作都会成功（操作成功指操作值加上信号量当前值的结果大于 0，或者操作值和信号量的当前值都是 0），如果信号量操作中有任何一个操作失败，Linux 在操作标识没有指明系统调用为非阻塞状态时，会挂起当前进程。如果进程被挂起了，系统会保存要执行的信号量操作的状态，并把当前进程放入等待队列中。Linux 会通过在栈中建立一个 sem_queue 数据结构并填入相应的信息的方法来实现前面保存信号量的操作状态。新的 sem_queue 数据结构被放在对应信号量对象的等待队列的末尾（通过使用 sem_pending 和 sem_pending_last 指针），当前进程被放在 sem_queue 数据结构的等待队列中，然后系统唤醒进程调度器选择其他进程执行。

如果所有的信号量操作都成功了，那么当前进程就不必挂起了。Linux 会继续运行当前进程，对信号量数组中的对应成员执行相应的操作。接着 Linux 会查看那些处于等待状态被挂起的进程，以确定它们是否能继续持行信号量操作。Linux 会逐个查看等待队列中的每个成员，测试它们现在能否成功地执行信号量操作。如果有进程可以成功地执行了，Linux 会删除未完成操作列表中对应的 sem_queue 数据结构，对信号量数组执行信号量操作，然后唤醒睡眠进程，将其放入就绪队列中。Linux 不断地查找等待队列，直到没有可成功执行的信号量操作并且也没有可唤醒的进程为止。

但信号量存在着死锁（deadlock）的问题，当一个进程进入了关键段，改变了信号量的值后，由于进程崩溃或被终止等原因而无法离开关键段时，就会造成死锁。Linux 通过为信号量数组维护一个调整项列表来防止死锁。主要的思想是，在使用调整项后信号量会被恢复到一个进程的信号量操作集合执行前的状态。调整项被保存在 sem_undo 数据结构中，而这些 sem_undo 数据结构则按照队列的形式放在 semid_ds 数据结构和进程使用信号量数组的 task_struct 数据结构中。

每一个单独的信号量操作都要求建立相应的调整项。Linux 为每个进程的每个信号量数组至多维护一个 sem_undo 数据结构。如果还没有为请求的进程建立调整项，那么当需要时，系统会为它创建一个新的 sem_undo 数据结构。sem_undo 数据结构被加入到该进程的 task_struct 数据结构和信号量数组的 semid_ds 数据结构的队列中，一旦对信号量数组中的某些信号量执行了相应的操作，那么该操作数的负值会被加入到该进程 sem_undo 结构调整项数组的与该信号量对应的记录项中。因此，如果操作值是 2，那么-2 就被加到该信号量的调整项中。

当进程被删除，退出时 Linux 会用这些 sem_undo 数据结构集合对信号量数组进行调整。如果信号量集合被删除了，那么这些 sem_undo 数据结构还存在于进程的 task_struct 结构的队列中，而仅把信号量数组标识标记为无效。在这种情况下，信号量清理程序仅仅丢掉这些数据结构而不释放它们所占用的空间。

习题五

一、填空题

1．显示所有进程的命令是________，终止进程的命令是________。

2．System V 进程间通信（IPC）包括 3 种机制：________、________、________。

3．管道分为________和________，它们都是通过内核缓冲区按先进先出的方式传输数据的。

二、简答题

1．为什么要设立虚拟文件系统（VFS）？它与实际文件系统有什么关系？

2．Linux 信号机制如何实现进程通信？

3．管道文件如何实现两个进程间的通信？

4．简述进程启动、终止的方式以及如何进行进程的查看。

第 6 章　多线程编程

6.1　Linux 下的线程概述

Linux 中的线程是轻量级线程（lightweight thread）。线程（thread）技术早在 20 世纪 60 年代即被提出，但真正将多线程应用到操作系统中却是在 20 世纪 80 年代中期，solaris 是这方面的佼佼者。传统的 UNIX 也支持线程的概念，但是在一个进程中只允许有一个线程，这样多线程就意味着多进程。

线程和 UNIX 系统中的进程十分接近，要了解这两者之间的区别，应该看一下 UNIX 系统中的进程和 Mach 的任务与线程之间的关系。在 UNIX 系统中，一个进程包括一个可执行的程序和一系列的资源，例如文件描述符表和地址空间。在 Mach 中，一个任务仅包括一系列的资源，线程处理所有的可执行代码。一个 Mach 的任务可以有任意数目的线程和它相关，同时每个线程必须和某个任务相关。和某一个给定的任务相关的所有线程都共享任务的资源。这样，一个线程就是一个程序计数器、一个堆栈和一系列的寄存器。所有需要使用的数据结构都属于任务。一个 UNIX 系统中的进程在 Mach 中对应于一个任务和一个单独的线程。

因为线程和进程比起来很小，所以相对来说，线程花费更少的 CPU 资源。进程往往需要它们自己的资源，但线程之间可以共享资源，所以线程更加节省内存。Mach 的线程使得程序员可以编写并发运行的程序，而这些程序既可以运行在单处理器的机器上，也可以运行在多处理器的机器上。另外，在单处理器环境中，当应用程序执行容易引起阻塞和延迟的操作时，线程可以提高效率。

现在，多线程技术已经被许多操作系统所支持，包括 Windows NT，当然，也包括 Linux。Linux 的线程调度是由内核调度程序完成的，每个线程有自己的 ID 号。与进程相比，它们消耗的系统资源较少，创建较快，相互间的通信也较容易。存在于同一进程中的线程会共享一些信息，这些信息包括全局变量、进程指令、大部分数据、信号处理程序和信号设置、打开的文件、当前工作的目录以及用户 ID 和用户组 ID。同时作为一个独立的线程，它们又拥有一些区别于其他线程的信息，包括线程 ID、寄存器集合（如程序计数器和堆栈指针）、堆栈、错误号、信号掩码以及线程优先权。

为什么有了进程的概念后，还要再引入线程呢？使用多线程到底有哪些好处？什么系统应该选用多线程？

使用多线程的理由之一是和进程相比，它是一种非常“节俭”的多任务操作方式。我们知道，在 Linux 系统下，启动一个新的进程必须分配给它独立的地址空间，建立众多的数据表来维护它的代码段、堆栈段和数据段，这是一种“昂贵”的多任务工作方式。而运行于一个进程中的多个线程，它们彼此之间使用相同的地址空间，共享大部分数据，启动一个线程所花费的空间远远小于启动一个进程所花费的空间，而且线程间彼此切换所需的时间也远远小于进程间切换所需要的时间。据统计，一个进程的开销大约是一个线程开销的 30 倍，当然，在具体的系统上，这个数据可能会有较大的区别。

使用多线程的理由之二是线程间具有方便的通信机制。对于不同进程来说，它们具有独立的数据空间，要进行数据的传递只能通过通信的方式进行，这种方式不仅费时，而且很不方便。线程则不然，由于同一进程下的线程之间共享数据空间，所以一个线程的数据可以直接为其他线程所用，这不仅快捷，而且方便。当然，数据的共享也带来其他的一些问题，有的变量不能同时被两个线程所修改，有的子程序中声明为 static 的数据更有可能给多线程程序带来灾难性的打击，这些正是编写多线程程序时最需要注意的地方。

除了以上优点外，即使不和进程比较，多线程程序作为一种多任务、并发的工作方式，还有以下的优点：

（1）提高应用程序响应。这对图形界面的程序尤其有意义，当一个操作耗时很长时，整个系统都会等待这个操作，此时程序不会响应键盘、鼠标、菜单的操作，而使用多线程技术，将耗时长的操作（time consuming）置于一个新的线程，可以避免这种尴尬的情况发生。

（2）使多 CPU 系统更加有效。操作系统会保证当线程数不大于 CPU 数目时，不同的线程运行于不同的 CPU 上。

（3）改善程序结构。一个既长又复杂的进程可以分为多个线程，成为几个独立或半独立的运行部分，这样的程序利于理解和修改。

6.2　Linux 线程实现

6.2.1　一个简单的多线程程序

Linux 系统下的多线程遵循 POSIX 线程接口，称为 pthread。编写 Linux 下的多线程程序需要使用头文件 pthread.h，连接时需要使用库 libpthread.a。Linux 下 pthread 的实现是通过系统调用 clone()来完成的，clone()是 Linux 所特有的系统调用，它的使用方式类似于 fork，关于 clone()的详细情况，有兴趣的读者可以去查看有关的文档说明。下面展示一个最简单的多线程程序。

```
/* example.c*/
#include <stdio.h>
#include <pthread.h>
void thread(void)
{
    int i;
    for(i=0;i<3;i++)
    printf("This is a pthread.\n");
}
    int main(void)
{
    pthread_t id;
    int i,ret;
    ret=pthread_create(&id,NULL,(void *) thread,NULL);
    if(ret!=0){
```

```
            printf ("Create pthread error!\n");
            exit (1);
        }
        for(i=0;i<3;i++)
        printf("This is the main process.\n");
        pthread_join(id,NULL);
        return (0);
    }
```

编译此程序：

```
gcc example1.c -lpthread -o example1
```

运行 example1，得到如下结果：

```
This is the main process.
This is a pthread.
This is the main process.
This is the main process.
This is a pthread.
This is a pthread.
```

再次运行，得到如下结果：

```
This is a pthread.
This is the main process.
This is a pthread.
This is the main process.
This is a pthread.
This is the main process.
```

前后两次结果不一样，这是两个线程争夺 CPU 资源的结果。上面的示例中，使用到了两个函数：pthread_create 和 pthread_join，并声明了一个 pthread_t 型的变量。pthread_t 在头文件 /usr/include/bits/pthreadtypes.h 中定义：

```
typedef unsigned long int pthread_t;
```

它是一个线程的标识符。函数 pthread_create 用来创建一个线程，它的原型为：

```
extern int pthread_create _P ((pthread_t *_thread, _const pthread_attr_t *_attr, void *(*_start_routine)
(void *), void *_arg));
```

第一个参数为指向线程标识符的指针，第二个参数用来设置线程属性，第三个参数是线程运行函数的起始地址，最后一个参数是运行函数的参数。这里，函数 thread 不需要参数，所以最后一个参数设为空指针。第二个参数也设为空指针，这样将生成默认属性的线程。对线程属性的设定和修改将在下一节阐述。当创建线程成功时，函数返回 0，若不为 0 则说明创建线程失败，常见的错误返回代码为 EAGAIN 和 EINVAL。前者表示系统限制创建新的线程，例如线程数目过多了；后者表示第二个参数代表的线程属性值非法。创建线程成功后，新创建的线程则运行参数三和参数四确定的函数，原来的线程则继续运行下一行代码。

函数 pthread_join 用来等待一个线程的结束，函数原型为：

```
extern int pthread_join _P ((pthread_t _th, void **_thread_return));
```

第一个参数为被等待的线程标识符，第二个参数为一个用户定义的指针，它可以用来存储被等待线程的返回值。这个函数是一个线程阻塞的函数，调用它的函数将一直等待到被等待的线程结束为止，当函数返回时，被等待线程的资源被收回。一个线程的结束有两种途径：一种是像上面的例子一样，函数结束了，调用它的线程也就结束了；另一种方式是通过函数 pthread_exit 来实现，它的函数原型为：

```
extern void pthread_exit _P ((void *_retval)) _attribute_ ((_noreturn_));
```

唯一的参数是函数的返回代码，只要 pthread_join 中的第二个参数 thread_return 不是 NULL，这个值将被传递给 thread_return。最后要说明的是，一个线程不能被多个线程等待，否则第一个接收到信号的线程成功返回，其余调用 pthread_join 的线程则返回错误代码 ESRCH。

6.2.2 修改线程的属性

在上一节的例子里，用 pthread_create 函数创建了一个线程，在这个线程中，使用了默认参数，即将该函数的第二个参数设为 NULL。的确，对于大多数程序来说，使用默认属性就够了，但还是有必要来了解一下线程的有关属性。

属性结构为 pthread_attr_t，它同样在头文件/usr/include/pthread.h 中定义。属性值不能直接设置，必须使用相关函数进行操作，初始化的函数为 pthread_attr_init，这个函数必须在 pthread_create 函数之前调用。属性对象主要包括是否绑定、是否分离、堆栈地址、堆栈大小、优先级。默认的属性为非绑定、非分离、默认 1MB 的堆栈、与父进程同样级别的优先级。

关于线程的绑定，牵涉到另外一个概念：轻进程（LWP，Light Weight Process）。轻进程可以理解为内核线程，它位于用户层和系统层之间。系统对线程资源的分配、对线程的控制是通过轻进程来实现的，一个轻进程可以控制一个或多个线程。默认状况下，启动多少轻进程、哪些轻进程控制哪些线程是由系统控制的，这种状态况即为非绑定的。绑定状态，顾名思义，即某个线程固定地"绑"在一个轻进程上。被绑定的线程具有较高的响应速度，这是因为 CPU 时间片的调度是面向轻进程的，绑定的线程可以保证在需要的时候它总有一个轻进程可用。通过设置被绑定的轻进程的优先级和调度级可以使得绑定的线程满足诸如实时反应等的要求。

设置线程绑定状态的函数为 pthread_attr_setscope，它有两个参数，第一个是指向属性结构的指针；第二个是绑定类型，它有两个取值，PTHREAD_SCOPE_SYSTEM（绑定的）和 PTHREAD_SCOPE_PROCESS（非绑定的）。下面的代码即创建了一个绑定的线程。

```
#include <pthread.h>
pthread_attr_t attr;
pthread_t tid;
/*初始化属性值，均设为默认值*/
pthread_attr_init(&attr);
pthread_attr_setscope(&attr, PTHREAD_SCOPE_SYSTEM);
pthread_create(&tid, &attr, (void *) my_function, NULL);
```

线程的分离状态决定一个线程以什么样的方式来终止自己。在上面的例子中，采用了线程的默认属性，即为非分离状态，在这种情况下，原有的线程等待创建的线程结束。只有当 pthread_join()函数返回时，创建的线程才算终止，才能释放自己占用的系统资源。而分离线程不是这样的，它没有被其他的线程所等待，自己运行结束了，线程也就终止了，马上释放系统资源。程序员应该根据自己的需要，选择适当的分离状态。设置线程分离状态的函数为 pthread_attr_setdetachstate(pthread_attr_t *attr, int detachstate)。第二个参数可选为 PTHREAD_CREATE_DETACHED（分离线程）和 PTHREAD_CREATE_JOINABLE（非分离线程）。这里要注意的一点是，如果设置一个线程为分离线程，而这个线程运行又非常快，它很可能在 pthread_create 函数返回之前就终止了，它终止以后就可能将线程号和系统资源移交给其他的线程使用，这样调用 pthread_create 的线程就得到了错误的线程号。要避免这种情况可以采取一定的同步措施，最简单的方法之一是在被创建的线程里调用 pthread_cond_timewait 函数，让这个线程等待一会儿，留出足够的时间让函数 pthread_create 返回。设置一段等待时间，是在多线程编程里常用的方法。但是注意不要使用诸如 wait()之类的函数，它们会使整个进程睡眠，并不能解决线程同步的问题。

另外一个可能常用的属性是线程的优先级，它存放在结构 sched_param 中，用函数 pthread_attr_getschedparam 和函数 pthread_attr_setschedparam 进行存放，一般来说，总是先取优先级，对取得的值修改后再存放回去。下面就是一段简单的例子。

```
#include <pthread.h>
#include <sched.h>
pthread_attr_t attr;
pthread_t tid;
sched_param param;
int newprio=20;
pthread_attr_init(&attr);
pthread_attr_getschedparam(&attr, &param);
param.sched_priority=newprio;
pthread_attr_setschedparam(&attr, &param);
pthread_create(&tid, &attr, (void *)myfunction, myarg);
```

6.2.3 线程的数据处理

和进程相比，线程的最大优点之一是数据的共享性，各个线程共享父进程处沿袭的数据段，可以方便地获得、修改数据。但这也给多线程编程带来了许多问题，必须注意有多个不同的进程访问相同的变量。许多函数是不可重入的，即同时不能运行一个函数的多个拷贝（除非使用不同的数据段）。在函数中声明的静态变量常常带来问题，函数的返回值也会有问题。因为如果返回的是函数内部静态声明的空间的地址，则在一个线程调用该函数得到地址后使用该地址指向的数据时，其他线程可能调用此函数并修改这一段数据。在进程中共享的变量必须用关键字 volatile 来定义，这是为了防止编译器在优化时（如 gcc 中使用-OX 参数）改变它们的使用方式。为了保护变量，必须使用信号量、互斥等方法来保证对变量的正确使用。下面逐步介绍处理线程数据时的有关知识。

1. 线程数据

在单线程的程序里，有两种基本的数据：全局变量和局部变量。但在多线程程序里，还有第三种数据类型：线程数据（TSD，Thread-Specific Data）。它和全局变量很像，在线程内部，各个函数可以像使用全局变量一样调用它，但它对线程外部的其他线程是不可见的。这种数据的必要性是显而易见的，例如常见的变量 error，它返回标准的出错信息。它显然不能是一个局部变量，几乎每个函数都应该可以调用它；但它又不能是一个全局变量，否则在 A 线程里输出的很可能是 B 线程的出错信息。要实现诸如此类的变量，就必须使用线程数据，为每个线程数据创建一个键，它和这个键相关联，在各个线程里，都使用这个键来指代线程数据，但在不同的线程里，这个键代表的数据是不同的，在同一个线程里，它代表同样的数据内容。

和线程数据相关的函数主要有 4 个：创建一个键、为一个键指定线程数据、从一个键读取线程数据、删除键。

创建键的函数原型为：

```
extern int pthread_key_create _P ((pthread_key_t *_key, void (*_destr_function)
(void *)));
```

第一个参数为指向一个键值的指针，第二个参数指明了一个 destructor 函数，如果这个参数不为空，那么当每个线程结束时系统将调用这个函数来释放绑定在这个键上的内存块。这个函数常和函数 pthread_once ((pthread_once_t*once_control, void (*initroutine) (void)))一起使用，为了让这个键只被创建一次。函数 pthread_once 声明一个初始化函数，第一次调用 pthread_once 时它执行这个函数，以后的调用将被它忽略。

在下面的例子中，创建一个键，并将它和某个数据相关联。要定义一个函数 createWindow，这个函数定义一个图形窗口（数据类型为 Fl_Window *，这是图形界面开发工具 FLTK 中的数据类型），由于各个线程都会调用这个函数，所以使用线程数据。

```
/* 声明一个键*/
pthread_key_t myWinKey;
/* 函数 createWindow */
void createWindow ( void ) {
Fl_Window * win;
static pthread_once_t once= PTHREAD_ONCE_INIT;
/* 调用函数 createMyKey 创建键*/
pthread_once ( & once, createMyKey) ;
/*win 指向一个新建立的窗口*/
win=new Fl_Window( 0, 0, 100, 100, "MyWindow");
/*对此窗口作一些可能的设置工作，如大小、位置、名称等*/
setWindow(win);
/* 将窗口指针值绑定在键 myWinKey 上*/
pthread_setpecific ( myWinKey, win);
}
/* 函数 createMyKey，创建一个键，并指定了 destructor */
void createMyKey ( void ) {
pthread_keycreate(&myWinKey, freeWinKey);
}
/* 函数 freeWinKey，释放空间*/
void freeWinKey ( Fl_Window * win){
delete win;
}
```

这样，在不同的线程中调用函数 createMyWin 都可以得到在线程内部均可见的窗口变量，这个变量通过函数 pthread_getspecific 得到。在上面的例子中，使用了函数 pthread_setspecific 将线程数据和一个键绑定在一起。这两个函数的原型如下：

```
extern int pthread_setspecific_P ((pthread_key_t_key,_const void *_pointer));
extern void *pthread_getspecific_P ((pthread_key_t_key));
```

这两个函数的参数意义和使用方法是显而易见的。要注意的是，用 pthread_setspecific 为一个键指定新的线程数据时，必须自己释放原有的线程数据以回收空间。这个过程函数

pthread_key_delete 用来删除一个键，这个键占用的内存将被释放，但同样要注意的是，它只释放键占用的内存，并不释放该键关联的线程数据所占用的内存资源，而且它也不会触发函数 pthread_key_create 中定义的 destructor 函数。线程数据的释放必须在释放键之前完成。

POSIX 提供两种线程同步的方法：互斥锁 mutex 和条件变量。mutex 是一种简单的加锁方法，用于控制对共享资源的存取。可以创建一个读/写程序，它们共用一个共享缓冲区，使用 mutex 来控制对缓冲区的存取。但 mutex 的缺点在于它只有两个状态：锁定和非锁定。POSIX 的条件变量通过允许线程阻塞和等待另一个线程的信号方法，从而弥补了 mutex 的不足。当接收到一个信号时，阻塞线程将会被唤起，并试图获得相关的 mutex 的锁。

2. 互斥锁

互斥锁用来保证一段时间内只有一个线程在执行一段代码。必要性显而易见：假设各个线程向同一个文件顺序写入数据，最后得到的结果一定是灾难性的。

先看下面一段代码。这是一个读/写程序，它们共用一个缓冲区，并且假定一个缓冲区只能保存一条信息，即缓冲区只有两个状态：有信息和没有信息。

```
void reader_function (void);
void writer_function (void);
char buffer;
int buffer_has_item=0;
pthread_mutex_t mutex;
struct timespec delay;
void main (void){
    pthread_t reader;
    /* 定义延迟时间*/
    delay.tv_sec = 2;
    delay.tv_nec = 0;
    /* 用默认属性初始化一个互斥锁对象*/
    pthread_mutex_init (&mutex, NULL);
    pthread_create(&reader, pthread_attr_default, (void *)&reader_function),
    NULL);
    writer_function();
}
void writer_function (void){
    while(1){
        /* 锁定互斥锁*/
        pthread_mutex_lock (&mutex);
        if (buffer_has_item==0){
            buffer=make_new_item();
            buffer_has_item=1;
        }
        /* 打开互斥锁*/
        pthread_mutex_unlock(&mutex);
        pthread_delay_np(&delay);
    }
}
```

```
void reader_function(void){
    while(1){
        pthread_mutex_lock(&mutex);
        if(buffer_has_item==1){
            consume_item(buffer);
            buffer_has_item=0;
        }
        pthread_mutex_unlock(&mutex);
        pthread_delay_np(&delay);
    }
}
```

这里声明了互斥锁变量 mutex，结构 pthread_mutex_t 为不公开的数据类型，其中包含一个系统分配的属性对象。函数 pthread_mutex_init 用来生成一个互斥锁，NULL 参数表明使用默认属性。如果需要声明特定属性的互斥锁，必须调用函数 pthread_mutexattr_init。函数 pthread_mutexattr_setpshared 和函数 pthread_mutexattr_settype 用来设置互斥锁属性。前一个函数设置属性 pshared，它有两个取值：PTHREAD_PROCESS_PRIVATE 和 PTHREAD_PROCESS_SHARED。前者用于不同进程中的线程同步，后者用于同步本进程的不同线程。在上面的例子中，使用的是默认属性 PTHREAD_PROCESS_PRIVATE。后者用来设置互斥锁类型，可选的类型有 PTHREAD_MUTEX_NORMAL、PTHREAD_MUTEX_ERRORCHECK、PTHREAD_MUTEX_RECURSIVE 和 PTHREAD_MUTEX_DEFAULT，它们分别定义了不同的上锁、解锁机制，一般情况下，选用最后一个默认属性。

pthread_mutex_lock 声明开始用互斥锁上锁，此后的代码直至调用 pthread_mutex_unlock 为止均被上锁，即同一时间只能被一个线程调用执行。当一个线程执行到 pthread_mutex_lock 处时，如果该锁此时被另一个线程使用，那么此线程被阻塞，即程序将等待到另一个线程释放此互斥锁。在上面的例子中，使用了 pthread_delay_np 函数，让线程睡眠一段时间就是为了防止一个线程始终占据此函数。

需要指出的是在使用互斥锁的过程中很有可能会出现死锁：两个线程试图同时占用两个资源，并按不同的次序锁定相应的互斥锁，例如两个线程都需要锁定互斥锁 1 和互斥锁 2，a 线程先锁定互斥锁 1，b 线程先锁定互斥锁 2，这时就出现了死锁。此时可以使用函数 pthread_mutex_trylock，它是函数 pthread_mutex_lock 的非阻塞版本，当它发现死锁不可避免时，它会返回相应的信息，程序员可以针对死锁做出相应的处理。另外不同的互斥锁类型对死锁的处理不一样，但最主要的还是要程序员自己在程序设计时注意这一点。

3. 条件变量

前一节中讲述了如何使用互斥锁来实现线程间数据的共享和通信，互斥锁一个明显的缺点是它只有两种状态：锁定和非锁定。而条件变量通过允许线程阻塞和等待另一个线程发送信号的方法弥补了互斥锁的不足，它常和互斥锁一起使用。使用时，条件变量被用来阻塞一个线程，当条件不满足时，线程往往解开相应的互斥锁并等待条件发生变化。一旦其他的某个线程改变了条件变量，它将通知相应的条件变量唤醒一个或多个正被此条件变量阻塞的线程。这些线程将重新锁定互斥锁并重新测试条件是否满足。一般来说，条件变量被用来进行线程间的同步。

条件变量的结构为 pthread_cond_t，函数 pthread_cond_init()被用来初始化一个条件变量。它的函数原型为：

extern int pthread_cond_init _P ((pthread_cond_t *_cond,_const pthread_ condattr_t *_cond_attr));

其中 cond 是一个指向结构 pthread_cond_t 的指针，cond_attr 是一个指向结构 pthread_condattr_t 的指针。结构 pthread_condattr_t 是条件变量的属性结构，和互斥锁一样可以用它来设置条件变量是进程内可用还是进程间可用，默认值是 PTHREAD_PROCESS_PRIVATE，即此条件变量被同一进程内的各个线程使用。注意初始化条件变量只有未被使用时才能重新初始化或被释放。释放一个条件变量的函数为 pthread_cond_destroy(pthread_cond_t cond)。

函数 pthread_cond_wait()使线程阻塞在一个条件变量上。它的函数原型为：

extern int pthread_cond_wait _P ((pthread_cond_t *_cond, pthread_mutex_t *_mutex));

线程解开 mutex 指向的锁并被条件变量 cond 阻塞。线程可以被函数 pthread_cond_signal 和函数 pthread_cond_broadcast 唤醒，但是要注意的是，条件变量只是起阻塞和唤醒线程的作用，具体的判断条件还需要用户给出，例如一个变量是否为 0 等，这一点从后面的例子中可以看到。线程被唤醒后，它将重新检查判断条件是否满足，如果还不满足，一般来说线程应该仍阻塞在这里，等待下一次被唤醒。这个过程一般用 while 语句实现。

另一个用来阻塞线程的函数是 pthread_cond_timedwait()，它的原型为：

extern int pthread_cond_timedwait _P ((pthread_cond_t *_cond, pthread_mutex_t *_mutex, _const struct timespec *_abstime));

它比函数 pthread_cond_wait()多了一个时间参数，经历 abstime 段时间后，即使条件变量不满足，阻塞也被解除。

函数 pthread_cond_signal()的原型为：

extern int pthread_cond_signal _P ((pthread_cond_t *_cond));

它用来释放被阻塞在条件变量 cond 上的一个线程。多个线程阻塞在此条件变量上时，哪一个线程被唤醒是由线程的调度策略所决定的。要注意的是，必须用保护条件变量的互斥锁来保护这个函数，否则条件满足的信号又可能在测试条件和调用 pthread_cond_wait 函数之间被发出，从而造成无限制的等待。下面是使用函数 pthread_cond_wait()和函数 pthread_cond_signal()的一个简单的例子。

```
pthread_mutex_t count_lock;
pthread_cond_t count_nonzero;
unsigned count;
decrement_count() {
    pthread_mutex_lock (&count_lock);
    while(count==0)
    pthread_cond_wait( &count_nonzero, &count_lock);
    count=count -1;
    pthread_mutex_unlock (&count_lock);
}
increment_count(){
    pthread_mutex_lock(&count_lock);
    if(count==0)
    pthread_cond_signal(&count_nonzero);
```

```
        count=count+1;
        pthread_mutex_unlock(&count_lock);
    }
```

count 值为 0 时，decrement 函数在 pthread_cond_wait 处被阻塞，并打开互斥锁 count_lock。此时，当调用到函数 increment_count 时，pthread_cond_signal()函数改变条件变量，告知 decrement_count()停止阻塞。读者可以试着让两个线程分别运行这两个函数，看看会出现什么样的结果。

函数 pthread_cond_broadcast(pthread_cond_t *cond)用来唤醒所有被阻塞在条件变量 cond 上的线程。这些线程被唤醒后将再次竞争相应的互斥锁，所以必须小心使用这个函数。

4. 信号量

信号量本质上是一个非负的整数计数器，它被用来控制对公共资源的访问。当公共资源增加时，调用函数 sem_post()增加信号量。只有当信号量值大于 0 时，才能使用公共资源，使用后，函数 sem_wait()减少信号量。函数 sem_trywait()和函数 pthread_ mutex_trylock()起同样的作用，它是函数 sem_wait()的非阻塞版本。下面逐个介绍和信号量有关的一些函数，它们都在头文件/usr/include/semaphore.h 中定义。

```
//semaphore.h
#ifndef SEMAPHORES
#define SEMAPHORES
#include
#include
typedef struct Semaphore
{
    int v;
    pthread_mutex_t mutex;
    pthread_cond_t cond;
}
Semaphore;
int semaphore_down (Semaphore * s);
int semaphore_decrement (Semaphore * s);
int semaphore_up (Semaphore * s);
void semaphore_destroy (Semaphore * s);
void semaphore_init (Semaphore * s);
int semaphore_value (Semaphore * s);
int tw_pthread_cond_signal (pthread_cond_t * c);
int tw_pthread_cond_wait (pthread_cond_t * c, pthread_mutex_t * m);
int tw_pthread_mutex_unlock (pthread_mutex_t * m);
int tw_pthread_mutex_lock (pthread_mutex_t * m);
void do_error (char *msg);
# endif
```

信号量的数据类型为结构 sem_t，它本质上是一个长整型的数。函数 sem_init()用来初始化一个信号量，它的原型为：

```
extern int sem_init _P ((sem_t *_sem, int _pshared, unsigned int _value));
```

sem 为指向信号量结构的一个指针；pshared 不为 0 时此信号量在进程间共享，否则只能为当前进程的所有线程共享；value 给出了信号量的初始值。

函数 sem_post(sem_t *sem)用来增加信号量的值。当有线程阻塞在这个信号量上时，调用这个函数会使其中的一个线程不再阻塞，选择机制同样是由线程的调度策略决定的。

函数 sem_wait(sem_t *sem)被用来阻塞当前线程直到信号量 sem 的值大于 0，解除阻塞后将 sem 的值减 1，表明公共资源经使用后减少。函数 sem_trywait(sem_t *sem)是函数 sem_wait()的非阻塞版本，它直接将信号量 sem 的值减 1。

函数 sem_destroy(sem_t *sem)用来释放信号量 sem。

下面来看一个使用信号量的例子。在这个例子中，一共有 4 个线程，其中两个线程负责从文件读取数据到公共的缓冲区，另两个线程从缓冲区读取数据作不同的处理（加和乘运算）。

```
/* File sem.c */
#include <stdio.h>
#include <pthread.h>
#include <semaphore.h>
#define MAXSTACK 100
int stack[MAXSTACK][2];
int size=0;
sem_t sem;
/* 从文件 1.dat 读取数据，每读一次，信号量加 1*/
void ReadData1(void){
    FILE *fp=fopen("1.dat","r");
    while(!feof(fp)){
        fscanf(fp,"%d %d",&stack[size][0],&stack[size][1]);
        sem_post(&sem);
        ++size;
    }
    fclose(fp);
}
/*从文件 2.dat 读取数据*/
void ReadData2(void){
    FILE *fp=fopen("2.dat","r");
    while(!feof(fp)){
        fscanf(fp,"%d %d",&stack[size][0],&stack[size][1]);
        sem_post(&sem);
        ++size;
    }
    fclose(fp);
}
/*阻塞等待缓冲区有数据，读取数据后释放空间，继续等待*/
void HandleData1(void){
    while(1){
        sem_wait(&sem);
        printf("Plus:%d+%d=%d\n",stack[size][0],stack[size][1],
        stack[size][0]+stack[size][1]);
        --size;
```

```
        }
    }
    void HandleData2(void){
        while(1){
            sem_wait(&sem);
            printf("Multiply:%d*%d=%d\n",stack[size][0],stack[size][1],
                stack[size][0]*stack[size][1]);
            --size;
        }
    }
    int main(void){
        pthread_t t1,t2,t3,t4;
        sem_init(&sem,0,0);
        pthread_create(&t1,NULL,(void *)HandleData1,NULL);
        pthread_create(&t2,NULL,(void *)HandleData2,NULL);
        pthread_create(&t3,NULL,(void *)ReadData1,NULL);
        pthread_create(&t4,NULL,(void *)ReadData2,NULL);
        /* 防止程序过早退出，让它在此无限期等待*/
        pthread_join(t1,NULL);
    }
```

在 Linux 下，用命令 gcc -lpthread sem.c -o sem 生成可执行文件 sem。事先编辑好数据文件 1.dat 和 2.dat，假设它们的内容分别为 1 2 3 4 5 6 7 8 9 10 和 -1 -2 -3 -4 -5 -6 -7 -8 -9 -10，运行 sem，得到如下结果：

```
Multiply:-1*-2=2
Plus:-1+-2=-3
Multiply:9*10=90
Plus:-9+-10=-19
Multiply:-7*-8=56
Plus:-5+-6=-11
Multiply:-3*-4=12
Plus:9+10=19
Plus:7+8=15
Plus:5+6=11
```

从以上结果可以看出各个线程间的竞争关系，数值并未按原先的顺序显示出来，这是由于 size 这个数值被各个线程任意修改的缘故，在多线程编程时要注意这种问题。

习题六

一、填空题

1．Linux 下 pthread 是通过系统调用函数_______来实现的。

2．在单线程的程序里，有两种基本的数据：_______和_______。但在多线程程序里，还有第三种数据类型_______。

3．信号量本质上是一个_______，它被用来控制对公共资源的访问。

二、简答题

1．多线程的优点有哪些？
2．POSIX 提供线程同步的方法是哪两种？分别简述其原理。

三、操作题

编制一个多线程的应用程序，在标准输出中打印“Hello World！”。

第 7 章　管理网络服务

Linux 几乎可以说是网络的一个同义词，事实上，Linux 是 Internet 或 World Wide Web（万维网）的产品，其开发者和用户通过网络交换一些有用的思想和代码。Linux 本身也经常用于网络的组织管理，它支持著名的 TCP/IP 协议族。

TCP/IP，即传输控制协议/网际协议（Transmission Control Protocol/Internet Protocol），实际上是一个由多种协议组成的协议族，它定义了计算机通过网络互相通信及协议族各层次之间通信的规范。

TCP/IP 最初是在由美国政府资助的美国高等研究计划署的网络 ARPANET 上发展起来的，该网络用于支持美国军事和计算机科学研究，它提出了报文交换和网络分层概念。1988 年以后，ARPANET 由其继任者——美国国家科学基金会的 NSFNET 所取代，而 NSFNET 与全世界数以万计的局域网和区域网共同连接成了一个巨大的联合体——因特网（Internet），举世闻名的万维网（World Wide Web）也是来自于 ARPANET 并完全采用 TCP/IP 协议族。UNIX 被广泛地应用于 ARPANET，它的第一个网络版本是 4.3 BSD（Berkeley Software Distribution），该版本支持 BSD 的套接字（略有扩充）和全部的 TCP/IP 协议，Linux 的网络功能就是基于这个版本实现的。Linux 之所以以 4.3 BSD 版本为模型，是因为这个版本广为流行，并且它支持 Linux 与其他 UNIX 平台之间应用程序的移植。

Linux 对 IP 协议族的实现机制，如同网络协议自身一样，Linux 也是通过视其为一组相连的软件层来实现的。其中 BSD 套接字（socket）由通用的套接字管理软件所支持，该软件是 INET 套接字层，它用于管理基于 IP 的 TCP 与 UDP 的端到端互联问题。TCP 是一个面向连接协议，而 UDP 是一个非面向连接协议。当一个 UDP 报文发送出去后，Linux 并不知道也不去关心它是否成功地到达了目的主机。对于 TCP 传输，传输结点间先要建立连接，然后通过该连接传输已排好序的报文，以保证传输的正确性。IP 层中代码用以实现网际协议，这些代码将 IP 头增加到传输数据中，同时也把收到的 IP 报文正确地转送到 TCP 层或 UDP 层。IP 层之下，是支持所有 Linux 网络应用的网络设备层，例如点到点协议（Point to Point Protocol，PPP）和以太网层。网络设备并非总代表物理设备，其中有一些（例如回送设备）则是纯粹的软件设备。网络设备与标准的 Linux 设备不同，它们不是通过 mknod 命令创建的，必须在底层软件找到并进行初始化之后，才被创建并可用。因此只有当启动了正确设置了以太网设备驱动程序的内核后，才会有/dev/eth0 文件。ARP 协议位于 IP 层和支持地址解析的协议层之间。

7.1　网络配置文件

7.1.1　/etc/hosts IP 地址和主机名的映射

/etc/hosts 中包含了 IP 地址和主机名之间的映射，还包括主机名的别名。计算机容易识别 IP 地址，但对于人来说却很难记住它们。为了解决这个问题，创建了/etc/hosts 文件。下面是一个例子文件：

```
#Do not remove the following line , or various programs
#that require network functionality will fail.
127.0.0.1        linux-server        localhost.localdomain    localhost
```

一旦配置完机器的网络配置文件，应该重新启动网络以使修改生效，使用下面的命令来重新启动网络：

```
# service network restart
```

/etc/hosts 文件通常含有主机名、localhost 和系统管理员经常使用的系统别名，有时候 Telnet 到 Linux 机器要等待很长时间，可以通过在/etc/hosts 中加入客户机的 IP 地址和主机名的匹配项来减少登录等待时间。在没有域名服务器的情况下，系统上的所有网络程序都通过查询该文件来解析对应于某个主机名的 IP 地址，其他的主机名通常使用 DNS 来解决，DNS 客户部分的配置在文件/etc/resolv.conf 中。

7.1.2 /etc/services 映射服务名和端口号

/etc/services 中包含了服务名和端口号之间的映射，不少的系统程序要使用这个文件，下面是 RedHat Linux 安装时默认的/etc/services 中的前几行：

```
# Each line descryibes one service, and is of the form:
#
# service-name port/protocol [aliases …]   [# comment]

tcpmux    1/tcp                    # TCP port service multiplexer
tcpmux    1/udp                    # TCP port service multiplexer
rje       5/tcp                    # Remote Job Entry
rje       5/udp                    # Remote Job Entry
echo      7/tcp
echo      7/udp
discard   9/tcp          sink null
discard   9/udp          sink null
svstat    11/tcp         users
```

最左边一列是主机服务名，中间一列是端口号，“/”后面是端口类型，可以是 TCP 也可以是 UDP。任何后面的列都是前面服务的别名。在这个文件中也存在着别名，它们出现在端口号后面，在上述例子中 sink 和 null 都是 discard 服务的别名。

7.1.3 /etc/host.conf 配置名字解析器

有两个文件声明系统到哪里寻找名字信息来配置 UNIX 名字解析器库。文件/etc/host.conf 由版本 5 的 libc 库使用，而文件/etc/nsswitch.conf 由版本 6 的 glibc 库使用。一些程序使用其中一个文件，而一些使用另一个，所以将两个文件都配置正确是必要的。

/etc/host.conf 文件指定如何解析主机名，Linux 通过解析器库来获得主机名对应的 IP 地址。下面是 RedHat Linux 安装后默认的/etc/host.conf 的内容：

```
order hosts, bind
multi on
nospoof on
```

合法的参数及其意义如下。

order：指定主机名查询顺序，其参数为用逗号隔开的查找方法，支持的查找方法为 bind、hosts 和 nis，分别代表 DNS、/etc/hosts 和 NIS，这里规定先查询/etc/hosts 文件，然后再使用 DNS 来解析域名。

trim：表明当通过 DNS 进行地址到主机名的转换时，域名将从主机名中被裁剪掉。trim 可以被多个域包含多次，对/etc/hosts 和 NIS 的查询方法不起作用，注意在/etc/hosts 和 NIS 表中，主机名是被适当地（有或没有全域名）列出的。

multi：指定/etc/hosts 文件中指定的主机是否可以有多个地址，值为 on 表示允许，拥有多个 IP 地址的主机一般具有多个网络界面。

nospoof：指是否允许对该服务器进行 IP 地址欺骗，值为 on 表示不允许。IP 欺骗是一种攻击系统安全的手段，通过把 IP 地址伪装成别的计算机来取得其他计算机的信任。

alert：当 nospoof 指令为 on 时，alert 控制欺骗的企图是否用 syslog 工具进行记录，值为 on 表示使用，默认值为 off。

rccorder：如果被设置为 on，所有的查询将被重新排序，所以在同一子网中的主机将首先被返回，默认值为 off。

7.1.4　/etc/nsswitch.conf 配置名字解析器

/etc/nsswitch.conf 文件是由 SUN 公司开发并用于管理系统中多个配置文件的顺序查找，它比/etc/host.conf 文件提供了更多的功能。/etc/nsswitch.conf 中的每一行或者是注释（以#号开头），或者是一个关键字后跟冒号和一系列要试用的有顺序的方法。每一个关键字都是在/etc/目录中可以被/etc/nsswitch.conf 控制的/etc 文件的名字。下面是可以被包含的关键字。

aliases：邮件别名。

passwd：系统用户。

group：用户组。

shadow：隐蔽口令。

hosts：主机名和 IP 地址。

networks：网络名和号。

protocols：网络协议。

services：端口号和服务名称。

ethers：以太网号。

rpc：远程进程调用的名称和号。

netgroup：网内组。

7.1.5　/etc/sysconfig/network 网络配置

该文件用来指定服务器上的网络配置信息，包含了和网络控制有关的文件与守护程序行为的参数。下面是一个例子文件：

```
NETWORKING=yes
HOSTNAME=root
GATEWAY=192.168.1.1
```

```
FORWARD_IPV4=yes
GATEWAYDEV=eth0
```

其中，NETWORKING=yes/no 表示网络是否被配置；HOSTNAME=root 表示服务器的主机名；GATEWAY=192.168.1.1 表示网络网关的 IP 地址；FORWARD_IPV4=yes/no 表示是否开启 IP 转发功能；GAREWAYDEV=eth0 表示网关的设备名。

7.1.6 /etc/resolv.conf 配置 DNS 客户

文件/etc/resolv.conf 用于配置 DNS 客户，它包含了主机的域名搜索顺序和 DNS 服务器的地址，每一行应包含一个关键字和一个或多个由空格隔开的参数。下面是一个例子文件：

```
search csu.edu.cn
nameserver 202.103.96.112
nameserver 202.197.64.6
```

合法的参数及其意义如下。

nameserver：表明 DNS 服务器的 IP 地址。可以有多行的 nameserver，每一个带一个 IP 地址。查询时按 nameserver 在本文件中的顺序进行，且只有当第一个 nameserver 没有反应时才查询下面的 nameserver。

domain：声明主机的域名。很多程序都会用到它，如邮件系统；当为没有域名的主机进行 DNS 查询时，也会用到。如果没有域名，主机名将被使用，删除所有在第一个点前面的内容。

search：它的多个参数指明域名查询顺序。当要查询没有域名的主机时，将在由 search 声明的域中分别查找。domain 和 search 不能共存，如果同时存在，后出现的将会被使用。

sortlist：允许将得到的域名结果进行特定的排序。它的参数为网络/掩码对，允许任意的排列顺序。RedHat Linux 中没有提供默认的/etc/resolv.conf 文件，它的内容是根据在安装时给出的选项动态创建的。

7.1.7 /etc/init.d/network 主机地址、子网掩码和网关

不像很多其他的 UNIX 和 Linux 操作系统，RedHat Linux 当前并不能自动地通过/etc/hostname 和/etc/hosts 文件来配置网络。为了改变主机默认的 IP 地址，必须直接编辑/etc/init.d/network 脚本使其反映正确的网络配置。这个文件包括了声明 IP 地址、掩码、网络、广播地址和默认路由器的变量。下面是这个文件中相应的部分：

```
IPADDR=192.168.1.34
NETMASK=255.255.255.0
BROADCAST=192.168.1.255
GATEWAY=192.168.1.1
```

用户可以修改/etc/hosts：

```
127.0.0.1 yourhostname yourhostname.yourdomain
```

但是 yourhostname 和 yourdomain 需要可以反解析到，否则同样会报错！简单的方法是直接用 hostname 程序即时修改 hostname：

```
#hostname qiaoyu
```

7.2 配置 FTP 服务

7.2.1 FTP 协议

FTP 协议是一个可用于在不同操作系统的机器中传输计算机文件的软件标准，它属于网络协议组的应用层。

在一个典型的 FTP 会话中，用户坐在本地主机前，想把文件传输到一台远程主机或把接收从一台远程主机传输来的文件，该用户必须提供一个用户名/口令对才能访问远程账号。给出这些身份认证信息后，就可以在本地文件系统和远程文件系统之间传送文件了。用户通过一个 FTP 用户代理与 FTP 交互。他首先提供一个远程主机的主机名，使本地主机中的 FTP 客户进程建立一个与远程主机中的 FTP 服务器进程之间的连接。用户接着提供用户名和口令，这些信息将作为 FTP 命令参数经由 TCP 连接传送到服务器。服务器批准之后，该用户就在本地文件系统和远程文件系统之间拷贝文件。

TCP/IP 协议中，FTP 标准命令 TCP 端口号为 21，Port 方式数据端口为 20。端口 20 用于在客户端和服务器之间传输数据流，而端口 21 用于传输控制流。FTP 协议的任务是从一台计算机将文件传输到另一台计算机，它与这两台计算机所处的位置、连接的方式，甚至是否使用相同的操作系统无关。假设两台计算机通过 FTP 协议对话，并且能访问 Internet，则可以用 FTP 命令来传输文件。每种操作系统使用上有某些细微的差别，但是每种协议基本的命令结构是相同的。

FTP 的主要功能包括：提供文件的共享；支持间接使用远程计算机；使用户不因各类主机文件存储器系统的差异而受影响；可靠且有效地传输数据。

7.2.2 FTP 服务器 vsftpd 的配置

1. 安装 vsftpd 服务器

vsftpd 是现在 Linux 最好的 FTP 服务器工具之一，其中的 vs 就是“very secure”（很安全）的缩写，可见它的最大优点就是安全。除此之外，它还具备体积小、可定制性强、效率高等优点。

假如选择完全安装 RedHat Linux Fedora 22，则系统会默认安装 vsftpd 服务器。可以在终端命令窗口中输入以下命令进行验证：

```
[root@localhost root]# rpm -qa|grep vsftpd
```

假如结果显示为 vsftpd 的版本信息，则说明系统已安装 vsftpd 服务器。假如安装 RedHat Linux Fedora 22 时没有安装 vsftpd 服务器，则能够在图形坏境下单击“主菜单”→“程序”→“系统”→“软件管理”命令，在弹出的对话框里的分组中选择“服务器”，然后选中 vsftpd，单击选项后面的“安装”按钮，再点击 Apply 按钮按照提示安装即可。

另外也能够直接插入 Linux 系统的安装光盘，定位到/fedora22/Packages 下的 vsftpd 安装包，然后在终端命令窗口中运行以下命令即可开始安装进程：

```
[root@root RPMS] #rpm -ivh vsftpd-3.0.2-13.fc22.i686.rpm
```

2. 启停 vsftpd 服务

从 RedHat Linux 10 开始，默认只采用独立运行方式启动 vsftpd 服务，方法是在终端命令窗口中运行以下命令：

```
[root@localhost root]# service vsftpd start
```

重新启动 vsftpd 服务：

```
[root@localhost root]# service vsftpd restart
```

关闭 vsftpd 服务：

```
[root@localhost root]# service vsftpd stop
```

确认 vsftpd 服务已启动后，能够在任意一台 Windows 主机的 DOS 命令窗口里输入 ftp FTPAddress（用实际的 FTP 服务器 IP 地址或域名代替 FTPAddress），注意用户名、密码都是 ftp（ftp 是匿名用户的映射用户账号），如下所述：

```
E:\>ftp 192.168.25.1
Connected to 192.168.25.1.
220 <vsFTPd 3.0.2>
User <192.168.25.1:<none>>:ftp
331 Please specify the password.
Password:
230 Login successful.
ftp>
```

3. vsftpd 的配置

在 RedHat Linux Fedora 22 里，vsftpd 共有 3 个配置文档：vsftpd.ftpusers、vsftpd.user_list 和 vsftpd.conf。

vsftpd.ftpusers：位于/etc/vsftpd 目录下，它指定了哪些用户账户不能访问 FTP 服务器，如 root 等。

vsftpd.user_list：位于/etc/vsftpd 目录下，该文档里的用户账户在默认情况下也不能访问 FTP 服务器，仅当 vsftpd .conf 配置文档里启用 userlist_enable=NO 选项时才允许访问。

vsftpd.conf：位于/etc/vsftpd 目录下，它是一个文本文档，用户能够用 Kate、vi 等文本编辑工具对它进行修改，以此来自定义用户登录控制、用户权限控制、超时配置、服务器功能选项、服务器性能选项、服务器响应消息等 FTP 服务器的配置。

（1）用户登录控制。

anonymous_enable=YES：允许匿名用户登录。

no_anon_password=YES：匿名用户登录时无须输入密码。

local_enable=YES：允许本地用户登录。

deny_email_enable=YES：能够创建一个文档保存某些匿名电子邮件的黑名单，以防止 DOS 攻击。

banned_email_file=/etc/vsftpd.banned_emails：当启用 deny_email_enable 功能时，所需的电子邮件黑名单保存路径（默认为/etc/vsftpd.banned_emails）。

（2）用户权限控制。

write_enable=YES：开启全局上传权限。

local_umask=022：本地用户的上传文档的 umask 设为 022（系统默认是 077，一般都能够改为 022）。

anon_upload_enable=YES：允许匿名用户具备上传权限，很明显，必须启用 write_enable =YES 才能使用此项。同时还必须建立一个允许 ftp 用户能够读写的目录（前面说过，ftp 是匿名用户的映射用户账号）。

anon_mkdir_write_enable=YES：允许匿名用户有创建目录的权利。

chown_uploads=YES：启用此项，匿名上传文档的属主用户将改为别的用户账户，注意，这里建议不要指定 root 账号为匿名上传文档的属主用户。

chown_username=whoever：当启用 chown_uploads=YES 时所指定的属主用户账号，此处的 whoever 自然要用合适的用户账号来代替。

chroot_list_enable=YES：能够用一个列表限定哪些本地用户只能在自己的目录下活动，假如 chroot_local_user=YES，那么这个列表里指定的用户是不受限制的。

chroot_list_file=/etc/vsftpd.chroot_list：假如 chroot_local_user=YES，则指定该列表（chroot_local_user）的保存路径（默认是/etc/vsftpd.chroot_list）。

nopriv_user=ftpsecure：指定一个安全用户账号，让 FTP 服务器用作完全隔离和没有特权的单独用户。这是 vsftpd 系统推荐的选项。

async_abor_enable=YES：强烈建议不要启用该选项，否则将可能导致出错。

ascii_upload_enable=YES; ascii_download_enable=YES：默认情况下服务器会假装接受 ASCII 模式请求，但实际上会忽略这样的请求，启用上述的两个选项能够让服务器真正实现 ASCII 模式的传输。

注意：启用 ascii_download_enable 选项会让恶意远程用户在 ASCII 模式下用"SIZE/big/file"这样的指令大量消耗 FTP 服务器的 I/O 资源。

这些 ASCII 模式的配置选项分成上传和下载两个，这样就能够允许 ASCII 模式的上传（能够防止上传脚本等恶意文档而导致崩溃），而不会遭受拒绝服务攻击的危险。

（3）用户连接和超时选项。

idle_session_timeout=600：能够设定默认的空闲超时时间，用户超过这段时间不动作将被服务器踢出。

data_connection_timeout=120：设定默认的数据连接超时时间。

（4）服务器日志和欢迎信息。

dirmessage_enable=YES：允许为目录配置显示信息，显示每个目录下面的 message_file 文档的内容。

ftpd_banner=Welcome to blah FTP service：能够自定义 FTP 用户登录到服务器所看到的欢迎信息。

xferlog_enable=YES：启用记录上传/下载活动日志功能。

xferlog_file=/var/log/vsftpd.log：能够自定义日志文档的保存路径和文档名，默认是/var/log/vsftpd.log。

7.3 配置邮件服务器

7.3.1 电子邮件简介

1. 电子邮件工作原理

电子邮件的工作过程遵循客户/服务器模式。每份电子邮件的发送都要涉及到发送方与接收方，发送方构成客户端，而接收方构成服务器，服务器含有众多用户的电子信箱。发送方通过邮件客户程序将编辑好的电子邮件向邮局服务器（SMTP 服务器）发送。邮局服务器识别接收者的地址，并向管理该地址的邮件服务器（POP3 服务器）发送消息。邮件服务器将消息存放在接收者的电子信箱内，并告知接收者有新邮件到来。接收者通过邮件客户程序连接到服务器后，就会看到服务器的通知，进而打开自己的电子信箱来查收邮件。

通常 Internet 上的个人用户不能直接接收电子邮件，而是通过申请 ISP 主机的一个电子信箱，由 ISP 主机负责电子邮件的接收。一旦有用户的电子邮件到来，ISP 主机就将邮件移到用户的电子信箱内，并通知用户有新邮件。因此，当发送一封电子邮件给另一个客户时，电子邮件首先从用户计算机发送到 ISP 主机，再到 Internet，再到收件人的 ISP 主机，最后到收件人的个人计算机。

ISP 主机起着“邮局”的作用，管理着众多用户的电子信箱。每个用户的电子信箱实际上就是用户所申请的账号名。每个用户的电子信箱都要占用 ISP 主机一定容量的硬盘空间，由于这一空间是有限的，因此用户要定期查收和阅读电子信箱中的邮件，以便腾出空间来接收新的邮件。

电子邮件在发送与接收过程中都要遵循 SMTP、POP3 等协议，这些协议确保了电子邮件在各种不同系统之间的传输。其中 SMTP 负责电子邮件的发送，而 POP3 用于接收 Internet 上的电子邮件。

2. 电子邮件协议

（1）SMTP。

SMTP 称为简单邮件传输协议（Simple Mail Transfer Protocol），目标是向用户提供高效、可靠的邮件传输。SMTP 的一个重要特点是它能够在传输中接力传输邮件，即邮件可以通过不同网络上的主机接力式传送。它工作在两种情况下：一是电子邮件从客户机传输到服务器；二是从某一个服务器传输到另一个服务器。

SMTP 是一个请求/响应协议，它监听 25 号端口，用于接收用户的 Mail 请求，并与远端 Mail 服务器建立 SMTP 连接。

（2）POP3。

POP 的全称是 Post Office Protocol，即邮局协议，用于电子邮件的接收，现在常用的是第 3 版，所以简称为 POP3。POP3 仍采用客户/服务器工作模式，工作方式是客户端程序连接远程主机的 110 端口。当客户机需要服务时，客户端的软件（如 Outlook Express 或 Foxmail）将与 POP3 服务器建立 TCP 连接，此后要经过 POP3 协议的 3 种工作状态。首先是认证过程，确认客户机提供的用户名和密码，在认证通过后便转入处理状态，在此状态下用户可收取自己的邮件或删除邮件，在完成相应的操作后客户机便发出 quit 命令，此后便进入更新状态，将做删除标记的邮件从服务器端删除掉。到此为止整个 POP 过程完成。

（3）IMAP。

IMAP 是 Internet Message Access Protocol 的缩写，顾名思义，主要提供的是通过 Internet 获取信息的一种协议。IMAP 像 POP 那样提供了方便的邮件下载服务，让用户能进行离线阅读，但 IMAP 能完成的却远远不只这些。IMAP 提供的摘要浏览功能可以让用户在阅读完所有的邮件到达时间、主题、发件人、大小等信息后才作出是否下载的决定。

IMAP 是一种用于邮箱访问的协议，使用 IMAP 协议可以在客户端管理服务器上的邮箱，它与 POP 不同，邮件是保留在服务器上而不是下载到本地，在这一点上 IMAP 是与 Webmail 相似的。但 IMAP 有比 Webmail 更好的地方，它比 Webmail 更高效和安全、可以离线阅读等。

7.3.2 sendmail 服务器

sendmail 是基于简单邮件传输协议的电子邮件消息传输软件。1982 年由 Eric Allman 在美国加州大学伯克利分校首次开发成功。在互联网上 sendmail 邮件系统所存储和转发的电子邮件数量比其他任何一种邮件系统处理得都多。

UNIX 系统的用户中，sendmail 是应用最广的电子邮件服务器。sendmail 作为一种免费的邮件服务器软件，已被广泛地应用于各种服务器中，它在稳定性、可移植性等方面具有一定的特色，且可以在网络中搜索到大量的实用资料。如果使用 sendmail 来构建网站的电子邮件系统基本上不必费心，因为几乎所有的 UNIX 默认配置中都内置这个软件，只需要设置好操作系统，它就能立即运行起来。

1. 安装 sendmail 服务器

Fedora 22 以后不再默认安装 sendmail，需要自己手动安装。如果不确定 Linux 是否已经安装有 sendmail，可以输入以下命令查看：

```
[root@localhost root]# rpm -qa   sendmail
```

如果已经安装，则显示 sendmail 的版本信息，默认安装下为 sendmail-8.15.2-1.fc22.i686。如果确定没有安装，则能够在图形坏境下单击“主菜单”→“程序”→“系统”→“软件管理”命令，在弹出的对话框里的分组中选择“服务器”，然后选中 sendmail，单击选项后面的“安装”按钮，再点击 Apply 按钮按照提示安装即可。

也可以直接插入 Linux 的安装光盘，选择/fedora22/Packages 目录下的 sendmail-8.15.2-1.fc22.i686.rpm 安装包，之后运行：

```
[root@localhost root]# rpm -ivh sendmail-8.15.2-1.fc22.i686.rpm
```

即可开始安装，再用此方法在安装光盘的同一目录下依次安装 sendmail-cf.8.15.2-1.fc22.i686.rpm、sendmail-doc. 8.15.2-1.fc22.i686.rpm。

其中 sendmail-cf 是与 sendmail 服务器配置相关的文件和程序，sendmail-doc 是 sendmail 服务器的文档。

2. 启动 sendmail 服务器

方法一：在图形界面下依次选择“主菜单”→“程序”→“设置”→“系统设置”命令，如图 7-1 所示。然后在打开的“Systemd－系统设置”窗口里选中 sendmail 服务，右击选择“Start unit”后开始启动 sendmail 服务，如果启动成功，则 Active state 显示 active，如图 7-2 所示。

方法二：使用带参数的 sendmail 命令控制邮件服务器的运行。

```
[root@localhost root]# sendmail -bd -q 12h
```

-b：设定 sendmail 服务运行于后台。

-d：指定 sendmail 以 Daemon（守护进程）方式运行。

-q：设定当 sendmail 无法成功发送邮件时，就将邮件保存在队列里，并指定保存时间。如 12h 表示保留 12 小时。

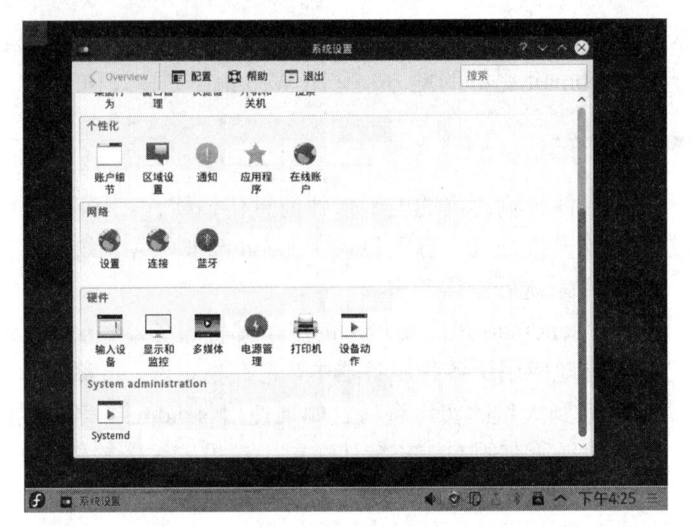

图 7-1　在图形界面中启动 Systemd

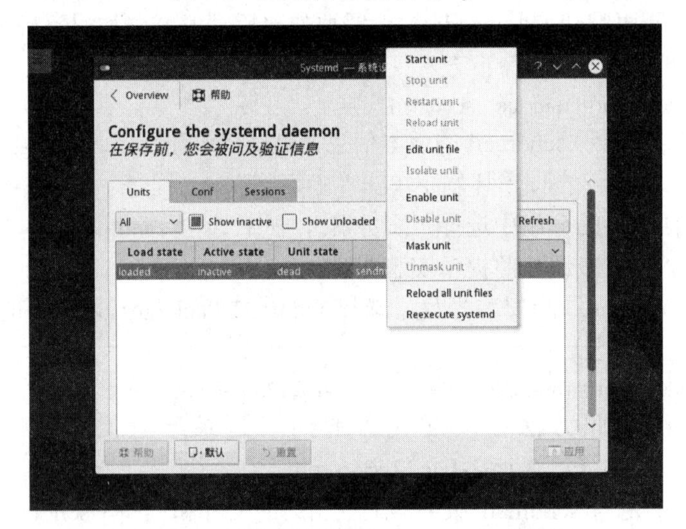

图 7-2　在图形界面中启动 sendmail 服务器

此外，要检测 sendmail 服务器是否正常运行可以使用命令行：

```
[root@localhost root]# service sendmail status
```

如果运行正常，则提示 sendmail 正在运行。

3. 配置 sendmail 服务器

sendmail.cf 是与 sendmail 服务器配置相关的文件和程序，其配置语法比较难懂，一般资料上都是采用 m4 宏处理程序来生成所需的 sendmail.cf 文件（使用 m4 编译工具一般不容易出错，还可以避免某些带有安全漏洞的宏对服务器造成的破坏）。其配置文件位于/etc/mail/sendmail.cf，在创建的过程中还需要一个模板文件，Linux 自带有一个模板文件，位于/etc/mail/sendmail.mc。故可以直接通过修改 sendmail.mc 模板来达到定制 sendmail.cf 文件的目的。配置步骤如下。

（1）用模板文件 sendmail.mc 生成 sendmail.cf 配置文件，并导出到/etc/mail/目录下，使用命令行：

```
m4 /etc/mail/sendmail.mc > /etc/mail/sendmail.cf
```

（2）使用如下命令重启 sendmail 服务器：

```
[root@localhost root]# service sendmail srestart
```

至此，邮件服务系统配置完成，已经正常工作。接下来就是创建具体的账户了。

此步骤相对简单，只需在 Linux 里新增一个用户即可。依次选择“主菜单”→“程序”→“系统”→“用户管理程序”选项，弹出对话框，单击 Add 按钮添加用户，在弹出的“创建新用户”窗口中输入用户名及密码。

也可以使用命令来创建 mail 使用账号，其命令如下：

```
[root@localhost root]# adduser mailUser -p pwd
```

表示创建了一个 mailUser 的账号，密码为 pwd。

4. 设置邮件别名

为了使单一用户能够使用多个邮件地址，还需要进行别名（alias）设置。别名是 sendmail 最重要的功能之一，它在 aliases 这个文本文件中定义，aliases 文件的位置由 sendmail.cf 配置文件指定，一般位于/etc 目录下。比如前面建立的 mailUser 用户如果要拥有两个邮件地址：mailLinux@yourdomain.com 和 mailUnix@yourdomain.com，可按如下步骤设置：

（1）新增一个账号 mailOS，然后用 Linux 的文本编辑器打开/etc/aliases，在里面加上 dearpeter: mailOS 和 truepeter: mailOS 这两个命令行。

（2）在命令提示符下运行 newaliases 命令，以要求 sendmail 重新读取/etc/aliases 文件。如果正确无误，会出现一段回应消息，表示配置成功。这样就可以使用 mailUser 用户的这两个邮件地址给 mailOS 发信，而 mailOS 则只需用其中一个账号即可接收发送给以上两个地址的所有邮件。

5. 安装并启用 IMAP

配置好 sendmail 服务器后，应该就可以用 Outlook Express 正常发送邮件了，但这时还不能用 Outlook Express 从服务器端收取邮件，因为 sendmail 默认状态并不具备 POP3 功能，要使 sendmail 具备 POP3 功能，用户还必须安装 IMAP，dovecot 实现了这些协议。

（1）POP3（IMAP）服务器安装。

在命令提示符下使用如下命令检查系统是否安装了 dovecot（即 IMAP）：

```
[root@localhost root]# rpm -qa dovecot
```

如果已经安装，则显示 dovecot 的版本信息。如果确定没有安装，则能够在图形环境下单击“主菜单”→“程序”→“系统”→“软件管理”命令，在弹出的对话框里的分组中选择“服务器”，然后选中 dovecot，单击选项后面的“安装”按钮，再点击 Apply 按钮按照提示安装即可。

另外也能够直接插入 Linux 的安装光盘，选择/fedora22/Packages 目录下的 dovecot-2.2.21-2.fc22.i686.rpm 安装包，之后运行：

```
[root@localhost root]# cd /mnt/cdrom/fedora22/Packages
[root@localhost root]# rpm -ivh dovecot-2.2.21-2.fc22.i686.rpm
```

（2）启用 POP3（IMAP）服务。

在命令提示符下使用如下命令启动 POP3（IMAP）服务：

```
[root@localhost root]# service dovecot start
```

尽管 dovecot 命令它只启动 IMAP 服务器，但是它还会启动 POP3。

7.4 网络文件系统

7.4.1 网络文件系统简介

网络文件系统（NFS，Network File System）是一种将远程主机上的分区（目录）经由网络挂载到本地系统的机制，通过对网络文件系统的支持，用户可以在本地系统上像操作本地分区一样来对远程主机的共享分区（目录）进行操作。

NFS 最初是由 Sun 公司于 1984 年开发出来的，最主要的功能就是让网络上的 UNIX 计算机可以共享目录及文件。用户可以将远程主机所共享出来的文件系统挂载 （mount）到本地系统上，然后就可以很方便地访问远程主机上的文件，而操作起来就像在本地操作一样，不会感到有什么不同。

NFS 至少有两个主要部分：一台服务器和一台或更多的客户机。客户机通过 NFS 远程访问存放在服务器上的数据。客户机和服务器通过远程过程调用（Remote Procedure Call，RPC）通信，当客户机主机上的应用程序访问远程文件时，客户机向远程服务器发送一个请求，客户进程阻塞，等待远程服务器应答，远程服务器接收到客户请求后就处理请求并将结果返回给客户机。

NFS 的使用有如下优点：

（1）用户通常要访问的数据可以集中存储在一台中央服务器上，客户可以通过 NFS 访问中央服务器上的数据，极大地为本地工作站节约了磁盘空间。

（2）客户访问远程主机上的文件是透明的，不必知道文件真正的物理存储位置。

（3）诸如软驱、CD-ROM 之类的存储设备可以通过 NFS 供其他机器使用，可减少整个网络上的可移动介质设备的数量。

7.4.2 配置网络文件系统

1. 启用 NFS 服务

首先检测 NFS 服务是否正常运行，可以使用命令行：

```
[root@localhost root]# service nfs status
```

如果运行正常，则提示 nfs 正在运行。

如果没有启用，在命令提示符下使用如下命令启用 NFS 服务：

```
[root@localhost root]# service nfs start
```

2. 服务器端配置要导出的文件系统或目录

服务器端通过/etc/exports 文件配置要导出的文件系统或目录，该文件控制对目录的共享。书写规则是：

```
共享目录 主机(参数)
```

例如：

```
/mnt/cdrom *.linux.com(ro, sync) *.unix.com(rw, sync)
```

上述规则表示将本机的/mnt/cdrom 目录以只读同步方式共享给*.linux.com 主机，并且以读写同步方式共享给*.unix.com 主机。任何共享目录都要指定 sync 或 async，也就是指定文件写入磁盘之前共享 NFS 目录是否响应命令。

主机可以使用如下几种格式。

（1）单个机器：可以使用一个能够被服务器解析的全限定域名、主机名或 IP 地址。

（2）使用通配符指定的一系列机器：使用“*”或“?”字符来指定字符串匹配。通配符不能被用在 IP 地址中。当在全限定域名中指定通配符时，点（.）不包括在通配符的匹配范围内。

例如，*.linux.com 包括 bbs.linux.com，但不包括 bbs.redhat.linux.com。

（3）IP 网络：使用 a.b.c.d/z 形式，其中 a.b.c.d 表示网络，z 表示子网掩码中的位数（如 192.168.0.0/24）。另一种可以接受的格式是 a.b.c.d/netmask，其中 a.b.c.d 表示网络，netmask 是子网掩码（如 192.168.100.8/255.255.255.0）。

下面是一些 NFS 共享的常用参数。

ro：只读访问。

rw：读写访问。

sync：所有数据在请求时写入共享。

async：异步将数据写入磁盘（不是在客户机请求时写入）。

修改了/etc/exports 而不想重新启动 nfs，只需运行如下命令即可：

```
[root@localhost root]# exportfs -a
```

3. 使用 mount 挂载 NFS 文件系统

可以简单地使用 mount 命令挂载 NFS 服务器的文件系统，挂载远程文件系统和挂载本地文件系统是一样的，唯一的不同是要在文件系统的描述前面加上远程文件系统的主机名称，如果该主机在/etc/hosts 中出现了，那么在命令中使用主机名即可，否则就要使用 IP 地址。

其语法格式一般为：

```
# mount servername:/exported_dir /dir_to_mount –t nfs
```

即把 servername NFS 服务器 exported_dir 目录下的文件挂载到本机的 dir_to_mount 目录下。

例如：

```
[root@localhost root]# mount bbs.linux.com:/linuxbbs/export /mnt/local -t nfs
```

该命令中，bbs.linux.com 是 NFS 文件服务器的主机名；/linuxbbs/export 是该服务器要导出的文件系统；/mnt/local 是该文件系统在本地机器上的挂载位置。mount 命令运行之后，客户机用户可以执行#ls /mnt/local 命令来显示 bbs.linux.com 上的/linuxbbs/export 目录中的文件列表，但本机上的挂载点目录 /mnt/local 必须存在。

客户机在共享 mount 服务器的资源时，可以传递一些命令选项，如：

```
[root@localhost root]# mount servername:/export /home/import -o ro -t nfs
```

表示把 servername 主机的/export 目录挂在本地的/home/import 录下，只读。其他选项如下。

rw：可以读写。

intr：出现问题时可以中断。

retrans：为 soft 指定尝试次数。

soft：允许经过 retrans 次尝试后停止并返回失败信息。

当要卸载服务器的文件系统时，和本地一样，使用 umount 命令：

```
[root@localhost root]# umount /home/import
```

4. 使用/etc/fstab 启动时自动挂载

使用/etc/fstab 文件可以在启动时自动挂载远程主机的文件系统。/etc/fstab 文件包含了以哪种方式挂载哪种文件系统的信息。对于 NFS 的 mount，它包括了服务器名字、释放（export）的服务器目录、本地的挂载点（mount point）和控制挂载的一些选项。

下面是一个/etc/fstab 文件的例子：

```
#device mount_point filesystem_type option fsck
/dev/hda5 / ext2 defaults 1 1
/dev/hda6 /usr ext2 defaults 1 2
/dev/hda9 /usr/local ext2 defaults 1 2
/dev/hda8 swap swap defaults 0 0
/dev/fd0 /mnt/floppy ext2 noauto 0 0
/dev/cdrom /mnt/cdrom iso9660 noauto,ro 0 0
none /proc proc defaults 0 0
none /dev/pts devpts mode=0622 0 0
servername:/usr/local/pub /pub nfs rsize=8192,wsize=8192,timeo=14,intr
```

该文件列出了各种文件系统的信息，每一个文件系统单独一行，每行的域的信息以空格或 tab 分开。在 fstab 文件中，行的前后顺序是很重要的，因为这可能对 fsck、mount 和 umount 等命令有影响。

该文件最后一行是 NFS 文件系统信息，本机系统在启动时会尝试挂载主机 servername 的/usr/local/pub 到本地的/pub，文件系统类型是 nfs，最后两个供 fsck 使用的参数不填，表示不进行检查。

注意 NFS 服务器和客户机是相对的，一个提供共享资源的 NFS 服务器，也可以共享其他 NFS 服务器的资源。要在系统启动时就挂载其他 NFS 服务器的资源，可以修改/etc/fstab 文件。

7.5 安装 Web 服务器

7.5.1 Web 服务器概述

1. Web 服务器简介

WWW 是 World Wide Web（环球信息网）的缩写，也可以简称为 Web，中文名字为“万维网”。它起源于 1989 年 3 月，是由欧洲量子物理实验室 CERN（the European Laboratory for Particle Physics）所发展出来的主从结构分布式超媒体系统。通过万维网，人们只要通过使用简单的方法，就可以很迅速方便地取得丰富的信息资料。由于用户在通过 Web 浏览器访问信息资源的过程中，无须再关心一些技术性的细节，而且界面非常友好，因而 Web 在 Internet 上一推出就受到了热烈的欢迎，走红全球，并迅速得到了爆炸性的发展。

WWW 采用的是客户/服务器结构，其作用是整理和存储各种 WWW 资源，并响应客户端软件的请求，把客户所需的资源传送到 Windows、UNIX 或 Linux 等平台上。目前使用最多的 Web 服务器软件有两个：微软的信息服务器 IIS 和 Apache。Web 服务器可以解析 HTTP 协议。当 Web 服务器接收到一个 HTTP 请求时，会返回一个 HTTP 响应，例如送回一个 HTML 页面。为了处理一个请求，Web 服务器可以响应一个静态页面或图片，进行页面跳转，或者把动态响应的产生委托给其他的程序，例如 CGI 脚本、JSP 脚本、servlets、ASP 脚本、服务器端 JavaScript 等。这些服务器端程序通常产生一个 HTML 响应让浏览器可以浏览。

Web 服务器的代理模型也非常简单。当一个请求被送到 Web 服务器时，它只单纯地把请求传递给可以很好地处理请求的服务器端脚本。Web 服务器仅仅提供一个可以执行服务器端程序和返回程序所产生的响应的环境，而不会超出职能范围。服务器端程序通常具有事务处理、数据库连接和消息等功能。

虽然 Web 服务器不支持事务处理或数据库连接，但它可以配置各种策略来实现容错性和可扩展性，如负载平衡、缓冲。

2. 常用的 Web 服务器

在 UNIX 和 Linux 平台下使用最广泛的免费 HTTP 服务器是 W3C、NCSA 和 Apache 服务器，而 Windows 平台使用 IIS 作为 Web 服务器。在选择 Web 服务器时应考虑的自身特性因素有：性能、安全性、日志和统计、虚拟主机、代理服务器、缓冲服务和集成应用程序等，下面介绍几种常用的 Web 服务器。

（1）Microsoft IIS。

Microsoft 的 Web 服务器产品为 Internet Information Server（IIS），IIS 是允许在公共 Intranet 或 Internet 上发布信息的 Web 服务器。IIS 是目前最流行的 Web 服务器产品之一，很多著名的网站都是建立在 IIS 的平台上。IIS 提供了一个图形界面的管理工具，称为 Internet 服务管理器，可用于监视、配置和控制 Internet 服务。

IIS 是一种 Web 服务组件，其中包括 Web 服务器、FTP 服务器、NNTP 服务器和 SMTP 服务器，分别用于网页浏览、文件传输、新闻服务和邮件发送等方面，它使得在网络上发布信息成了一件很容易的事。它提供 ISAPI（Intranet Server API）作为扩展 Web 服务器功能的编程接口，同时它还提供一个 Internet 数据库连接器，可以实现对数据库的查询和更新。

（2）IBM WebSphere。

WebSphere Application Server 是一种功能完善、开放的 Web 应用服务器，是 IBM 电子商务计划的核心部分，它基于 Java 的应用环境，用于建立、部署和管理 Internet 和 Intranet Web 应用程序。这一整套产品进行了扩展，以适应 Web 应用程序服务器的需要，范围从简单到高级直到企业级。

WebSphere 针对以 Web 为中心的开发人员，他们都是在基本 HTTP 服务器和 CGI 编程技术上成长起来的。IBM 将提供 WebSphere 产品系列，通过提供综合资源、可重复使用的组件、功能强大并易于使用的工具，以及支持 HTTP 和 IIOP 通信的可伸缩运行的环境，来帮助这些用户从简单的 Web 应用程序转移到电子商务世界中。

（3）BEA WebLogic。

BEA WebLogic Server 是一种多功能、基于标准的 Web 应用服务器，为企业构建自己的应用提供了坚实的基础。各种应用开发、部署所有关键性的任务，无论是集成各种系统和数据库，还是提交服务、跨 Internet 协作，起始点都是 BEA WebLogic Server。由于它具有全面的功能、对开放标准的遵从性、多层架构、支持基于组件的开发，基于 Internet 的企业都选择它来开发、部署最佳的应用。

BEA WebLogic Server 在使应用服务器成为企业应用架构的基础方面继续处于领先地位。BEA WebLogic Server 为构建集成化的企业级应用提供了稳固的基础，它们以 Internet 的容量和速度，在联网的企业之间共享信息、提交服务，实现协作自动化。

（4）Apache。

Apache 仍然是世界上用得最多的 Web 服务器，市场占有率达 60%左右。它源于 NCSA httpd 服务器，当 NCSA WWW 服务器项目停止后，那些使用 NCSA WWW 服务器的人们开始交换用于此服务器的补丁，这也是 Apache 名称的由来（pache，补丁）。世界上很多著名的网站都是 Apache 的产物，它的成功之处主要在于它的源代码开放、有一支开放的开发队伍、支持跨平台的应用（可以运行在几乎所有的 UNIX、Windows、Linux 系统平台上）以及它的可移植性等方面。

（5）Tomcat。

Tomcat 是一个开放源代码、运行 Servlet 和 JSP Web 应用软件的基于 Java 的 Web 应用软件容器。Tomcat 是根据 Servlet 和 JSP 规范进行执行的，因此可以说 Tomcat 也实行了 Apache-Jakarta 规范且比绝大多数商业应用软件服务器要好。

Tomcat 是由 JavaServlet 2.2 和 JavaServer Pages 1.1 技术的标准实现，是基于 Apache 许可证下开发的自由软件。Tomcat 是完全重写的 Servlet API 2.2 和 JSP 1.1 兼容的 Servlet/JSP 容器。Tomcat 使用了 JServ 的一些代码，特别是 Apache 服务适配器。随着 Catalina Servlet 引擎的出现，Tomcat 第四版的性能得到提升，使得它成为一个值得考虑的 Servlet/JSP 容器，因此目前许多 Web 服务器都采用 Tomcat。

7.5.2 Apache 的特性

1. Apache1.3 的特性

Apache 是市场占有率最高的 Web 服务器。它可以运行在几乎所有广泛使用的计算机平台上。Apache 服务器拥有以下特性：

（1）支持最新的 HTTP/1.1 通信协议。

（2）拥有简单而强有力的基于文件的配置过程。

（3）支持通用网关接口。

（4）支持基于 IP 和基于域名的虚拟主机。

（5）支持多种方式的 HTTP 认证。

（6）集成 Perl 处理模块。

（7）集成代理服务器模块。

（8）支持实时监视服务器状态和定制服务器日志。

（9）支持服务器端包含指令（SSI）。

（10）支持安全 Socket 层（SSL）。

（11）提供用户会话过程的跟踪。

（12）支持 FastCGI。

（13）通过第三方模块可以支持 JavaServlets。

2. Apache2.0 的新特性

Linux 自带的 Apache2.0 除了具备 Apache1.3 几乎所有的特性外，还具备自身独有的增强特性，主要表现在以下方面：

（1）UNIX 线程。在支持 POSIX 线程的 UNIX 系统上，现在 Apache 能在混合的多进程、多线程模式下运行，使很多（但非全部）配置的可伸缩性得到了改善。

（2）新的编译系统。重写了编译系统，现在基于 autoconf 和 libtool，使得 Apache 的配置系统与其他软件包更加相似。

（3）多协议支持。Apache 现在已经拥有了能够支持多协议的底层构造，mod_echo 就是一个例子。

（4）对非 UNIX 平台更好的支持。Apache2.0 在诸如 BeOS、OS/2、Windows 等非 UNIX 平台上有了更好的速度和稳定性。随着平台特定的多路处理模块（MPM）和 Apache 可移植运行时（APR）的引入，Apache 在这些平台上的指令由它们本地的 API 指令实现，避免了以往使用 POSIX 模拟层造成的 bug 和性能低下。

（5）新的 Apache API。2.0 中模块的 API 有了重大改变。很多 1.3 中模块排序和模块优先级的问题已经不复存在了。2.0 自动处理了很多这样的问题，模块排序现在用 per-hook 的方法进行，从而拥有了更大的灵活性。另外，增加了新的调用以提高模块的性能，而无须修改 Apache 服务器核心。

（6）IPv6 支持。在所有能够由 Apache 可移植运行时库（APR library）提供 IPv6 支持的系统上，Apache 默认使用 IPv6 侦听套接字。另外，Listen、NameVirtualHost、VirtualHost 指令也支持 IPv6 的数字地址串（如"Listen [2001:db8::1]:8080"）。

（7）过滤器。Apache 的模块现在可以写成过滤器的形式，当内容流经它进入服务器或从服务器流出时进行处理。比如，可以用 mod_include 中的 INCLUDES 过滤器将 CGI 脚本的输出解析为服务器端包含指令。而 mod_ext_filter 允许外部程序充当过滤器的角色，就像用 CGI 程序作处理器一样。

（8）多语种错误应答。返回给浏览器的错误信息现在已经用 SSI 文档实现了多语种化。管理员可以利用此功能进行定制以达到感观的一致。

（9）简化了配置。很多易混淆的配置项已经进行了简化。经常产生混淆的 Port 和 BindAddress 配置项已经取消了；用于绑定 IP 地址的只有 Listen 指令；ServerName 指令中指定的服务器名和端口仅用于重定向和虚拟主机的识别。

（10）本地 Windows NT Unicode 支持。Apache2.0 在 Windows NT 上的文件名全部使用 utf-8 编码。这个操作直接转换成底层的 Unicode 文件系统，由此为所有以 Windows NT（包括 Windows 2000/XP/2003）为基础的安装提供了多语言支持。这一支持目前尚未涵盖 Windows 95/98/ME 系统，因为它们仍使用机器本地的代码页进行文件系统的操作。

（11）正则表达式库更新。Apache2.0 包含了 Perl 兼容的正则表达式库（PCRE）。所有正则表达式现在都使用了更强大的 Perl 5 语法。

7.5.3 Apache 的配置

1. 安装 Apache 服务器

Fedora 22 系统一般会默认安装 Apache 服务器。可以在终端命令窗口中输入以下命令进行验证：

```
[root@localhost root]# rpm -qa|grep httpd
```

假如结果显示出 httpd-manual 和 httpd 服务，则说明系统已安装 Apache 服务器，http-manual 是 Appache 说明手册。假如没有安装 httpd 服务器，则能够在图形坏境下单击“主菜单”→“程序”→“系统”→“软件管理”命令，在弹出的对话框里的分组中选择“服务器”，然后选中 httpd，单击选项后面的“安装”按钮，再点击 Apply 按钮按照提示安装即可。

另外也能够直接插入 Linux 的安装光盘，定位到/fedora22/Packages 下的 httpd-2.4.12-1.fc22.i686.rpm、httpd-manual-2.4.12-1.fc22.i686.rpm 安装包，然后在终端命令窗口中运行以下命令即可开始安装进程：

```
[root@root RPMS] # rpm -ivh httpd-2.4.12-1.fc22.i686.rpm
[root@root RPMS] # rpm -ivh httpd-manual-2.4.12-1.fc22.i686.rpm
```

2. 启停 httpd 服务

从 RedHat Linux 10 开始，默认只采用独立运行方式启动 httpd 服务，方法是在终端命令窗口中运行以下命令：

```
[root@localhost root]# service httpd start
```

检验 httpd 是否被启动：

```
[root@localhost root]# pstree|grep httpd
```

重新启动 httpd 服务：

```
[root@localhost root]# service httpd restart
```

关闭 httpd 服务：

```
[root@localhost root]# service httpd stop
```

查看 httpd 服务运行状态：

```
[root@localhost root]# service httpd status
```

3. httpd 的配置

Apache 的默认重要配置信息如下。

配置文件：/etc/httpd/conf/httpd.conf。

服务器的根目录：/etc/httpd。

根文档目录：/var/www/html。

访问日志文件：/var/log/httpd/access_log。

错误日志文件：/var/log/httpd/error_log。

运行 Apache 的用户：apache。

运行 Apache 的组：apache。

监听端口：80。

模块存放路径：/usr/lib/httpd/modules。

Apache 中有一个最重要的配置文件 httpd.conf，该文件路径为/etc/httpd/conf/httpd.conf，该文件默认的配置几乎不需要修改即可满足用户的需要，但用户可以根据自己的需要修改该文件中如下一些基本配置指令。

KeepAlive：将 KeepAlive 的值设为 On，以便提高访问性能。

MaxClients：最大客户连接数，根据服务容量修改此值。

ServerAdmin：将 ServerAdmin 的值设为 Apache 服务器管理员的 E-mail 地址。

ServerName：设置服务器名。

DirectoryIndex：在此指令后添加其他的默认主页文件名，如可以添加 index.htm、index.php 等。

IndexOptions：可以在此指令后添加 FoldersFirst 表示让目录列在前面（类似于资源管理器）。

7.6　网络安全

国际标准化组织（ISO）对计算机系统安全的定义是：为数据处理系统的建立、采用的技术和管理提供安全保护，保护计算机硬件、软件和数据不因偶然和恶意的原因遭到破坏、更改和泄露。由此可以将计算机网络的安全理解为：通过采用各种技术和管理措施，使网络系统正常运行，从而确保网络数据的可用性、完整性和保密性。所以，建立网络安全保护措施的目的是确保经过网络传输和交换的数据不会增加、修改、丢失和泄露等。

7.6.1　网络安全主要特征

网络安全主要有保密性、完整性、可用性和可控性等特征。

1. 保密性

保密性是指信息不泄漏给非授权的用户、实体或过程，或不供其利用的特性。数据保密性就是保证具有授权的用户可以访问数据，而限制其他人对数据的访问。数据保密性分为网络传输保密性和数据存储保密性。

2. 完整性

完整性是指数据未经授权不能进行改变的特性，即信息在存储或传输过程中保持不被修改、不被破坏和丢失的特性。数据完整性的目的就是保证计算机系统上的数据和信息处于一种完整和未受损坏的状态。这就是说，数据不会因有意或无意的事件而被改变或丢失。数据完整性的丧失会直接影响到数据的可用性。

3. 可用性

可用性是指被授权实体访问并按需求使用的特性，即当需要时能否存取和访问所需的信息。

4. 可控性

可控性是指对信息的传播及内容具有控制能力。

7.6.2　网络安全威胁

所谓的安全威胁是指某个实体（人、事件、程序等）对某一资源的机密性、完整性、可用性在合法使用时可能造成的危害。这些可能出现的危害，是某些别有用心的人通过一定的攻击手段来实现的。

安全威胁可分成故意的（如系统入侵）和偶然的（如将信息发到错误地址）两类。故意威胁又可进一步分成被动威胁和主动威胁两类。被动威胁只对信息进行监听，而不对其进行修改和破坏。主动威胁则对信息进行故意篡改和破坏，使合法用户得不到可用信息。

1. 基本的安全威胁

网络安全具备 4 个方面的特征，即保密性、完整性、可用性和可控性。下面的 4 个基本安全威胁直接针对这 4 个安全目标。

（1）信息泄露：信息泄露给某个未经授权的实体。这种威胁主要来自窃听、搭线等信息探测攻击。

（2）完整性破坏：数据的一致性由于受到未授权的修改、创建、破坏而损坏。

（3）拒绝服务：对资源的合法访问被阻断。拒绝服务可能由以下原因造成：攻击者对系统进行大量的、反复的非法访问尝试而造成系统资源过载，无法为合法用户提供服务；系统物理或逻辑上受到破坏而中断服务。

（4）非法使用：某一资源被非授权人或以非授权方式使用。

2. 主要的可实现的威胁

主要的可实现的威胁可以直接导致某一基本威胁的实现，主要包括渗入威胁和植入威胁。

主要的渗入威胁有：

（1）假冒。即某个实体假装成另外一个不同的实体。这个未授权实体以一定的方式使安全守卫者相信它是一个合法的实体，从而获得合法实体对资源的访问权限。这是大多黑客常用的攻击方法。

（2）旁路。攻击者通过各种手段发现一些系统安全缺陷，并利用这些安全缺陷绕过系统防线渗入到系统内部。

（3）授权侵犯。对某一资源具有一定权限的实体，将此权限用于未被授权的目的，也称“内部威胁”。

主要的植入威胁有：

（1）特洛伊木马。它是一种基于远程控制的黑客工具，具有隐蔽性和非授权性的特点。隐蔽性是指木马的设计者为了防止木马被发现，会采取多种手段隐藏木马，即使用户发现感染了木马，也不易确定其具体位置。非授权性是指一旦控制端与服务端（被攻击端）连接后，控制端就能够通过木马程序窃取服务端的大部分操作权限，包括修改文件、修改注册表、运行程序等。

（2）陷门。在某个系统或某个文件中预先设置“机关”，使得当提供特定的输入时，允许违反安全策略。

7.6.3 网络安全主要技术

1. 杀毒软件技术

杀毒软件技术是用得最为普遍的安全技术方案，因为这种技术实现起来最为简单，但杀毒软件的主要功能就是杀毒，功能十分有限，不能完全满足网络安全的需要。这种方式对于个人用户或小企业或许还能满足需要，但如果个人或企业有电子商务方面的需求，就不能完全满足了。随着杀毒软件技术的不断发展，现在的主流杀毒软件同时能预防木马及其他一些黑客程序的入侵，还有的杀毒软件同时提供了软件防火墙，具有了一定的防火墙功能，在一定程度上能起到硬件防火墙的功效，如瑞星防火墙、金山防火墙、Norton 防火墙等。

2. 防火墙技术

“防火墙”是一种形象的说法，其实它是一种计算机硬件和软件的组合，使互联网与内部网之间建立起一个安全网关，从而保护内部网免受非法用户的入侵，它其实就是一个把互联网与内部局域网分隔的屏障。

防火墙如果从实现方式上来分，又分为硬件防火墙和软件防火墙两类，通常意义上讲的硬防火墙为硬件防火墙，它是通过硬件和软件的结合来达到隔离内、外部网络的目的，价格较贵，但效果较好，一般小型企业和个人很难实现；软件防火墙是通过纯软件的方式来达到的，价格很便宜，但这类防火墙只能通过一定的规则来达到限制一些非法用户访问内部网的目的。

现在软件防火墙主要有天网防火墙、Norton 防火墙，还有许多原来是开发杀毒软件的开发商现在也开发了软件防火墙，如 KV 系列、KILL 系列、金山系列、瑞星系列等。硬件防火墙如果从技术上来分又可分为两类，即标准防火墙和双家网关防火墙。标准防火墙系统包括一个 UNIX 工作站，该工作站的两端各接一个路由器进行缓冲。其中一个路由器的接口是外部世界，即公用网；另一个则连接内部网。标准防火墙使用专门的软件，并要求较高的管理水平，而且在信息传输上有一定的延迟。双家网关则是标准防火墙的扩充，又称堡垒主机或应用层网关，它是一个单个的系统，但却能同时完成标准防火墙的所有功能。其优点是能运行更复杂的应用，同时防止在互联网和内部系统之间建立的任何直接的边界，可以确保数据包不能直接从外部网络到达内部网络，反之亦然。

随着防火墙技术的发展，双家网关的基础上又演化出两种防火墙配置：一种是隐蔽主机网关方式，另一种是隐蔽智能网关（隐蔽子网）。隐蔽主机网关是当前常见的一种防火墙配置，顾名思义，这种配置一方面将路由器隐蔽，另一方面在互联网和内部网之间安装堡垒主机。堡垒主机装在内部网上，通过路由器的配置使该堡垒主机成为内部网与互联网进行通信的唯一系统。目前技术最为复杂而且安全级别最高的防火墙是隐蔽智能网关，它将网关隐藏在公共系统之后使其免遭直接攻击。隐蔽智能网关提供了对互联网服务进行几乎透明的访问，同时阻止了外部未授权访问对专用网络的非法访问。一般来说，这种防火墙是最不容易被破坏的。

3. 文件加密和数字签名技术

与防火墙配合使用的安全技术还有文件加密和数字签名技术，它是为提高信息系统及数据的安全性和保密性，防止秘密数据被外部窃取、侦听或破坏所采用的主要技术手段之一。随着信息技术的发展，网络安全与信息保密日益引起人们的关注。目前各国除了从法律上、管理上加强数据的安全保护外，从技术上分别在软件和硬件两方面采取措施，推动着数据加密技术和物理防范技术的不断发展。按作用不同，文件加密和数字签名技术主要分为数据传输、数据存储、数据完整性的鉴别、密钥管理技术 4 种。

（1）数据传输加密技术。目的是对传输中的数据流加密，常用的方法有线路加密和端对端加密两种。前者侧重在线路上而不考虑信源与信宿，是对保密信息通过各线路采用不同的加密密钥提供安全保护。后者则指信息由发送者端通过专用的加密软件，采用某种加密技术对所发送文件进行加密，把明文（即原文）加密成密文（加密后的文件，这些文件内容是一些看不懂的代码），然后进入 TCP/IP 数据包封装穿过互联网，当这些信息一旦到达目的地便由收件人运用相应的密钥进行解密，使密文恢复成为可读数据明文。目前最常用的加密技术有对称加密技术和非对称加密技术，对称加密技术是指同时运用一个密钥进行加密和解密，非对称加密方式就是加密和解密所用的密钥不一样，它有一对密钥，称为公钥和私钥，这两个密钥必须配对使用，也就是说用公钥加密的文件必须用相应的私钥才能解密，反之亦然。用非对称加密方式进行加密的软件目前最流行的是 PGP。

（2）数据存储加密技术。这种加密技术的目的是防止在存储环节上的数据失密，可分为密文存储和存取控制两种。前者一般是通过加密法转换、附加密码、加密模块等方法实现，如上面提到的 PGP 加密软件，它不仅可以为互联网上通信的文件进行加密和数字签名，还可以对本地硬盘的文件资料进行加密，防止非法访问。这种加密方式不同于 Office 文档中的密码保护，用加密软件加密的文件在解密前内容都会作一下代码转换，把原来普通的数据转变成一堆看不懂的代码，这样就保护了原文件不被非法阅读、修改。后者则是对用户资格、权限加以审查和限制，防止非法用户存取数据或合法用户越权存取数据，这种技术主要应用于 NT 系统和一些网络操作系统中，在系统中可以对不同工作组的用户赋予相应的权限以达到保护重要数据不被非法访问。

（3）数据完整性鉴别技术。该技术主要对介入信息的传送、存取、处理的用户的身份和相关数据内容进行验证，从而达到保密的要求，一般包括口令、密钥、身份、数据等项的鉴别，系统通过对比验证对象输入的特征值是否符合预先设定的参数，实现对数据的安全保护。这种鉴别技术主要应用于大型的数据库管理系统中，因为一个单位的数据通常是一个单位的命脉，所以保护好公司数据库的安全通常是一个单位网管，甚至到一把手的最重要的责任。数据库系统会根据不同用户设置不同的访问权限，并对其身份及权限的完整性进行严格识别。

（4）密钥管理技术。上面讲到的数据加密技术通常是运用密钥对数据进行加密，这就涉及了一个密钥的管理方面，因为用加密软件进行加密时所用的密钥通常不是平常所用的密码仅仅几位，至多十几位数字或字母，一般情况下这种密钥有 64 位，有的达到 128 位，我们一般不可能完全用大脑来记住这些密钥，只能将其保存在一个安全的地方，所以这就涉及到了密钥的管理技术。密钥的保存媒体通常有磁卡、磁带、磁盘、半导体存储器等，但这些都可能有损坏或丢失的危险，所以现在的主流加密软件都采取第三方认证（这第三方可以是个人，也可以是公证机关）或采用随机密钥来弥补人们记忆上的不足，比如 PGP 加密软件，不过现在的 Windows 2000 系统以及其他一些加密软件都在慢慢地往这个方向发展。

除了上面介绍的几种网络安全技术之外，还有一些被广泛应用的网络安全技术，如身份验证、存取控制、安全协议等。

需要强调的是，网络安全是一个系统工程，不是单一的产品或技术可以完全解决的。这是因为网络安全包含多个层面，既有层次上的划分、结构上的划分，也有防范目标上的差别。在层次上涉及到网络层的安全、传输层的安全、应用层的安全等；在结构上，不同结点考虑的安全是不同的；在目标上，有些系统专注于防范破坏性的攻击，有些系统是用来检查系统的安全漏洞，有些系统用来增强基本的安全环节（如审计），有些系统解决信息的加密、认证问题，有些系统考虑的是防病毒的问题。任何一个产品不可能解决全部层面的问题，这与系统的复杂程度、运行的位置和层次都有很大关系，因而一个完整的安全体系应该是一个由具有分布性的多种安全技术或产品构成的复杂系统，既有技术的因素，也包含人的因素。用户需要根据自己的实际情况选择适合自己需求的技术和产品。

习题七

一、填空题

1. ________中包含了 IP 地址和主机名之间的映射，还包括主机名的别名。
2. ________中包含了服务名和端口号之间的映射。
3. 按作用不同，文件加密和数字签名技术主要分为________、________、________和________4 种。

二、简答题

1．网络安全的特征包括哪几个方面？
2．什么是防火墙？其作用有哪些？
3．NFS 有什么作用？

第 8 章　远程管理系统

8.1　使用 Telnet

8.1.1　Telnet 简介

Telnet 是传输控制协议/因特网协议（TCP/IP）网络（如 Internet）的登录和仿真程序。它最初是由 ARPANET 开发的，但是现在主要用于 Internet 会话。它的基本功能是，允许用户登录进入远程主机系统。起初，它只是让用户的本地计算机与远程计算机连接，从而成为远程主机的一个终端。它的一些较新的版本在本地执行更多的处理，于是可以提供更好的响应，并且减少了通过链路发送到远程主机的信息数量。

远程登录是指用户使用 Telnet 命令，使自己的计算机暂时成为远程主机的一个仿真终端的过程。仿真终端等效于一个非智能的机器，它只负责把用户输入的每个字符传递给主机，再将主机输出的每个信息回显在屏幕上。

使用 Telnet 协议进行远程登录时需要满足以下条件：在本地计算机上必须装有包含 Telnet 协议的客户程序；必须知道远程主机的 IP 地址或域名；必须知道登录标识与口令。

Telnet 远程登录服务分为以下 4 个过程：

（1）本地与远程主机建立连接。该过程实际上是建立一个 TCP 连接，用户必须知道远程主机的 IP 地址或域名。

（2）将本地终端上输入的用户名和口令及以后输入的任何命令或字符以 NVT（Net Virtual Terminal）格式传输到远程主机。该过程实际上是从本地主机向远程主机发送一个 IP 数据报。

（3）将远程主机输出的 NVT 格式的数据转化为本地所接受的格式送回本地终端，包括输入命令回显和命令执行结果。

（4）本地终端对远程主机进行撤消连接，该过程是撤消一个 TCP 连接。

8.1.2　Telnet 协议

Telnet 服务器软件是最常用的远程登录服务器软件，是一种典型的客户机/服务器模型的服务器软件，它应用 Telnet 协议来工作。

1．基本内容

Telnet 协议是 TCP/IP 协议族中的一员，是 Internet 远程登录服务的标准协议。应用 Telnet 协议能够把本地用户所使用的计算机变成远程主机系统的一个终端。它提供了 3 种基本服务：

（1）Telnet 定义一个网络虚拟终端为远程系统提供一个标准接口。客户机程序不必详细了解远程系统，它们只需要构造使用标准接口的程序。

（2）Telnet 包括一个允许客户机和服务器协商选项的机制，而且它还提供一组标准选项。

（3）Telnet 对称处理连接的两端，即 Telnet 不强迫客户机从键盘输入，也不强迫客户机在屏幕上显示输出。

2. 适应异构

为了使多个操作系统间的 Telnet 交互操作成为可能，就必须详细了解异构计算机和操作系统。比如，一些操作系统需要每行文本用 ASCII 回车控制符（CR）结束，另一些系统则需要使用 ASCII 换行符（LF），还有一些系统需要用两个字符的序列回车－换行（CR-LF）；再比如，大多数操作系统为用户提供了一个中断程序运行的快捷键，但这个快捷键在各个系统中有可能不同，一些系统使用 Ctrl+C 组合键，而另一些系统使用 Esc。如果不考虑系统间的异构性，那么在本地发出的字符或命令，传送到远地并被远程系统解释后很可能会不准确或者出现错误。因此，Telnet 协议必须解决这个问题。

为了适应异构环境，Telnet 协议定义了数据和命令在 Internet 上的传输方式，此定义被称为网络虚拟终端 NVT（Net Virtual Terminal）。它的应用过程如下。

（1）对于发送的数据：客户机软件把来自用户终端的按键和命令序列转换为 NVT 格式，并发送到服务器，服务器软件将收到的数据和命令从 NVT 格式转换为远地系统需要的格式。

（2）对于返回的数据：远地服务器将数据从远地机器的格式转换为 NVT 格式，而本地客户机将接收到的 NVT 格式数据再转换为本地的格式。

3. 传送远程命令

绝大多数操作系统都提供各种快捷键来实现相应的控制命令，当用户在本地终端键入这些快捷键时，本地系统将执行相应的控制命令，而不把这些快捷键作为输入。那么对于 Telnet 来说，它是用什么来实现控制命令的远程传输呢？

Telnet 同样使用 NVT 来定义如何从客户机将控制功能传输到服务器。ASCII 字符集包括 95 个可打印字符和 33 个控制码。当用户从本地键入普通字符时，NVT 将按照其原始含义传输；当用户键入快捷键（组合键）时，NVT 将把它转化为特殊的 ASCII 字符在网络上传输，并在其到达远地机器后转化为相应的控制命令。将正常 ASCII 字符集与控制命令区分主要有两个原因：

（1）这种区分意味着 Telnet 具有更大的灵活性，它可在客户机与服务器间传送所有可能的 ASCII 字符以及所有的控制功能。

（2）这种区分使得客户机可以无二义性地指定信令，而不会产生控制功能与普通字符的混乱。

4. 数据流向

将 Telnet 设计成应用软件降低了执行效率，下面从 Telnet 中的数据流向加以说明。数据信息被用户从本地键盘键入并通过操作系统传到客户机程序，客户机程序将其处理后返回操作系统，并由操作系统经过网络传输到远程机器，远程操作系统将所接收的数据传给服务器程序，并经服务器程序再次处理后返回到操作系统上的伪终端入口点，最后远程操作系统将数据传输到用户正在运行的应用程序，这便是一次完整的输入过程。输出将按照同一通路从服务器传输到客户机。

因为每一次的输入和输出，计算机将切换进程环境好几次，这个开销是很昂贵的。还好用户的键入速率并不算高，这个缺点仍然能够接受。

5. 强制命令

有时应该考虑到这样一种情况：假设本地用户运行了远程服务器的一个无休止循环的错

误命令或程序，而且此命令或程序已经停止读取输入，那么操作系统的缓冲区可能因此而被占满，如果这样，远程服务器也无法再将数据写入伪终端，并且最终导致停止从 TCP 连接读取数据，TCP 连接的缓冲区最终也会被占满，从而导致阻止数据流流入此连接。如果以上事情真的发生了，那么本地用户将失去对远程服务器的控制。

为了解决此问题，Telnet 协议必须使用外带信令以便强制服务器读取一个控制命令。我们知道 TCP 用紧急数据机制实现外带数据信令，那么 Telnet 只要再附加一个被称为数据标识的保留八位组，并通过让 TCP 发送已设置紧急数据比特的报文段通知服务器便可以了，携带紧急数据的报文段将绕过流量控制直接到达服务器。作为对紧急信令的响应，服务器将读取并抛弃所有数据，直到找到了一个数据标识。服务器在遇到了数据标识后将返回正常的处理过程。

6. 选项协商

由于 Telnet 两端的机器和操作系统的异构性，使得 Telnet 不可能也不应该严格规定每一个 Telnet 连接的详细配置，否则将大大影响 Telnet 的适应异构性。因此，Telnet 采用选项协商机制来解决这一问题。

Telnet 选项的范围很广：一些选项扩充了大方向的功能，而一些选项涉及一些微小细节。例如，有一个选项可以控制 Telnet 是在半双工还是全双工模式下工作（大方向）；还有一个选项允许远程机器上的服务器决定用户终端类型（小细节）。

Telnet 选项的协商方式也很有意思，它对于每个选项的处理都是对称的，即任何一端都可以发出协商申请；任何一端都可以接受或拒绝这个申请。另外，如果一端试图协商另一端不了解的选项，接受请求的一端可以简单地拒绝协商。因此，有可能将更新、更复杂的 Telnet 客户机服务器版本与较老的、不太复杂的版本进行交互操作。如果客户机和服务器都理解新的选项，可能会对交互有所改善；否则，它们将一起转到效率较低但可工作的方式下运行。所有的这些设计都是为了增强适应异构性，可见 Telnet 的适应异构性对其的应用和发展是极其重要的。

8.1.3 Telnet 的配置

1. 安装 telnet 软件包

（1）telnet-client（或 telnet），这个软件包提供的是 telnet 客户端程序。

（2）telnet-server 软件包，这个才是真正的 telnet server 软件包。

安装之前先检测是否这些软件包已安装，方法如下：

```
[root@localhost root]# rpm –q telnet
[root@localhost root]# rpm –q telnet-client
[root@localhost root]# rpm –q telnet-server
```

如果已经安装，则显示 telnet 的版本信息。如果没有检测到软件包，需要进行安装，RedHat Fedora22 默认已安装了 telnet 软件包，一般要安装 telnet-client 和 telnet-server 软件包：在图形环境下单击“主菜单”→“程序”→“系统”→“软件管理”命令，在弹出的对话框里的分组中选择“服务器”，然后选中 telnet-client 和 telnet-server，单击选项后面的“安装”按钮，再点击 Apply 按钮按照提示安装即可。

另外也可以直接插入 Linux 的安装光盘，定位到/fedora22/Packages 目录下，之后运行：

```
[root@localhost root]# rpm -ivh telnet-client-0.17-60.fc22.i686.rpm
[root@localhost root]# rpm -ivh telnet-server-0.17-60.fc22.i686.rpm
```

即可开始安装。

2. 启动 telnet 服务

编辑 /etc/xinetd.d/telnet：

```
[root@localhost root]# vi /etc/xinetd.d/telnet
```

telnet 服务预设是关闭的，找到 disable = yes，将 yes 改成 no，即将 telnet 服务预设为启动。

telnet 是挂在 xinetd 底下的，所以只要重新激活 xinetd 就能够将 xinetd 里的设定重新读进来，所以刚刚设定的 telnet 也就可以被激活了。

```
[root@localhost root]# service xinetd restart
```

3. 测试 telnet 服务

[root@qiaoyu root]# telnet ip（或 hostname）

如果配置正确，系统提示输入远程机器的用户名和密码。

```
Login:
Password:
```

注意：默认只允许普通用户。

4. 设置 telnet 端口

```
[root@localhost root]# vi /etc/services
```

进入编辑模式后查找 telnet（在 vi 的命令行模式下输入“?telnet”），会找到如下内容：

```
telnet 23/tcp
telnet 23/udp
```

将端口号 23 修改成未使用的端口号（如 3400），退出 vi，重启 telnet 服务，telnet 默认端口号就被修改了。

5. telnet 服务限制

如果原本的默认值并不满意，那么用户可以将其修改成更安全的机制。假设一台 Linux 主机有两块网络接口，分别是对内的 202.197.64.12 和对外的 192.168.0.1，如果用户想要让对内的接口限制较松，而对外的限制较严格，可以这样来设定：

```
[root@localhost root]# vi /etc/xinetd.d/telnet
#根据对内的较为松散的限制来设定
service telnet
{ #预设就是激活 telnet 服务
    disable= no
    #只允许经由这个适配卡的封包进来
    bind = 202.197.64.12
    #只允许 202.197.64.0/24 这个网段的主机联机进来使用 telnet 的服务
    only_from = 202.197.64.0/24
}
#再根据外部的联机来进行限制
service telnet
{ #预设就是激活 telnet 服务
    disable= no
    #只允许经由这个适配卡的封包进来
    bind = 192.168.0.1
    #只允许 192.168.0.0 ~ 192.168.255.255 这个网段联机进来使用 telnet 的服务
    only_from =192.168.0.0/16
```

```
    #重复设定，只有教育网才能联机
    only_from = edu.cn
    #不许这些 IP 主机登录
    no_access =192.168.25.{10,26}
    #每天只有这两个时段开放服务
    access_times =1:00-9:00 20:00-23:59
}
```

6. telnet root 用户登录

root 不能直接以 telnet 连接上主机。telnet 不是很安全，默认的情况下无法允许 root 以 telnet 登录 Linux 主机。若要允许 root 用户登入，可用下列方法：

```
[root@localhost root]# vi /etc/pam.d/login
```

将 auth required pam_securetty.so 这一行加上注释：

```
#auth required pam_securetty.so
```

或者执行：

```
[root@localhost root]# mv /etc/securetty /etc/securetty.bak
```

重启 telnet 服务：

```
[root@localhost root]# service xinetd restart
```

这样一来，root 将可以直接登录到 Linux 主机。不过，一般不建议这样做。

8.2 安全的 SSH

8.2.1 SSH 简介

传统的网络服务程序，如 FTP、POP 和 Telnet 在传输机制和实现原理上是没有考虑安全机制的，其本质上都是不安全的，因为它们在网络上用明文传送数据、用户账户和用户口令，别有用心的人通过窃听等网络攻击手段非常容易就可以截获这些信息。而且，这些网络服务程序的简单安全验证方式也有其弱点，即很容易受到“中间人”（man-in-the-middle）这种攻击方式的攻击。所谓“中间人”的攻击方式，就是“中间人”冒充真正的服务器接收用户传给服务器的数据，然后再冒充用户把数据传给真正的服务器。服务器和用户之间的数据传送被“中间人”转手做了手脚之后，就会出现很严重的问题。

SSH 是英文 Secure Shell 的简写形式。通过使用 SSH，所要传输的数据可以进行加密，这样“中间人”这种攻击方式就不可能实现了，而且也能够防止 DNS 欺骗和 IP 欺骗。使用 SSH，还有一个额外的好处就是传输的数据是经过压缩的，所以可以加快传输的速度。SSH 还有很多功能，它既可以代替 Telnet，又可以为 FTP、POP，甚至为 PPP 提供一个安全的通道。

最初的 SSH 是由芬兰的一家公司开发的。但是因为受版权和加密算法的限制，现在很多人都转而使用 OpenSSH。OpenSSH 是 SSH 的替代软件包，而且是免费的，可以预计将来会有越来越多的人使用它而不是 SSH。

最后，SSH 在运行方式上也很有特色。不像其他的 TCP/IP 应用，SSH 被设计为工作在自身的基础之上，而不是利用包装或通过 Internet 守护进程 inetd。但是许多人想通过 TCP 包装来运行 SSH 守护进程。虽然可以通过 tcpd（从 inetd 上运行启动）来运行 SSH 进程，但这完全没有必要。

8.2.2 SSH 协议

SSH 协议是建立在应用层和传输层基础上的安全协议，它主要由以下 3 部分组成，共同实现 SSH 的安全保密机制：

（1）传输层协议。它提供诸如认证、信任和完整性检验等安全措施，此外它还可以任意地提供数据压缩功能。通常情况下，这些传输层协议都建立在面向连接的 TCP 数据流之上。

（2）用户认证协议层。用来实现服务器和客户端用户之间的身份认证，它运行在传输层协议之上。

（3）连接协议层。分配多个加密通道至一些逻辑通道上，它运行在用户认证层协议之上。

当安全的传输层连接建立之后，客户端将发送一个服务请求。当用户认证层连接建立之后将发送第二个服务请求。这就允许新定义的协议可以和以前的协议共存。连接协议提供可用作多种目的的通道，为设置安全交互 shell 会话和传输任意的 TCP/IP 端口和 X11 连接提供标准方法。

8.2.3 SSH 的安全验证

从客户端来看，SSH 提供两种级别的安全验证。

第一种级别（基于口令的安全验证），只要用户知道账号和口令，就可以登录到远程主机，并且所有传输的数据都会被加密。但是，这种验证方式不能保证正在连接的服务器就是用户想连接的服务器。可能会有别的服务器在冒充真正的服务器，也就是受到"中间人"这种攻击方式的攻击。

第二种级别（基于密匙的安全验证），需要依靠密匙，也就是用户必须为自己创建一对密匙，并把公有密匙放在需要访问的服务器上。如果用户要连接到 SSH 服务器上，客户端软件就会向服务器发出请求，请求用用户的密匙进行安全验证。服务器收到请求之后，先在该服务器的用户根目录下寻找自己的公有密匙，然后把它和用户发送过来的公有密匙进行比较。如果两个密匙一致，服务器就用公有密匙加密"质询"并把它发送给客户端软件。客户端软件收到"质询"之后就可以用用户的私人密匙解密再把它发送给服务器。

与第一种级别相比，第二种级别不需要在网络上传输用户口令。另外，第二种级别不仅加密所有传输的数据，而且"中间人"这种攻击方式也是不可能的（因为没有私人密匙）发生的。但是整个登录的过程可能慢一些。

8.2.4 OpenSSH 的配置

RedHat Linux Fedora 22 将默认的远程管理服务设置成 OpenSSH，不需要重新安装软件包。

1. 安装 OpenSSH 服务器

完全安装 RedHat Linux Fedora 22 时，OpenSSH 就会自动内置。如果不确定 Linux 是否已经安装有 OpenSSH，可以输入以下命令查看：

```
[root@localhost root]# rpm -qa    openssh
```

如果已经安装，则显示 OpenSSH 的版本信息，默认安装下为 openssh-6.8p1-5。如果确定没有安装，则能够在图形环境下单击"主菜单"→"程序"→"系统"→"软件管理"命令，在弹出的对话框里的分组中选择"服务器"，然后选中 openssh，单击选项后面的"安装"按钮，再点击 Apply 按钮按照提示安装即可。

2. 配置 OpenSSH 服务器

（1）SSH 的配置文件是/etc/ssh/ssh_config，一般不要修改。

（2）启动 OpenSSH 服务器。

方法一：在图形界面下依次选择“主菜单”→“程序”→“设置”→“系统设置”命令，如图 8-1 所示。

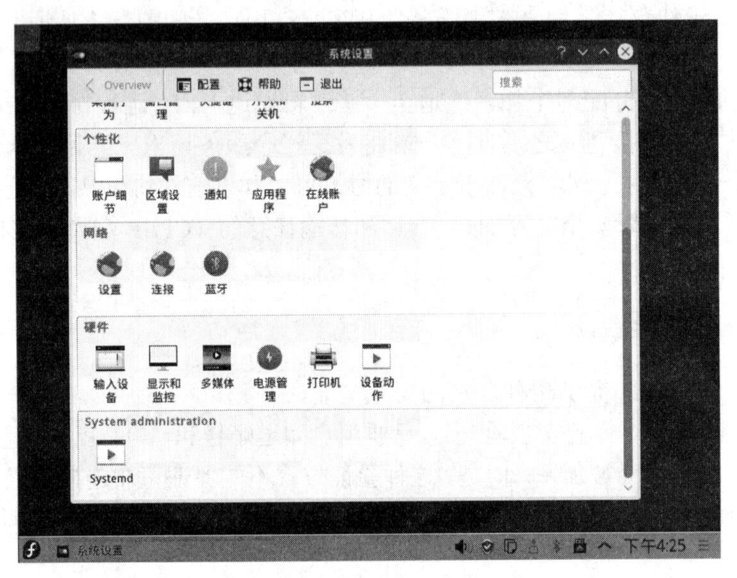

图 8-1　在图形界面中启动 Systemd

然后在打开的“Systemd—系统设置”窗口里选中 sshd 服务，右击选择“Start unit”后开始启动 sshd 服务，如果启动成功，则 Active state 显示 active，如图 8-2 所示。

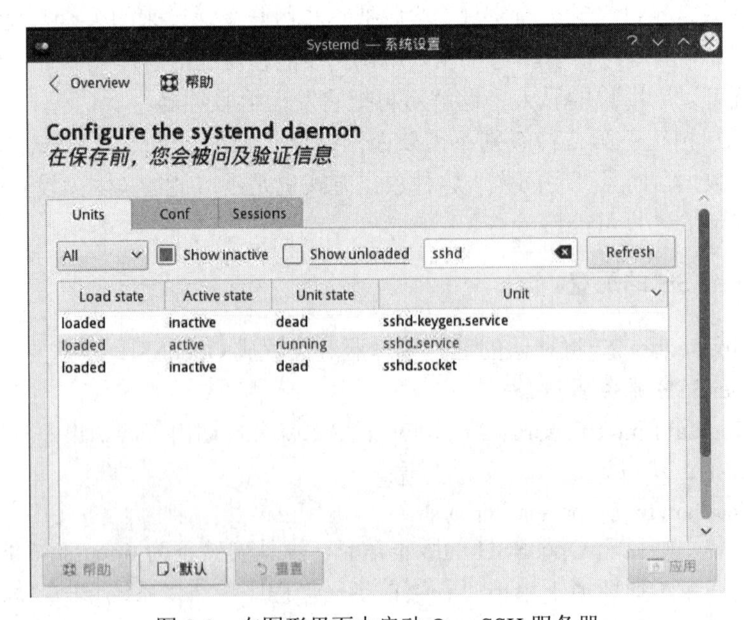

图 8-2　在图形界面中启动 OpenSSH 服务器

方法二：使用命令控制 OpenSSH 服务器的运行：

```
[root@localhost root]# service sshd start
```

或重启 sshd 服务：

```
[root@localhost root]# service sshd restart
```

此外，要检测 OpenSSH 服务器是否正常运行，可以使用命令行：

```
[root@localhost root]# service sshd status
```

如果运行正常，则提示 sshd 服务正在运行。

（3）停止 OpenSSH 服务器。

```
[root@localhost root]# service sshd stop
```

3．使用 OpenSSH 客户端

RedHat Linux Fedora 22 默认已安装了 OpenSSH 的客户端，客户端和服务器连接时，可以使用两种验证方式：基于口令的验证方式和基于密钥的验证方式。

（1）基于口令的验证方式。

这种验证方式要求用户输入用户名称和密码。若没有指定用户名称和密码，则默认使用当前客户机上的用户名。

例如，直接登录：

```
[root@localhost root]# ssh 192.168.11.2
```

则登录用户名为客户机的当前用户名。

例如，指定用户名登录：

```
[root@localhost root]# ssh qiaoyu@192.168.11.2
```

或

```
[root@localhost root]# ssh -l qiaoyu 192.168.11.2
```

系统将会提示输入用户名和密码：

```
qiaoyu@192.168.11.2's password:
```

输入密码确认，当登录成功时，提示：

```
Last login: Sun Jul 6 16:38:20 2008 from 192.168.11.35
```

登录失败时，提示：

```
Permission denied, please try again.
```

（2）基于密钥的验证方式。

使用密钥的验证方式，用户先需要为自己创建一对密钥：公钥和私钥（公钥用在要登录的服务器上），OpenSSH 公钥的密码体制有 RSA、DSA。

创建密钥，例如：

```
[root@localhost root]# ssh-keygen -t rsa
```

按回车键，则出现提示：

```
Generating public/private rsa key pair.
Enter file in which to save the key(/root/.ssh/id_rsa):
Enter passphrase(empty for no passphrase):
Enter same passphrase again:
Your identification has been saved in /root/.ssh/id_rsa.pub.
…
```

首先指定公钥和私钥的存储路径（默认放在用户主目录下的.ssh 目录下，文件名：id_rsa.pub 和 id_rsa），按要求输入使用密钥时的口令。必须将公钥复制到要登录的服务器的~/.ssh/目录下，并改名为：authorized_keys。然后，便可使用密钥方式登录了。

4. OpenSSH 上常用的命令

（1）scp 命令。

scp 就是 secure copy，是用来进行远程文件拷贝的。数据传输使用 ssh1，并且和 ssh1 使用相同的认证方式，提供相同的安全保证。

最简单的应用如下：

```
scp [本地用户名@IP 地址:]文件名 1  远程用户名@IP 地址:文件名 2
```

[本地用户名@IP 地址:]可以不输入，但可能需要输入远程用户名所对应的密码。

可能有用的参数如下。

-v：用来显示进度。可以用来查看连接、认证，或是配置错误。

-C：使用压缩选项。

-P：选择端口。

-4：强行使用 IPv4 地址。

-6：强行使用 IPv6 地址。

例如，将本机当前目录下的 main.c 复制到 IP 地址为 202.197.60.18 的远程主机的/root/目录下：

```
[root@localhost root]# scp main.c root@202.197.60.18:/root/
```

将 IP 地址为 202.197.60.18 的远程主机/root/目录下的 hello.c 文件复制到本机的/root/目录下：

```
[root@localhost root]# scp root@202.197.60.18:/root/hello.c /root/
```

（2）sftp 命令。

sftp是一个交互式文件传输程序，类似于 ftp，但它进行加密传输，比 ftp 具有更高的安全性。sftp 使用和 ftp 相似的命令，主要有以下几个。

1）登录。

```
[root@localhost root]# sftp root@202.197.60.18
```

按提示输入密码则可进入 sftp 命令行。

2）ftp 会话的打开与关闭。

打开：open 202.197.60.18。

关闭：close。

3）文件的传输。

从 sftp 服务器上得到文件：Get a.txt。

向 sftp 上放文件：Put a.txt。

例如，远程登录 IP 地址为 202.197.60.18 的主机后，从该远程主机的/var/www/linux/目录下将 index.php 文件下载到本地的/home/linux 目录下，使用如下命令：

```
sftp> get /var/www/linux/index.php /home/linux
```

同理，将本地/home/linux 目录下的 default.php 上传到该远程主机的/var/www/linux 目录下，使用如下命令：

```
sftp> put /home/linux/default.php /var/www/linux
```

4）退出 ftp。

输入 bye 或 exit 或 quit 均可。

5）其他。

cd、ls、pwd 等一些常见命令也可以在 vftp 服务器目录中使用。

8.3　使用图形化的 VNC

8.3.1　VNC 概述

网络遥控技术是指由一部计算机（主控端）去控制另一部计算机（被控端），而且当主控端在控制端时，就如同用户亲自坐在被控端前操作一样，可以执行被控端的应用程序，及使用被控端的系统资源。

VNC（Virtual Network Computing）是一套由 AT&T 实验室所开发的可操控远程计算机的软件，其采用了 GPL 授权条款，任何人都可免费取得该软件。VNC 软件主要由两个部分组成：VNC Server 和 VNC Viewer。用户需要先将 VNC Server 安装在被控端的计算机上，然后才能在主控端执行 VNC Viewer 控制被控端。

VNC Server 和 VNC Viewer 支持多种操作系统，如 UNIX 系列（UNIX、Linux、Solaris 等）、Windows 及 Mac OS，因此可将 VNC Server 和 VNC Viewer 分别安装在不同的操作系统中进行控制。如果目前操作的主控端计算机没有安装 VNC Viewer，也可以通过一般的网页浏览器来控制被控端。

整个 VNC 运行的工作流程如下：

（1）VNC 客户端通过浏览器或 VNC Viewer 连接至 VNC Server。

（2）VNC Server 传送一个对话窗口至客户端，要求输入连接密码，以及存取的 VNC Server 显示装置。

（3）在客户端输入联机密码后，VNC Server 验证客户端是否具有存取权限。

（4）若是客户端通过 VNC Server 的验证，客户端即要求 VNC Server 显示桌面环境。

（5）VNC Server 通过 X Protocol 要求 X Server 将画面显示控制权交由 VNC Server 负责。

（6）VNC Server 将来由 X Server 的桌面环境利用 VNC 通信协议送至客户端，并且允许客户端控制 VNC Server 的桌面环境及输入装置。

8.3.2　使用 VNC Server

1．下载并安装 VNC Server

下载地址为 http://www.realvnc.com/products/download.html。

下载免费版本的 VNC，其中的 vnc server for linux 版本文件是 vnc-5.2.3-linux-x86.rpm，在 Linux 中使用如下命令安装 VNC server：

```
[root@localhost root]# rpm -ivh vnc-5.2.3-linux-x86.rpm
```

注意：由于从 GNOME 3.0 以及 KDE 5.0 开始使用了更高级的 OpenGL 特性实现炫丽的桌面特效，导致 RealVNC Serve 启动失败。需要利用 yum 或者 dnf 安装 MATE 桌面环境或 Xface 轻量级桌面环境。

2．启动 VNC Server

启动 VNC Server 时执行 vncserver 命令：

```
[root@localhost root]# vncserver
You will require a password to access your desktops.
```

```
Password:
Verify:
Running applications in /etc/vnc/xstartup
VNC Server catchphrase: "Imagine logic race. Jungle Sandra magnum."
                        signature: 12-65-ae-ed-d6-cb-b8-42
Log file is /root/.vnc/localhost.localdomain:1.log
New desktop is localhost.localdomain:1 (192.168.254.130:1)
```

为了不想任何人都可以任意遥控此计算机，因此当第一次启动 VNC Server 时，会要求设置网络遥控的密码。上边信息中的“:1”表示启动的第一个 VNC 桌面。

经上述步骤后，便已启动了 VNC Server。如果想要更改 VNC Server 的密码，只要执行 vncpasswd 命令即可。

3. 停止 VNC Server

停止 VNC Server 的方法是：

```
[root@localhost root]# vncserver -kill: 1
```

注意“:1”表示停止第一个 VNC 桌面。

8.3.3 VNC Viewer

1. 下载并使用 VNC Viewer

下载 VNC Viewer for Windows 的版本文件是 vnc-5.2.3-windows-32bit-viewer.exe，下载地址为 http://www.realvnc.com/products/download.html。

直接执行该可执行文件，出现如图 8-3 所示的界面，连接装有 VNC Server 的服务器：192.168.254.130:1，其中“:1”表示该服务器中的第一个 VNC 桌面。

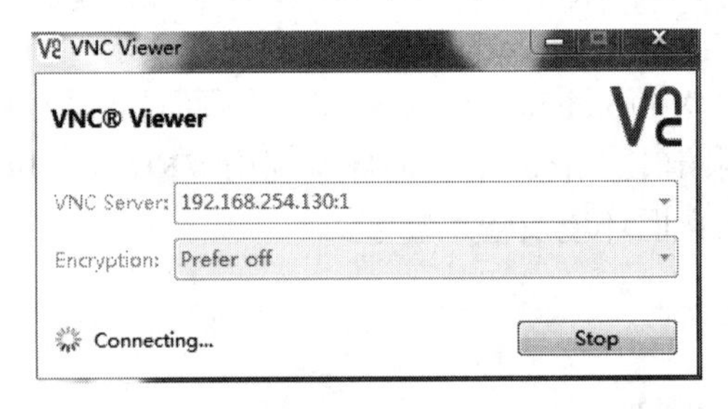

图 8-3 启动 VNC Viewer

单击 OK 按钮则进入如图 8-4 所示的界面。

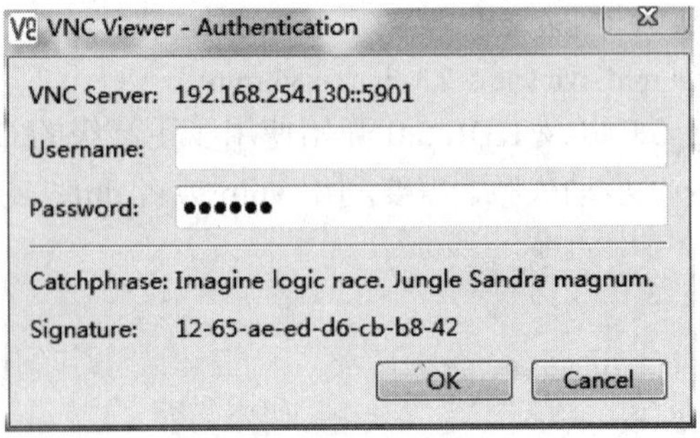

图 8-4 输入远程登录密码

输入 VNC Server 中设置的密码则进入如图 8-5 所示的界面，即连接到远端的服务器。

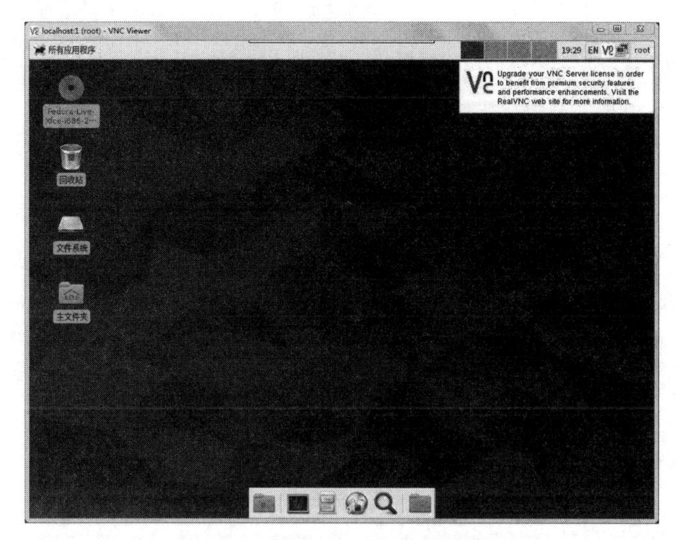

图 8-5　登录到远程服务器界面

2. 从浏览器远程登录

服务器端（vncserver）还内建了 Java Web 接口，这样用户可以通过浏览器（必须支持 Java Applet）进行远程访问服务器，这样的操作过程和显示方式非常直观方便。

VNC 虚拟网络计算工具本质上来说是一个远程显示系统，管理员通过它不仅可以在运行程序的本地机上查看桌面环境，而且可以从 Internet 上的任何地方查看远程机器的运行情况，而且它具有跨平台的特性。

启动 VNC Server 后直接打开浏览器，在“地址”栏中输入被控端的网址或 IP 地址，并在网址后加上“:5800+显示编号”的端口号即可操控该计算机，如图 8-6 所示。

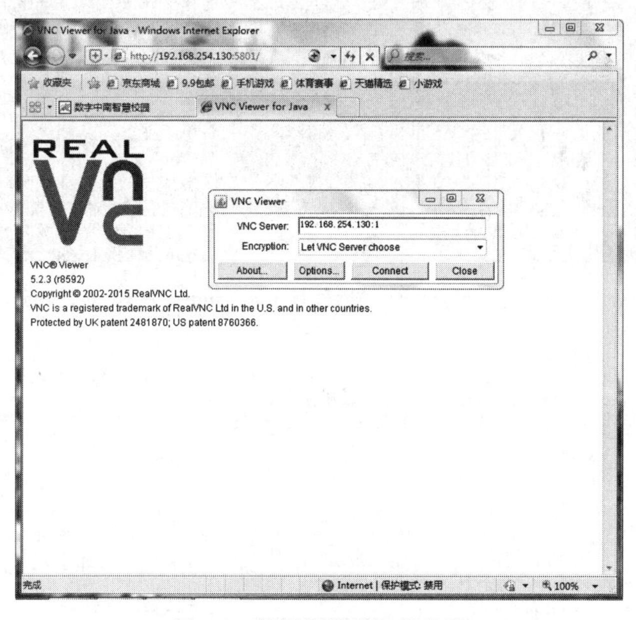

图 8-6　通过浏览器远程登录

例如：http://192.168.254.130:5801（如果显示编号为 1，一般第一次设置的显示编号都是 1，就用 5800+1=5801）。

单击 connect 按钮，在图 8-7 所示的界面中输入登录密码。

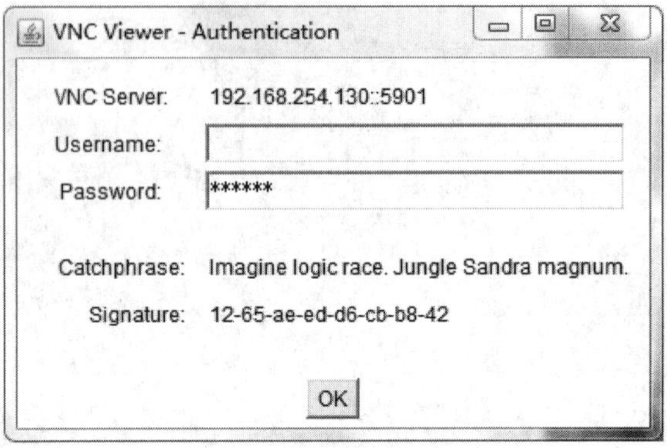

VNC Viewer - Authentication
VNC Server: 192.168.254.130::5901
Username:
Password: ******
Catchphrase: Imagine logic race. Jungle Sandra magnum.
Signature: 12-65-ae-ed-d6-cb-b8-42
OK

图 8-7 输入远程登录密码

密码验证正确则可进行远程登录，登录到 Linux 的图形化界面，如图 8-8 所示。

localhost:1 (root) - VNC Viewer
所有应用程序
19:33 EN root
Upgrade your VNC Server license in order to benefit from premium security features and performance enhancements. Visit the RealVNC web site for more information.
回收站
文件系统
主文件夹

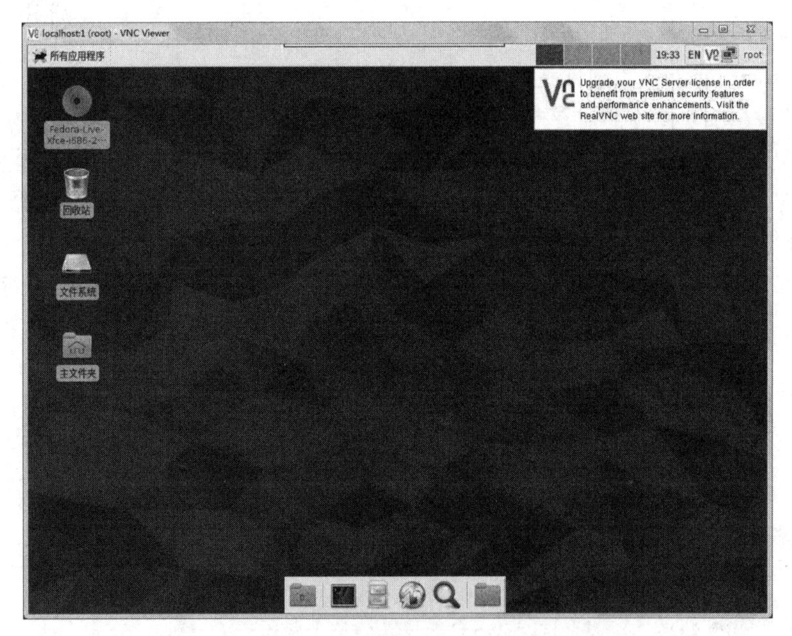

图 8-8 通过浏览器远程登录到 Linux 图形界面

习题八

一、填空题

1. 使用 Telnet 协议进行远程登录时需要满足以下条件：在本地计算机上必须装有包含________的客户程序；必须知道远程主机的________；必须知道登录________。

2．SSH 协议是建立在应用层和传输层基础上的安全协议，它主要由________、________和________3 部分组成。

3．VNC 软件主要由两个部分组成：________和________。用户需要先将________安装在被控端的计算机上，然后才能在主控端执行________控制被控端。

二、简答题

1．简述 Telnet 的配置过程。

2．简述 OpenSSH 的配置过程。

3．整个 VNC 运行的工作流程是怎样的？

第 9 章　与 Windows 共享资源

9.1　使用 Samba 共享资源

9.1.1　Samba 概述

1. Samba 与 SMB 协议

Samba 是一套让 Linux 系统能够应用 Microsoft 网络通信协议的软件。它使执行 Linux 系统的机器能与执行 Windows 系统的机器分享驱动器和打印机。Samba 采用了 GPL 授权条款，任何人都可免费取得该软件。

SMB（Server Message Block）通信协议是微软和 Interl 在 1987 年制定的协议，主要是作为 Microsoft 网络的通信协议，而 Samba 则是将 SMB 协议用于 Linux 上。Samba 的核心是 SMB 协议。SMB 协议是客户机/服务器型协议，客户机通过该协议可以访问服务器上的共享文件系统、打印机及其他资源。通过“NetBIOS over TCP/IP”使得 Samba 不但能与局域网络主机分享资源，更能与互联网上的机器分享资源，因为互联网上成千上万的主机所使用的通信协议都是 TCP/IP。SMB 是在会话层和表示层以及小部分应用层上的协议。SMB 使用了 NetBIOS 的应用程序接口（Application Program Interface，API）。另外，SMB 是一个开放性的协议，允许协议扩展，它大约有 65 个最上层的作业，而每个作业都超过 120 个函数。

Samba 既可以用于 Windows 和 Linux 之间的共享文件，也可以用于 Linux 和 Linux 之间的共享文件；不过对于 Linux 和 Linux 之间共享文件有更好的网络文件系统 NFS。

2. Samba 的功能

Samba 的主要功能如下：

（1）共享 Linux 系统的资源。

（2）支持 Windows 系统使用“网上邻居”浏览网络。

（3）使用 Windows 系统共享的文件和打印机。

（4）利用 smbclient 程序可以从 Linux 系统以 FTP 的方式访问 Windows 资源。

（5）支持 Windows 名字服务器的解析。

（6）备份和恢复 Windows 系统的共享文件。

（7）支持 SSL 安全套接层协议。

（8）支持 SWAT。

9.1.2　Samba 的配置

1. 安装 Samba 服务器

RedHat Linux Fedora 22 中提供了 Samba 服务器的一些软件包，有如下几个：

（1）samba Samba 服务器端软件。

（2）samba-client Samba 客户端软件。

（3）samba-common Samba 服务器和客户都需要的文件。

（4）redhat-config-samba Samba 服务的 GUI 配置工具。

（5）samba-swat Samba 的 Web 配置工具。

安装之前先检测是否这些软件包已安装，方法如下：

```
[root@localhost root]# rpm -q samba
[root@localhost root]# rpm -q samba-client
```

如果已经安装，则显示 samba 的版本信息。如果没有检测到软件包，需要进行安装。请在图形界面下依次选择“主菜单”→“程序”→“系统”→“软件管理”命令，在弹出的对话框里的分组中选择“服务器”，然后选中 samba 服务，单击选项后面的“安装”按钮，再点击 Apply 按钮按照提示安装即可。

另一种办法是：直接插入 Linux 安装光盘，定位到/fedora22 /Packages 目录下，之后运行：

```
[root@localhost root]# rpm -ivh samba-4.2.7-0.fc22.i686.rpm
[root@localhost root]# rpm -ivh samba-client-4.2.7-0.fc22.fc17.i686.rpm
```

即可开始安装。

2. Samba 服务器默认配置

使用如下命令查看 Samba 的默认配置文件：

```
[root@localhost root]# vi /etc/samba/smb.conf
#设置全局参数
[global]
#设置 NT 的域名或者工作组名
workgroup = MYGROUP
#设置 Samba 的服务器名称
server string = Samba Server
#下面的选项对于安全十分重要，它限制连接到当前服务器的本地网络的 IP 地址
#下面的例子中，只允许两个 C 类网络地址访问 SMB 服务器
#如果该选项要激活，把前面的分号去掉
; hosts allow = 192.168.1. 192.168.2. 127
#设置打印机配置文件路径
printcap name = /etc/printcap
#设置是否允许共享打印机
load printers = yes
#设置打印系统类型，当前支持的打印系统有 bsd、sysv、plp、lprng、aix、hpux、qnx、cups
printing = cups
#如果希望建立客户账号，激活此选项，同时把此账号加入/etc/passwd 文件中
# 否则使用用户 nobody 作为客户账号
; guest account = pcguest
#设置日志文件路径
log file = /var/log/samba/%m.log
#限制日志文件的最大容量（单位是 kB）
max log size = 0
#设置 user 级的安全等级
security = user
#当 security = server 时使用口令服务器选项
```

```
; password server = *
#是否使用用户口令加密
encrypt passwords = yes
#用户密码文件存放在/etc/samba/smbpasswd 文件
smb passwd file = /etc/samba/smbpasswd
#设置 Samba 用户账号和 Linux 账号同步
unix password sync = yes
#设置本地口令程序
passwd program = /usr/bin/passwd %u
#控制 smbd 和/usr/bin/passwd 之间的会话，用以对用户口令进行修改
passwd chat = *New*password* %n\n *Retype*new*password* %n\n
*passwd:*all*authentication*tokens*updated*successfully*
#设置用户修改口令使用 PAM
Pam password change = yes
#当认证用户时，服从 PAM 的管理限制
obey pam restrictions = yes
#设置服务器和客户之间会话的 socket
Socket options = TCP_NODELAY SO_RCVBUF = 8192 SO_SNDBUF = 8192
#设置是否进行 DNS 查询
dns proxy = no
#设置每个用户的主目录共享
[homes]
#说明文字，当一个客户机列出服务器的共享资源时，给出该服务器的描述
comment = Home Directories
#当一个客户程序以 guest 身份列出服务器的共享服务时，homes 服务将不出现在列表中
browseable = no
writable = yes
valid users = %S
create mode =0664
directory mode = 0775
#设置打印机共享
[printers]
comment = All Printers
# path 指定的目录必须事先创建，否则不能使用
path = /var/spool/samba
browseable = no
guest ok = no
# printable 服务总是允许往服务目录下写文件，但是只能通过打印缓存操作实现
writable = no
printable = yes
```

3. 设置 Samba 口令

（1）生成 Samba 口令文件。

为了使用加密口令，Samba 需要一个口令文件，默认是/etc/samba/smbpasswd，并且该文件应该和 Linux 的口令文件 etc/passwd 保持同步。生成文件的命令如下：

```
[root@localhost root]# cat /etc/passwd | mksmbpasswd.sh > /etc/samba/smbpasswd
```

smbpasswd 是需要的口令文件，其权限是 0600，所有者是 root。

smbpasswd 和 passwd 文件的记录对应，密码部分不同。密码由两部分组成，每部分是 32 个 X，前部分用于和 Lanman 通信，后部分和 Windows NT 通信。

root 用户可以使用 smbpasswd 命令为每个用户设定 samba 口令。

例如为 qiaoyu 用户设置 Samba 口令：

```
[root@localhost root]# smbpasswd qiaoyu
New SMB password:
Retype new SMB password:
Password changed for user qiaoyu.
```

注意：qiaoyu 用户必须在本地系统用户账号中存在，如果不存在可以使用 useradd 命令添加，并重新生成口令文件。

（2）修改配置文件 /etc/samba/smb.conf。

要使 Samba 使用加密口令，需要在配置文件 smb.conf 中修改如下参数：

```
encrypt passwords=yes
smb passwd file= /etc/samba/smbpasswd
```

第一行设置 samba 使用加密口令，第二行给出口令文件的位置。

（3）重新启动 Samba 服务。

修改完配置文件后，要使配置文件生效，必须重新启动 samba 服务，可用如下命令：

```
[root@localhost root]# service smb restart
```

9.1.3 Samba 的使用

1．检查 Samba 配置文件的正确性

如果对 Samba 的配置文件 smb.conf 进行了修改，可以使用 testparm 命令检查配置文件的正确性。

```
[root@localhost root]# testparm
Load smb config files from /etc/samba/smb.conf
Processing section " [homes] "
Processing section " [printers] "
Processing section " [boot] "
Loaded services file OK.
Press enter to see a dump of your service definitions.
```

2．启动 Samba 服务器

方法一：在图形界面下依次选择“主菜单”→“程序”→“设置”→“系统设置”→“Systemd”命令，然后在打开的“Systemd－系统设置”窗口里选中 smb 服务，右击选择“start unit”开始启动 smb 服务，如果启动成功，则 Active stste 由 inactive 变为 active。

方法二：使用命令控制 Samba 服务器的运行：

```
[root@localhost root]# service smb start
```

此时启动 smb 和 nmb 两个服务，对应的是 smbd 和 nmbd 进程，它们都是 Samba 的核心进程。nmbd 进程使其他计算机浏览 Linux 服务器，smbd 进程在 SMB 服务请求到达时对它们进行处理，并且为使用或共享的资源进行协调。

重启 smb 服务：

```
[root@localhost root]# service smb restart
```

此外，要检测 Samba 服务器是否正常运行，可以使用命令行：

```
[root@localhost root]# service smb status
```

如果运行正常，则提示 smb 服务正在运行。

3. 停止 Samba 服务器

```
[root@localhost root]# service smb stop
```

4. 设置 Samba 文件共享

RedHat Linux Fedora 22 有一个 Samba 服务的 GUI 配置工具 system-config-samba，安装该软件包后就可以进行图形化设置 Samba 文件共享。

在图形界面下依次选择“主菜单”→“程序”→“系统”→“Samba”命令，如图 9-1 所示。

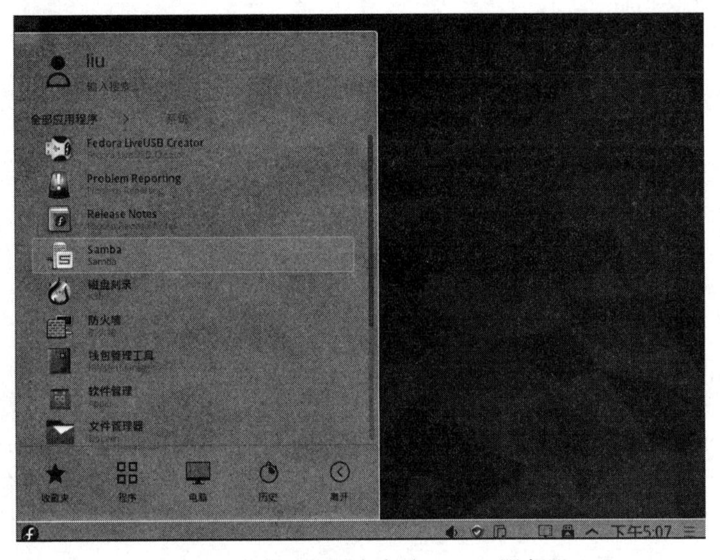

图 9-1　在图形界面中启动 Samba 服务器

启动“Samba 服务器配置”窗口，如图 9-2 所示，在这里可以添加、删除要共享的文件。

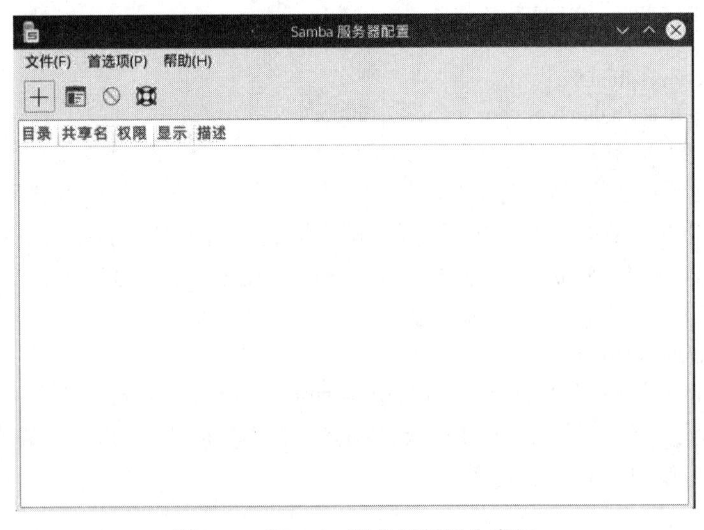

图 9-2　“Samba 服务器配置”窗口

选择“首选项”→“服务器设置”命令，在“基本”选项卡中可以指定 NT 的域名或工作组名，如图 9-3 所示；在“安全性”选项卡中可以指定验证模式、是否选择加密口令等，如图 9-4 所示。Samba 服务器有域、服务器、共享、用户 4 种安全等级，默认情况下使用用户验证模式。

（1）域（Domain）：指定 Windows 域控制服务器来验证用户的账号和口令。

（2）服务器（Server）：由指定的一台 Windows 或 Samba 服务器来验证账号和口令。

（3）共享（Share）：用户不需要账号及口令即可登录 Samba 服务器。

（4）用户（User）：由提供服务的 Samba 服务器来验证账号和口令。

图 9-3　Samba 服务器的“基本”选项卡

图 9-4　Samba 服务器的“安全性”选项卡

选择“首选项”→“Samba 用户”命令，弹出如图 9-5 所示的对话框，可以增加、编辑或删除 Samba 用户。创建一个用户名为 whoqiaoyu 的 Samba 用户，如图 9-6 所示。

图 9-5　Samba 用户

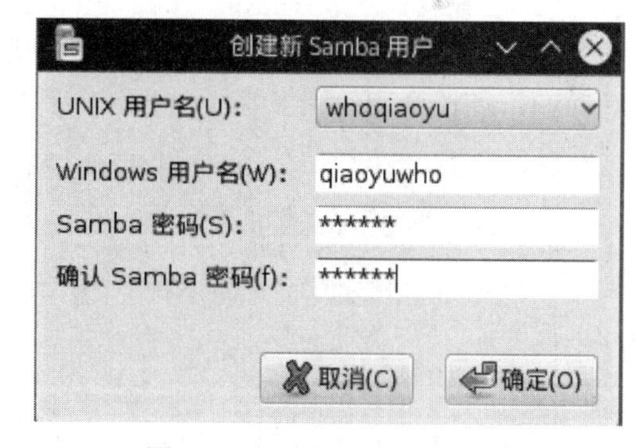

图 9-6　创建新的 Samba 用户

单击工具栏中的“+”按钮，弹出如图 9-7 所示的对话框，可以编辑 Samba 文件共享。在“基本”选项卡中，浏览并选择要共享的目录，这里是“/home/Liu”，并选择对共享目录的读写权限；在“访问”选项卡中选择该共享目录允许访问的用户，这里只指定用户 whoqiaoyu 可以访问该共享目录，如图 9-8 所示。

添加的共享文件显示在列表中，如图 9-9 所示。

5. Windows 下访问 Samba 共享文件

在 Windows 客户机的“地址”栏中输入 Samba 服务器的 IP 地址：192.168.254.128，如图 9-10 所示。

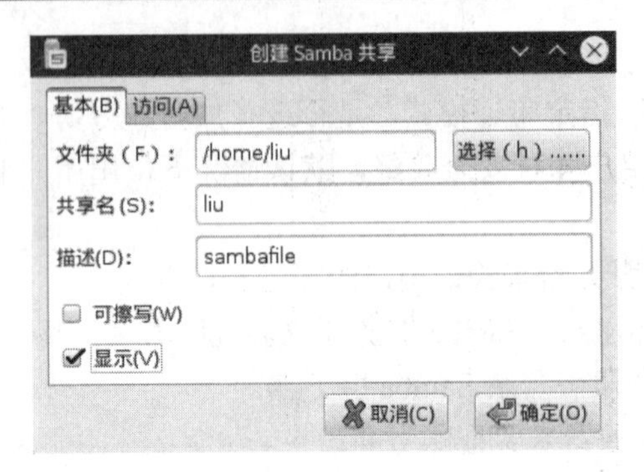

图 9-7 创建 Samba 共享的“基本”选项卡

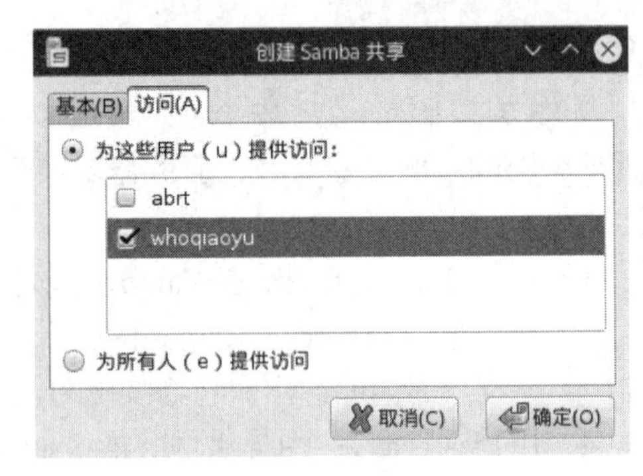

图 9-8 创建 Samba 共享的“访问”选项卡

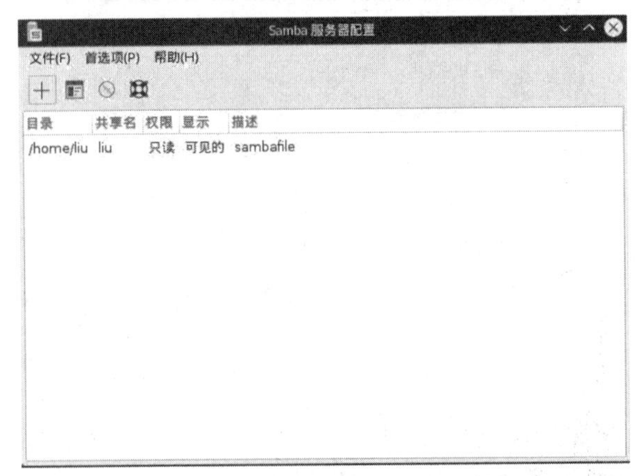

图 9-9 Samba 共享的文件或目录

图 9-10 连接到 Samba 共享

登录成功后，可以访问 Linux 系统共享的文件，包括 samba 目录以及登录用户的工作目录 whoqiaoyu，如图 9-11 所示。

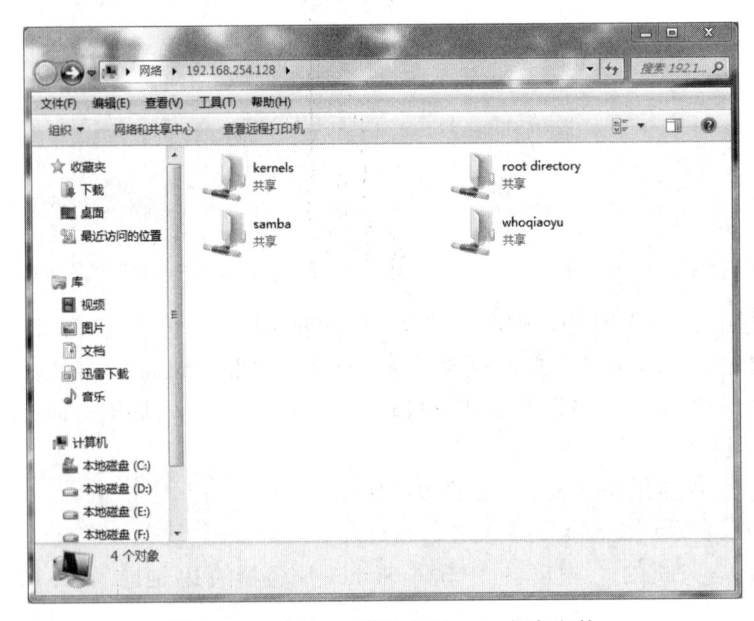

图 9-11 Windows 下访问 Samba 共享文件

这样，Windows 客户端可以访问 Linux 系统下的 Samba 服务器上的资源了。

6. Linux 下访问 Samba 共享文件

（1）使用 smbclient。

smbclient 命令用来存取远程 Samba 服务器上的资源，其命令形式与 ftp 相似。

命令语法如下：

```
smbclient [password] [option]   //server/service
```

server 是远程服务器的 NetBIOS 名或 IP 地址，service 是各 server 所提供的资源的名字。

password：是存取该资源所需的口令。

option：各种命令选项，其中 -L 用于列出远程服务器提供的所有资源。

执行 smbclient 命令成功后，进入 smbclient 环境，出现提示符：smb:\>。

这里有许多命令和 ftp 命令相似，如 cd、lcd、get、mget、put、mput 等。通过这些命令，可以访问远程主机的共享资源。

注意：要使用 NetBIOS 名访问共享，必须在 Samba 客户机上的/etc/samba/lmhosts 文件中添加相应的记录。

例如，要访问 NetBIOS 名为 whoqiaoyu 的远程服务器的共享，必须在/etc/samba/lmhosts 中添加相应的 NetBIOS 名与 IP 地址的对应关系：192.168.10.168　whoqiaoyu。

使用 smbclient 命令查看 IP 地址为 192.168.10.168 的所有共享，如图 9-12 所示。

图 9-12　使用 smbclient 命令查看 192.168.10.168 的所有共享

使用 smbclient 命令访问 whoqiaoyu 计算机的 liu 共享，如图 9-13 所示。

（2）使用 smbmount。

在 Linux 环境下使用共享资源的另一种方法是使用 smbmount 命令将远程共享挂载到本地。

例如，将主机为 whoqiaoyu 的 liu 共享挂载到本地/mnt/smb/liu 目录下，使用如下命令：

```
[root@localhost root]# mkdir /mnt/smb/cpp
[root@localhost root]# smbmount //whoqiaoyu/liu /mnt/smb/liu
```

此时，即可像使用本地文件系统一样访问远程共享资源。

```
liu : bash
文件(F)  编辑(E)  查看(V)  Bookmarks  设置(S)  帮助(H)
[liu@localhost ~]$ smbclient -L //whoqiaoyu/liu
Enter liu's password:
Domain=[MYGROUP] OS=[Windows 6.1] Server=[Samba 4.2.7]

        Sharename       Type      Comment
        ---------       ----      -------
        liu             Disk      sambafile
        root directory  Disk      root
        IPC$            IPC       IPC Service (Samba Server Version 4.2.7)
Domain=[MYGROUP] OS=[Windows 6.1] Server=[Samba 4.2.7]

        Server               Comment
        ---------            -------

        Workgroup            Master
        ---------            -------
[liu@localhost ~]$
liu : bash
```

图 9-13 使用 smbclient 命令访问 whoqiaoyu 主机的 liu 共享

9.2 Windows 模拟程序 Wine

9.2.1 Wine 简介

刚刚接触 Linux 有时难免要利用一下 Windows 的程序资源，Wine 提供了一个用来运行 Windows 程序的平台。

Wine 代表 Wine Is Not an Emulator（即 Wine 不是一个仿真器）。更确切地说，Wine 是 X 和 UNIX 之上对 Windows API 的一个开放源代码实现。用户可以认为它是一个 Windows 兼容层。Wine 可以工作在绝大多数的 UNIX 版本下，包括 Linux、FreeBSD 和 Solaris。Wine 不需要 Microsoft Windows，因为它是由 100%非 Microsoft 代码构成的另一个实现。但是它可以使用本机系统 DLL，只要这些 DLL 可用。而且它可以让用户在 Linux 或其他类 UNIX 操作系统之上运行大部分 Windows 软件。Wine 的发布是完全公开源代码的，并且是免费发行的。

Wine 项目起始于 1993 年，它可以追溯到 20 世纪 90 年代早期出现的用于 UNIX 的 DOS 和 Windows 模拟器。Wine 项目最初是将 16 位的应用程序移植到 Linux，而几年之后，便可以在 Linux 上运行 Microsoft Word 和 Excel。现在它有一百多万行代码。

人们一直认为，在桌面上采用 Linux 的主要障碍是应用程序不足。商用桌面应用程序供应商还不能确定他们是否应该投入时间和精力将他们的 Windows 应用程序移植到 Linux 上，他们基本上是在等待 Linux 大规模应用于桌面。另一方面，Linux 需要应用程序才能大规模应用于桌面。这是一个经典的类似于先有鸡还是先有蛋的问题，而 Wine 通过在 Linux 上运行现有的 Windows 应用程序解决了这一问题。

Wine 项目实际上是一个二合一的项目。它们提供了一个名字叫做 Winelib 的开发工具包，用于将应用程序从 Windows 移植到 Linux（和 UNIX）；它们还提供了一个程序加载器，让 Windows 二进制文件可以在 UNIX 和类 UNIX 系统中运行。

Wine 程序加载器让运行于 Windows x86 上的 Linux 和其他类 UNIX 操作系统可以加载并运行 Windows x86 可执行文件，不过那只是它要解决的问题的一部分。因为 Windows 可执行文件总是会链接到其他的库，而这些库是 Windows 操作系统的一部分，Wine 还最大可能限度地实现了那些 Windows 内部构件，即 Linux 上通常所指的 Win32 API5。

虽然 Windows 和 Linux 有很多的不同，但是就基本的层次而言，它们与现代操作系统一样，还是有很多类似之处的。比较明显的包括对文件和目录的支持、对同时运行多个程序的支持、类似的用户界面以及对多媒体的支持。

目前 Wine 仍在发展阶段，但是较新的版本可以运行一些著名软件，甚至是 Photoshop CS3。Wine 的官方站点是 http://www.winehq.com/，虽然用户可以在它的官方站点下载源代码自己配置编译，不过这个过程是比较烦琐的。

9.2.2　Wine 支持的功能

Wine 能够支持以下功能。

（1）Windows 可执行文件：Wine 完全支持 Windows 可执行文件的二进制加载。

（2）DLL：Wine 有几百个 Windows DLL 的内部实现。不过，其中没有多少完全的实现。例如，包含有用户界面相关函数的 userd32.dll 在开放源代码的 Wine 中实现了 92%。

（3）COM：这是一种几乎被所有的大型 Windows 应用程序所使用的 Windows 技术，它支持诸如将一个 Excel 电子数据表嵌入到 Word 文档中的功能。这一技术得到了 Wine 的很好的支持。

（4）注册表：这是另一个几乎任何一个 Windows 应用程序都会使用的关键技术，Wine 实现了大约 90%的 Windows 注册表管理 API。

（5）核心功能：核心系统功能也得到了特别好的支持。尽管 Linux 和 Windows 之间存在区别，但是基本的层次上还有很多类似之处，因此与进程、线程、文件和消息队列相关的核心系统 API 得到了近乎完美的支持。

（6）音频和视频：Wine 支持 Windows 音频和视频文件的运行，支持 Windows 的媒体播放器。

（7）打印：可以从一个在 Wine 中运行的 Windows 应用程序中进行打印。

（8）ODBC：Wine 支持需要通过 ODBC 访问数据库的 Windows 应用程序。

（9）调试：Wine 有一个非常健壮和强大的内置调试器，除了支持标准的调试功能外，它还为调试运行于 Linux 上的 Windows 二进制程序进行了定制。它是 Wine 为其开发者提供的最重要工具之一。Wine 还有一个设计完备的追踪和记录日志的模块，可以帮助调试。

9.2.3　安装 Wine

首先 Linux 系统里要有 GCC 编译器，没有 GCC 后续的工作无法进行。如果先前安装过 Wine，那么在安装新版 Wine 前必须卸载原先的 Wine。

执行#rpm -qa wine 检验是否已安装 Wine，如果显示了 Wine 版本号，那么系统就已经安装过 Wine。如果以前是 rpm 安装的，则执行#rpm -e wine 卸载；如果以前是源码安装的，进入原来的 Wine 目录，执行#make uninstall。

从 http://www.winehq.com/下载 Wine 软件可以看到 Fedora 22 安装 Wine 的方法：

```
[root@localhost root]# dnf config-manager –add-repo
        https://fl.winehq.org/wine-builds/fedora/22/winehq.repo
[root@localhost root]# dnf install winehq-devel
```

如果配置完成后，会提示“安装成功”。

9.2.4 使用 Wine

1. 加载 Windows 分区

执行以下命令将 Windows 的系统分区加载到 Linux 的/mnt/win 目录下：

```
[root@localhost root]# mkdir /mnt/win
[root@localhost root]# mount /dev/sda1 /mnt/win
```

2. 设置并使用 Wine

Wine 的设置很简单，窗口模式只用鼠标即可完成，再也不用去设置 wine.conf 配置文件了。

（1）在 X Window 窗口界面下执行#winesetup 打开 Wine 设置程序。注意，为了安全起见，Wine 不允许用 root 登录配置 Wine。

（2）Wine 设置程序会自动查找、设置 Windows 目录，选择 Windows 安装路径。

（3）可以通过以下两种方式来运行 Windows 应用程序。

- 自动运行：在 KDE 或 GNOME 的文件管理器中切换到应用程序所在的目录，单击即可打开。
- 手工运行：打开终端器，键入命令：#wine <应用程序>来运行 Windows 应用程序。

9.3 访问 Windows 分区

Linux 系统有时要读取 Windows 分区上的文件，Linux 提供一些常用的命令来加载 Windows 分区上的文件系统。Linux 系统访问 Windows 分区时，一般首先需要知道 Windows 系统安装在哪个扇区，然后再用 mount 命令将 Windows 文件系统挂载到 Linux 系统的某个目录上，挂载完成后目录上的内容就是 Windows 分区上的内容，此时 Linux 用户就可以访问 Windows 分区上的文件。

查看分区信息

查看分区的信息可以用图形化的方式实现，也可以用命令行的方式实现。fdisk 用于创建和查看磁盘分区。常用选项如下。

-b<分区大小>：指定每个分区的大小。

-l：列出指定的外围设备的分区表状况。

-s<分区编号>：将指定的分区大小输出到标准输出上，单位为区块。

-v：显示版本信息。

使用 fdisk 命令查看分区信息，如图 9-14 所示。

从显示的结果可以看出，设备/dev/sda1 是 Windows FAT 分区，它的文件系统是 exFAT。

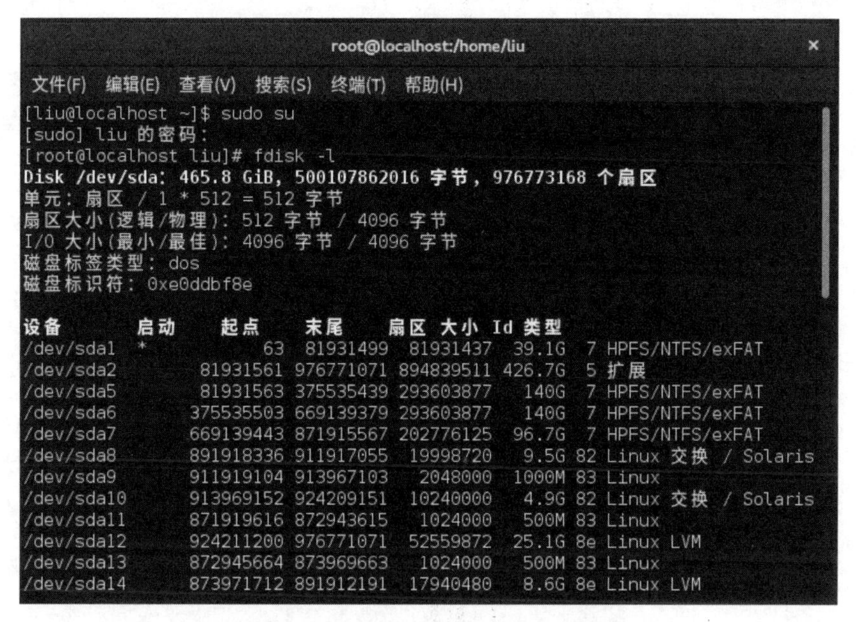

图 9-14　使用 fdisk 命令查看分区信息

2. 挂载 Windows 分区

挂载 Windows 分区使用 mount 命令，其一般用法为：

mount [选项] 设备 存放目录

常用的选项如下。

-a：挂载/etc/fstab 下的全部文件系统。

-n：挂载文件系统时不把文件系统的内容写入/etc/mtab 文件。

-t：指定挂载上来的文件系统名称。

-w：将文件系统设定为可读写。

-r：将文件系统设定为只读。

mount 命令不带任何参数时，表示显示当前系统已挂载好的文件系统。例如，要将 Windows 的/dev/hda1 分区挂载到 Linux 系统的/mnt/win 目录下，可执行如下命令：

```
[root@localhost root]# mount -t vfat /dev/sda1 /mnt/win
```

执行该命令后，/mnt/win 目录的内容就是/dev/hda1 分区的内容。

要使每次引导 Linux 系统时自动挂载 Windows 分区，必须修改/etc/fstab 文件，可执行如下命令：

```
[root@localhost root]# vi /etc/fstab
```

如图 9-15 所示，在最后一行上添加以下信息：

```
/dev/sda1 /mnt/win    vfat    defaults    0 0
```

这样，每次启动系统时将自动挂载 Windows 的/dev/sda1 分区到 Linux 系统的/mnt/win 目录下。

3. 卸载 Windows 分区

卸载分区的命令是 umount，例如，要卸载/dev/sda1 分区，只要执行如下命令即可：

```
[root@localhost root]# umount /dev/sda1
```

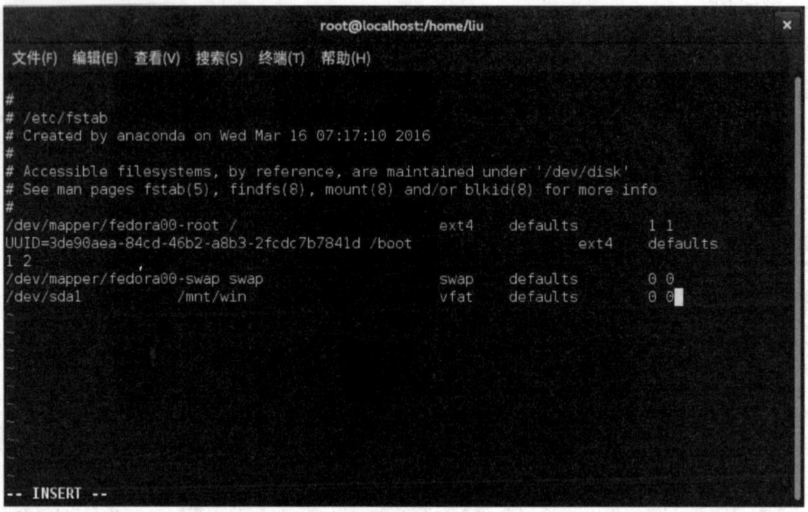

```
root@localhost:/home/liu
文件(F) 编辑(E) 查看(V) 搜索(S) 终端(T) 帮助(H)
#
# /etc/fstab
# Created by anaconda on Wed Mar 16 07:17:10 2016
#
# Accessible filesystems, by reference, are maintained under '/dev/disk'
# See man pages fstab(5), findfs(8), mount(8) and/or blkid(8) for more info
#
/dev/mapper/fedora00-root /                       ext4    defaults        1 1
UUID=3de90aea-84cd-46b2-a8b3-2fcdc7b7841d /boot                   ext4    defaults
1 2
/dev/mapper/fedora00-swap swap                    swap    defaults        0 0
/dev/sda1            /mnt/win                     vfat    defaults        0 0
-- INSERT --
```

图 9-15　自动挂载系统分区的/etc/fstab 文件

习题九

一、填空题

1．Samba 的默认配置文件是________。
2．重新启动 Samba 服务，可用命令________。

二、简答题

1．Samba 的主要功能有哪些？
2．启动 Samba 服务器的方法有哪些？
3．Wine 的主要功能有哪些？
4．Linux 系统访问 Windows 分区的方法有哪些？简述其步骤。

第 10 章　Linux 内核机制

10.1　Linux 内核简介

10.1.1　Linux 内核的地位

Linux 内核本身作为一个独立的结构是没有用的，它只是参与了一个更大的系统，成为那个系统的一部分，而该系统从整体上看是非常有用的。因此，在整个系统的上下文中介绍内核的作用就显得很有意义了。图 10-1 显示了整个 Linux 操作系统的结构。

用户层
shell 层
Linux 内核
计算机硬件

图 10-1　Linux 操作系统的结构

Linux 操作系统由以下 4 个主要的子系统组成。

（1）用户应用程序：在某个特定的 Linux 系统上运行的应用程序集合，它将随着该计算机系统的用途不同而有所变化，但一般会包括文字处理应用程序和 Web 浏览器。

（2）O/S 服务：这些服务一般认为是操作系统的一部分（命令外壳程序等）。此外，内核的编程接口（编译工具和库）也属于这个子系统。

（3）Linux 内核：包括内核抽象和对硬件资源（如 CPU）的间接访问。

（4）硬件控制器：这个子系统包含在 Linux 实现中所有可能的物理设备，如 CPU、内存硬件、硬盘以及网络硬件等都是这个系统的成员。

每个子系统层都只能与跟它相邻的层通信。此外，子系统之间的依赖关系是从上到下的，靠上的层依赖于靠下的层，但靠下的层并不依赖于靠上的层。

Linux 内核向用户进程提供了一个虚拟机器接口。编写进程的时候并不需要知道计算机上安装了哪些物理硬件，Linux 内核会把所有的硬件抽象成统一的虚拟接口。此外，Linux 以对用户透明的方式支持多任务：每个进程工作时就像它是计算机上唯一的进程，好像是独占使用了主存和其他硬件资源一样。内核实际上同时运行许多个进程，并负责对硬件资源的间接访问，这样可以保证各个进程访问的公平性，并保证进程间的安全性。

Linux 最新的一个功能是可以用作其他操作系统的操作系统（称为系统管理程序），也称为基于内核的虚拟机 KVM。只要处理器支持虚拟化指令，它就可以为用户空间启用了一个新的接口，允许其他操作系统在启用了 KVM 的内核之上运行。

10.1.2 系统初始化及运行

当 PC 启动时，Intel 系列的 CPU 首先进入的是实模式，并开始执行位于地址 0xffff0 处的代码，也就是 ROM - BIOS 起始位置的代码。BIOS 先进行一系列的系统自检，然后初始化位于地址 0 的中断向量表，最后 BIOS 将启动盘的第一个扇区装入到 0x 7c00，并开始执行此处的代码。

最初，Linux 核心的最开始部分是用 8086 汇编语言编写的。当系统装入时，会显示 Loading . . .信息。装入完成后，控制转向另一个实模式下的汇编语言代码 boot/Setup.S。Setup 部分首先设置一些系统的硬件设备。这时系统转入保护模式。接下来是内核的解压缩。文件 zBoot/head.S 用来初始化寄存器和调用 decompress_kernel()程序。decompress_kernel()程序由 zBoot/inflate.c、zBoot/unzip.c 和 z Boot/misc.c 组成。解压后的代码开始执行，紧接着所有的 32 位的设置都将完成：IDT、GDT 和 LDT 将被装入，处理器初始化完毕，设置好内存页面，最终调用 start_kernel 过程。这大概是整个内核中最为复杂的部分。

start_kerne l()程序用于初始化系统内核的各个部分，包括：

（1）设置内存边界，调用 paging_init()初始化内存页面。

（2）初始化陷阱，中断通道和调度。

（3）对命令行进行语法分析。

（4）初始化设备驱动程序和磁盘缓冲区。

（5）校对延迟循环。

最后，系统核心转向 move_to_use r_mode()，以便创建初始化进程（init）。此后，进程 0 开始进入无限循环。

初始化进程开始执行/etc/init、/bin/init 或/sbin/init 中的一个之后，系统内核就不再对程序进行直接控制了。之后系统内核的作用主要是给进程提供系统调用，以及进行异步中断事件的处理。多任务机制已经建立起来，并开始处理多个用户的登录和 fork()创建的进程等问题。

10.1.3 内核提供的各种系统调用

1．系统的基本数据结构

从系统内核的角度来看，一个进程仅仅是进程控制表（process table）中的一项。进程控制表中的每一项都是一个 task_struct 结构，而 task_struct 结构本身是在 include/linux/sched.h 中定义的。在 task_struct 结构中存储各种低级和高级的信息，包括从一些硬件设备的寄存器拷贝到进程的工作目录的链接点。

进程控制表既是一个数组，又是一个双向链表，同时还是一棵树。其物理实现是一个包括多个指针的静态数组。此数组的长度保存在 include/linux/tasks.h 定义的常量 NR_TASKS 中，其默认值为 128，数组中的结构则保存在系统预留的内存页中。链表是由 next_task 和 prev_task 两个指针实现的，而树的实现则比较复杂。

系统启动后，内核通常作为某一个进程的代表。一个指向 task_struct 的全局指针变量 current 用来记录正在运行的进程。变量 current 只能由 kernel/sched.c 中的进程调度改变。当系统需要查看所有的进程时，则调用 for_each_task，这将比系统搜索数组的速度要快得多。

某一个进程只能运行在用户模式（user mode）或内核模式（kernel mode）下。用户程序运行在用户模式下，而系统调用运行在内核模式下。在这两种模式下所用的堆栈不一样：用户模式下用的是一般的堆栈，而内核模式下用的是固定大小的堆栈（一般为一个内存页的大小）。

2. 创建和撤消进程

Linux 系统使用系统调用 fork()来创建一个进程，使用 exit()来结束进程。fork()和 exit()的源程序保存在 kernel/fork.c 和 kernel/exit.c 中。fork()的主要任务是初始化要创建进程的数据结构，其主要步骤有：

（1）申请一个空闲的页面来保存 task_struct。

（2）查找一个空的进程槽（find_empty_process()）。

（3）为 kernel_stack_page 申请另一个空闲的内存页作为堆栈。

（4）将父进程的 LDT 表拷贝给子进程。

（5）复制父进程的内存映射信息。

（6）管理文件描述符和链接点。

撤消一个进程可能稍微复杂一些，因为撤消子进程必须通知父进程。另外，使用 kill()也可以结束一个进程。sys_kill()、sys_wait()和 sys_exit()都保存在文件 exit.c 中。

使用 fork()创建一个进程后，程序的两个拷贝都在运行。通常一个拷贝使用 exec()调用另一个拷贝。系统调用 exec()负责定位可执行文件的二进制代码，并负责装入和运行。

Linux 系统中的 exec()通过使用 linux_binfmt 结构支持多种二进制格式。每种二进制格式都代表可执行代码和链接库。linux_binfmt 结构中包含两个指针：一个指向装入可执行代码的函数，另一个指向装入链接库的函数。

10.1.4 存取文件系统

Linux 在系统内核和文件系统之间提供了一种叫做 VFS（Virtual File System）的标准接口。这样，文件系统的代码就分成了两部分：上层用于处理系统内核的各种表格和数据结构；下层用来实现文件系统本身的函数，并通过 VFS 来调用。这些函数主要包括：

- 管理缓冲区（buffe r.c）。
- 响应系统调用 fcntl()和 ioctl()。
- 将管道和文件输入/输出映射到索引结点和缓冲区（fifo.c 和 pipe.c）。
- 锁定和不锁定文件和记录（locks.c）。
- 映射名字到索引结点（namei.c 和 open.c）。
- 实现 select()函数（select.c）。
- 提供各种信息（stat.c）。
- 挂接和卸载文件系统（super.c）。
- 调用可执行代码和转存核心（exec.c）。
- 装入各种二进制格式（bin_fmt * .c）。

VFS 接口则由一系列相对高级的操作组成，这些操作由和文件系统无关的代码调用，并且由不同的文件系统执行。其中最主要的结构有 inode_operations 和 file _ operations。

file_system_type 是系统内核中指向真正文件系统的结构。每挂接一次文件系统，都将使用 file_system_type 组成的数组。file_system_type 组成的数组嵌入到了 fs/filesystems.c 中。相关文件系统的 read_super 函数负责填充 super_block 结构。

10.2　Linux 内核源码

10.2.1　了解 Linux 内核源码

所有主要的 Linux 系统都包含有内核源码，通常所安装的 Linux 系统都是通过这些源码创建的。由于 Linux 总是不断更新，因此用户所安装的 Linux 可能已过时，不过网上可以下载到最新的源码。

Linux 内核源码的版本号表示方法非常简单：所有偶数版（如 2.0.30）都是已发行的稳定版；所有奇数版（如 2.1.42）都是测试版。测试版包含所有的新特征，并支持所有的新设备，虽然测试版并不稳定，并且可能提供了一些用户不想要的东西，但对于 Linux 与用户沟通而言，测试新的内核是很重要的。

显示内核版本号的方法如下：

```
[root@localhost root]# ls /boot
config-2.4.22-1.2115.nptl            System.map
grub                                 System.map-2.4.22-1.2115.nptl
initrd-2.4.22-1.2115.nptl.img        vmlinux-2.4.22-1.2115.nptl
kernel.h                             vmlinuz
lost+found                           vmlinuz-2.4.22-1.2115.nptl
```

对内核源码的修改是作为 patch 文件出现的，patch 工具提供了一组对源码文件的编辑。

```
[root@localhost root]# ls /usr/src/linux-2.4
arch      Documentation    kernel       README
configs   drivers          lib          REPORTING-BUGS
COPYING                    fs           MAINTAINERS    Rules.make
CREDITS                    init         mm     tmp_include_depends
crypto    ipc              net
```

在上面的操作中，源码目录树的最顶端（/usr/src/linux-2.4）可以看到如下一些目录。

（1）arch：arch 子目录包含所有的特定体系结构的内核源码，它的子目录分别对应着一种 Linux 所支持的体系结构，如 i386 和 Alpha。

```
[root@localhost root]# ls /usr/src/linux-2.4/arch
alpha      cris    ia64      mips    parisc   ppc64   s390x   sh64    sparc64
arm i386   m68k    mips64    ppc     s390     sh      sparc   x86_64
```

（2）include：include 子目录包含大部分的编译内核源码所需的文件。

```
[root@localhost root]# ls /usr/src/linux-2.4/include
acpi       asm-generic    asm-mips64    asm-s390x      asm-x86_64    scsi
asm        asm-i386       asm-parisc    asm-sh         linux         video
asm-alpha                 asm-ia64      asm-ppc        asm-sh64      math-emu
asm-arm    asm-m68k       asm-ppc64     asm-sparc      net
asm-cris   asm-mips       asm-s390      asm-sparc64    pcmcia
```

（3）init：此目录下包含了内核的初始化代码，由此可以很好地开始了解内核是如何工作的。

```
[root@localhost root]# ls /usr/src/linux-2.4/init
do_mounts.c    main.c    version.c
```

（4）mm：此目录下包含了所有内存管理代码，特定体系结构的内存管理代码在 arch/*/mm 目录下。

```
[root@localhost root]# ls /usr/src/linux-2.4/mm
bootmen.c            memory.c     mprotect.c    page_alloc.c    swap.c    vmalloc.c
filemap.c mempool.c  mremap.c     page_io.c     swapfile.c      vmscan.c
highmem.c            mlock.c      numa.c        shmem.c         swap_state.c
Makefile mmap.c      com_kill.c   slab.c        vcache.c
```

（5）drivers：此目录下包含了系统所有的设备驱动程序，其子目录各针对不同的设备驱动程序类。

```
[root@localhost root]# ls /usr/src/linux-2.4/drivers
acorn      cdrom    hil        isdn       misc       pci      sensors   zorro
acpi       char     hotplug    macintosh  mtd        pcmcia   sound
addon      cpufreq  i2c        Makefile   net        pnp      tc
atm        dio      ide        md         nubus      s390     telephony
block      fc4      ieee1394   media      oprofile   sbus     usb
bluetooth  gsc      input      message    parport    scsi     video
```

（6）ipc：此目录下包含了内核的内部进程通信代码。

```
[root@localhost root]# ls /usr/src/linux-2.4/ipc
Makefile   msg.c   sem.cc _shm.c   util.c   util.h
```

（7）kernel：内核主代码，特定体系结构内核代码保存在 arch/*/kernel 中。

```
[root@localhost root]# ls/usr/src/linux-2.4/kernel
acct.c          exit.c       kksymoops.c   pid.c        sched.c     timer.c
capability.c    fork.c       kmod.c        pm.c         signal.c    uid16.c
context.c       futex.c      ksyms.c       printk.c     softirq.c   user.c
cpufreq.c       info.c       Makefile      profile.c    sys.c
dma.c           itimer.c     module.c      ptrace.c     sysct1.c
exec domain.c   kallsyms.c   panic.c       resource.c   time.c
```

（8）fs：所有文件系统代码，其子目录各针对不同的系统所支持的文件系统。

```
[root@localhost root]# ls /usr/src/linux-2.4/fs
adfs             coda         filesystems.c   Makefile.lib   quota_v2.c
affs             Config.in    file_table.c    minix          ramfs
affs.c           cramfs       freevxfs        msdos          readdir.c
autofs           dcache.c     hfs             namei.c        read_write.c
autofs4          dcookies.c   hfsplus         namespace.c    reiserfs
bad_inode.c      devfs        hpfs            ncpfs          romfs
befs             devices.c    inode.c         nfs            select.c
bfs              devpts       intermezzo      nfsd           seq_file.c
binfmt_aout.c    dnotify.c    iobuf.c         nls            smbfs
binfmt_elf.c     dquot.c      ioct1.c         ntfs           stat.c
binfmt_em86.c    efs          isofs           open.c         super.c
binfmt_misc.c    exec.c       jbd             openpromfs     sysv
binfmt_script.c  ext2         jffs            partitions     udf
binfmt_som.c     ext3         jffs2           pipe.c         ufs
block_dev.c      fat          jfs             proc           umsdos
buffer.c         fcntl.c      lockd           qnx4           vfat
```

```
ChangeLog      fifo.c      locks.c      quota.c      xattr.c
Char_dev.c     file.c      Makefile     quota_vl.c   xfs
```

（9）net：内核的网络代码。

```
[root@localhost root]# ls /usr/src/linux-2.4/net
802        bluetooth   econet     ipx        netlink     sched        unix
802lq      bridge      edp2       irda       netrom      socket.c     wanrouter
appletalk  Config.in   Ethernet   khttpd     netsyms.c   sunrpc       x25
atm        core        ipv4       lapb       packet      sysct1_net.c
ax25       decnet      ipv6       Makefile   rose        TUNABLE
```

（10）lib：此目录包含内核库代码，特定体系结构的库代码保存在 arch/*/lib 目录下。

```
[root@localhost root]# ls /usr/src/linux-2.4/lib
brlock.c            ctype.c             inflate.c            vsprinft.c
bust_spinlocks.c    dec_and_lock.c      Makefile             zlib_deflate
cmdline.c           dump_stack.c        rbtree.c             zlib_inflate
Config.in           errno.c             rwsem.c
crc32.c             firmware_class.c    rwsem-spinlock.c
crc32defs.h         gen_crc32table.c    string.c
```

（11）scripts：此目录包含了内核设置时用到的脚本。

```
[root@localhost root]# ls /usr/linux-2.4/scripts
checkconfig.pl      gen-all-syms    MAKEDEV.ide    mkspec               tail.tk
checkhelp.pl        header.tk       Makefile       mkversion            tkcond.c
checkincludes.pl    include_deps    makelst        patch-kernel         tkgen.c
Configure           kernel-doc      Menuconfig     pathdown.sh          tkparse.c
docgen              ksymoops        mkconfigs.c    README.Menuconfig    tkparse.h
docproc.c           Lindent         makdep         split-include.c      ver_linux
extract_ikconfig    lxdialog        mkdep.c        split-man
```

10.2.2 内核机制

1. bottom half 处理程序

有时在系统内核中，用户也许不想处理任何任务。例如在一个中断处理过程中，当发生一个中断时，处理器停止正在处理的工作，同时操作系统将中断发送到相应的设备驱动程序。但设备驱动程序不能花费太多的时间来处理中断，因为在这期间系统将不能做任何的工作，所以一些工作可以以后再进行处理。bottom half 处理程序正是用来实现此功能的。

系统内核中可以有多达 32 个不同的 bottom half 处理程序。bh_base 中保存着指向每一个 bottom half 处理程序的指针。bh_active 和 bh _ mask 根据安装和活动状态进行设置。如果 bh _ active 的第 N 位置位，那么 bh _ base 中的第 N 个元素将包含 bottom half 处理程序的地址。如果 bh _ mask 的第 N 位置位，那么第 N 个 bottom half 处理程序就可以在调度程序认为合适的时候调用它。一般情况下，bottom half 处理程序都有一个和它们关联的任务列表。

一些内核的 bottom half 处理程序和设备有关，但以下几个却较为通用：

- TIMER：每次系统周期性定时器中断均被调用，以驱动内核定时器队列机制。
- CONSOLE：处理控制台消息。
- TQUEUE：处理 tty 消息。

- NET：处理通用网络运行。
- IMMEDIATE：为一些设备驱动程序设计的通用控制，用于稍后将进行的工作排队。

一旦设备驱动程序或内核其他部分需要调度待执行工作，首先要加入工作到相应的系统队列中（如定时器队列），然后通知内核去执行某些 bottom half 控制程序，这是通过设置 bh_active 中的相应位来实现的。如果驱动程序将某些工作加到了 immediate 队列中，并希望执行 immediate bottom half 以处理这些工作，则其会把 bh_active 的第 8 位置 1。在每次系统调用之后并尚未将控制器交给调用进程之前，都要检测 bh_active 的各个位，若发现某些位被置 1，则调用相应的 bottom half 控制程序，检测顺序由第 0 位到第 31 位，调用完成之后 bh_active 中的相应位清零。bh_active 是暂时的，仅在两次调度进程调用之间有意义，对它的使用可避免无任何工作要做时盲目地调用 bottom half 控制程序。

2. 任务队列

任务队列是系统内核将任务推迟到以后再做的方法。Linux 系统有一个机制可以把任务放入到队列中等待以后处理。

任务队列通常和 bottom half 处理程序一同使用，例如当 timer bottom half 处理程序运行时，系统将处理定时器任务队列。一个任务队列就是一个简单的数据结构，它是一个由 tq _ struct 数据结构组成的链表，每一个数据结构都包含处理程序的地址和指向相关数据的指针。

当系统处理任务队列中的任务时，系统内核将调用处理程序，同时内核给处理程序传递一个指向数据的指针。

系统内核中的任何对象，如设备驱动程序，都可以创建和使用任务队列，但系统内核只创建和管理 3 个任务队列：

（1）timer。此队列中的任务将会在下一个系统时钟开始时执行。每次系统时钟开始的时候，系统内核都要检查队列中是否含有任何的入口，如果有，内核就将 timer 队列 bottom half 处理程序设置为活动的。当调度进程下一次运行时，timer 队列 bottom half 处理程序和其他的 bottom half 处理程序将会运行。

（2）immediate。此队列 bottom half 处理程序的优先权要比 timer 队列 bottom half 处理程序的优先权低，所以将会在稍后运行。

（3）scheduler。此队列由调度程序直接处理，它用来支持系统中其他的任务队列。当系统内核处理任务队列时，队列中的第一个元素的指针将会从队列中移走，并代以空指针。事实上，这种移走队列中元素的操作是自动的，并且是不能中断的。然后系统内核将轮流调用队列中每一个元素的处理程序。

3. 定时器

操作系统需要能够调度可能在将来发生的事件，所以系统中需要存在一种机制，使得事件在较为精确的时间调度运行。任何一个希望支持操作系统的处理器都应该有一个可编程的内部时钟可以周期性地中断处理器。这就像一个节拍器一样可以协调系统中的各个任务。

Linux 有两种系统定时器，在某一系统时间同时被调用，但它们在实现上略有不同。第一种，即老的定时器机制，有一个包含 32 个指针的静态数据组和一个活跃的定时器屏蔽码（timer_active），这些指针指向 timer_struct 数据结构，定时器程序与定时器表的连接是静态定义的，大多数定时器程序入口是在系统初始化时加入到定时器表中的；第二种，即新的定时器机制，使用了一个链表，表中的 timer_list 数据结构以递增的超时数排序。

4. 等待队列

很多情况下处理器因等待某种系统资源而无法继续运行，例如处理器需要一个描述目录的 VFS 索引结点，但该索引结点当前不在内存缓冲区中，这样处理器就必须先等到索引结点从磁盘中读到内存之后，才能继续运行。对于这种等待的处理，Linux 内核使用了一种简单的数据结构——等待队列，其中包括一个指向 task_struct 的指针和一个指向队列中下一元素的指针。

加入到等待队列中的进程可以是可中断的，也可以是不可中断的。可中断进程在有定时器超时或等待信号的进程接收到了信号等事件发生时，可以被中断。通过进程状态参数值（INTERRUPTIBLE 或 UNINTERRUPTIBLE）可判明该进程类型，由于调度进程中断了可中断进程的执行，而运行了另一进程，这样可中断进程将被挂起。

处理等待队列时，队列中每一个进程的状态都被置为 RUNNING，这时从运行队列中被移出的进程将重新进入运行队列，下次调度进程运行时，由于等待队列中的进程不需再等待了，因此它们将可以被调度运行。当处于等待队列中的一个进程准备运行时，首先要把自己从等待队列中移出。由于可以用等待队列实现对系统资源的并发访问，因此 Linux 中用它来实现了信号量机制。

10.2.3 内核模块的装入与卸载

Linux 是一个单内核操作系统，也就是说它是一个独立的大程序，其所有的内核功能构件均可访问任一个内部数据结构和例程。对于这样的操作系统，一种选择是采用微内核结构，内核被分为若干独立的单位，各单位之间通过严格的通信机制相互访问。这样的话，若要向内核中加入新的构件，就必须利用设置进程。

内核守护程序是一个拥有超级用户权限的一般用户进程，当它启动后（系统启动时）会打开一个指向内核的内部进程间通信（Inter-Process Communication，IPC）通道，内核用该通道通知内核守护程序进行各种操作。内核守护程序的主要工作是载入和卸载模块，它也做其他一些工作，如打开和关闭使用电话线的 PPP 连接。内核守护程序并非亲自做这些工作，而是调用相应的程序（如 insmod）来完成，它是一个内核代理，能自动地安排、调度各项工作。

在 Linux 中可针对用户需要，动态地载入和卸载操作系统构件。Linux 模块是一些代码的集成，可以在启动系统后动态链接到内核的任一部分，当不再需要这些模块时，又可随时断开链接并将其删除。Linux 内核模块通常是一些设备驱动程序、伪设备驱动程序（如网络驱动程序）或文件系统。

对于 Linux 的内核模块，可以用 insmod 或 rmmod 命令显式地载入或卸载，或是由内核在需要时调用内核守护程序（kerneld）进行载入和卸载。进行动态载入工作的代码非常有效，它将最小化内核大小并增加内核灵活性。当调试一个新内核时，模块也非常有用，通过对它的动态载入即可省去每次的重建和重启内核工作。当然，有利必有弊，使用模块将降低一些系统性能并消耗一部分内存空间，因为载入模块额外多出一些代码和数据结构，并会间接地降低访问内核资源的效率。

为了使用内核资源，模块必须要先找到资源。假如一个模块希望调用内核内存分配例程 kmalloc()，由于模块创建时并不知道 kmalloc()在内存中的何处，所以在模块载入时，内核必须先调整该模块对 kmalloc()的引用，否则该模块无法正常工作。内核中维护了一张所有内核资源的符号表，因此它可以在模块载入时解决载入模块对内核资源的引用的问题。Linux 允许模块的栈操作，由此一个模块就可以使用其他模块所提供的服务。

一个模块对另一个模块的服务或资源的使用与其对内核服务或资源的使用非常相似，不同的只是这些服务和资源从属于另一个模块而已。每载入一个模块，内核就会修改符号表，将该模块所有的服务和资源加入进去，这样当下一个模块载入后，即可访问已载入模块的服务。

当要卸载一个模块时，内核需要知道当前该模块是否被使用，并且还要能够通知该模块它将卸载，这样它就能释放掉所申请的所有系统资源。模块卸载后，内核从符号表中删除所有该模块所提供的资源和服务。

可以用 rmmod 命令卸载模块，但对于需要时载入类型的模块，当不再需要时，会由 kernel 自动将其从系统中删除。每次空闲定时器超时，kerneld 都会利用系统调用来要求将所有当前未被使用的需要时载入类型的模块删除，定时器的值是在启动 kernel 时设定的。

假定一个模块可被卸载，则会调用它的清除例程以释放其所占用的内核资源，它的 module 数据结构标记为 DELETED 并从内核模块链中将其删除，其他所有被该模块使用的模块都要修改它们的引用表，表明不再被它使用，还要释放掉为它分配的内存。

一旦 Linux 模块载入后，就与内核其他部分没什么区别了，它会拥有同样的权利和义务，换句话说，它也能像核心代码或设备驱动程序一样使内核崩溃。除了崩溃内核的可能性，模块还会带来另外一种危险：载入了一个与当前系统版本不同的模块会如何？若该模块以一个错误参数调用了系统例程就会出问题，为防止这种情况发生，内核在载入模块前会对该模块的版本号进行严格的检测。

10.3 Linux 内核分析

虽然，Linux 的内核源码用树形结构组织得非常合理、科学，把功能相关联的文件都放在同一个子目录下，这样使得程序更具可读性。但 Linux 的内核源码实在太大而且非常复杂，即便采用了很合理的文件组织方法，在不同目录下的文件之间还是有很多的关联，分析核心的一部分代码通常会需要查看其他几个相关的文件，而且可能这些文件还不在同一个子目录下。

体系的庞大复杂和文件之间关联的错综复杂，可能就是很多人对其望而生畏的主要原因。当然，这种令人生畏的劳动所带来的回报也是非常令人着迷的：不仅可以从中学到很多计算机的底层的知识（如下面将讲到的系统的引导），体会到整个操作系统体系结构的精妙和在解决某个具体细节问题时算法的巧妙；更重要的是，在源码的分析过程中，会被一点一点地、潜移默化地专业化；甚至，只要分析十分之一的代码，就会深刻地体会到，什么样的代码才是一个专业程序员写的，什么样的代码是一个业余爱好者写的。

下面举一个具体的内核分析实例，来对 Linux 内核的组织有一些具体的认识，从中可以学到一些对内核的分析方法。

10.3.1 相关源码的分析

1. 系统的引导和初始化

Linux 系统的引导有多种方式，常见的有 Lilo、Loadin 引导和 Linux 的自举引导

（bootsect-loader），后者所对应的源程序为 arch/i386/boot/bootsect.S，它为实模式的汇编程序。无论是哪种引导方式，最后都要跳转到 arch/i386/Kernel/setup.S，setup.S 主要是进行实模式下的初始化，为系统进入保护模式做准备。此后，系统执行 arch/i386/kernel/head.S （对经压缩后存放的内核要先执行 arch/i386/boot/compressed/head.S），head.S 中定义的一段汇编程序 setup_idt 负责建立一张 256 项的 IDT 表（Interrupt Descriptor Table，中断描述符表），此表保存着所有自陷和中断的入口地址，其中包括系统调用总控程序 system_call 的入口地址。当然，除此之外，head.S 还要做一些其他的初始化工作。

2. 系统初始化后运行的第一个内核程序

asmlinkage void _init start_kernel(void) 是系统初始化后运行的第一个内核程序，定义在 /usr/src/linux/init/main.c 中，通过调用 usr/src/linux/arch/i386/kernel/traps.c 中的一个函数 void _init trap_init(void) 把各自陷和中断服务程序的入口地址设置到 IDT 表中，其中系统调用总控程序 system_cal 就是中断服务程序之一。void _init trap_init(void) 函数则通过调用一个宏 set_system_gate(SYSCALL_VECTOR,&system_call); 把系统调用总控程序的入口挂在中断 0x80 上。其中，SYSCALL_VECTOR 是定义在 /usr/src/linux/arch/i386/kernel/irq.h 中的一个常量 0x80，而 system_call 即为中断总控程序的入口地址，中断总控程序用汇编语言定义在 /usr/src/linux/arch/i386/kernel/entry.S 中。

3. 中断总控程序

中断总控程序主要负责保存处理机执行系统调用前的状态，检验当前调用是否合法，并根据系统调用向量，使处理机跳转到保存在 sys_call_table 表中的相应系统服务例程的入口。从系统服务例程返回后恢复处理机状态退回用户程序，而系统调用向量则定义在/usr/src/linux/include/asm-386/unistd.h 中，sys_call_table 表定义在/usr/src/linux/arch/i386/kernel /entry.S 中，同时在 /usr/src/linux/include/asm-386/unistd.h 中也定义了系统调用的用户编程接口。

由此可见，Linux 的系统调用把 0x80 中断作为总的入口，然后转到保存在 sys_call_table 表中的各种中断服务例程的入口地址，形成各种不同的中断服务。

由以上源代码分析可知，要增加一个系统调用就必须在 sys_call_table 表中增加一项，并在其中保存好自己的系统服务例程的入口地址，然后重新编译内核。当然，系统服务例程是必不可少的。

在 Linux 内核源程序中，与系统调用相关的源程序文件包括 arch/i386/boot/bootsect.S、arch/i386/Kernel/setup.S、arch/i386/boot/compressed/head.S、arch/i386/kernel/head.S、init/main.c、arch/i386/kernel/traps.c、arch/i386/kernel/entry.S、arch/i386/kernel/irq.h 和 include/asm-386/unistd.h。

当然，这只是涉及到的几个主要文件。而事实上，增加系统调用真正要修改的文件只有 include/asm-386/unistd.h 和 arch/i386/kernel/entry.S 两个。

10.3.2 对内核源码的修改

（1）在 kernel/sys.c 中增加系统服务例程如下：

```
asmlinkage int sys_addtotal(int numdata)
{
    int i=0,enddata=0;
    while(i<=numdata)
```

```
    enddata+=i++;
    return enddata;
}
```

该函数有一个 int 型入口参数 numdata，并返回从 0 到 numdata 的累加值，当然也可以把系统服务例程放在一个自己定义的文件或其他文件中，只是要在相应文件中作必要的说明。

（2）把 asmlinkage int sys_addtotal(int) 的入口地址加到 sys_call_table 表中。

arch/i386/kernel/entry.S 中的最后几行源代码修改前为：

```
...
.long SYMBOL_NAME(sys_sendfile)
.long SYMBOL_NAME(sys_ni_syscall) /* streams1 */
.long SYMBOL_NAME(sys_ni_syscall) /* streams2 */
.long SYMBOL_NAME(sys_vfork) /* 190 */
.rept NR_syscalls-190
.long SYMBOL_NAME(sys_ni_syscall)
.endr
```

修改后为：

```
...
.long SYMBOL_NAME(sys_sendfile)
.long SYMBOL_NAME(sys_ni_syscall) /* streams1 */
.long SYMBOL_NAME(sys_ni_syscall) /* streams2 */
.long SYMBOL_NAME(sys_vfork) /* 190 */
/* add by I */
.long SYMBOL_NAME(sys_addtotal)
.rept NR_syscalls-191
.long SYMBOL_NAME(sys_ni_syscall)
.endr
```

（3）把增加的 sys_call_table 表项所对应的向量在 include/asm-386/unistd.h 中进行必要的声明，以供用户进程和其他系统进程查询或调用。

增加后的部分 /usr/src/linux/include/asm-386/unistd.h 文件如下：

```
...
#define _NR_sendfile 187
#define _NR_getpmsg 188
#define _NR_putpmsg 189
#define _NR_vfork 190
/* add by I */
#define _NR_addtotal 191
```

（4）测试程序（test.c）如下：

```
#include
#include
_syscall1(int,addtotal,int, num)
main()
{
    int i,j;
```

```
        do
    printf("Please input a number\n");
    while(scanf("%d",&i)==EOF);
    if((j=addtotal(i))==-1)
    printf("Error occurred in syscall-addtotal();\n");
    printf("Total from 0 to %d is %d \n",i,j);
}
```

对修改后的新的内核进行编译，并引导它作为新的操作系统，运行几个程序后可以发现一切正常；在新的系统下对测试程序进行编译，运行情况如下：

```
$gcc -o test test.c
$./test
Please input a number
36
Total from 0 to 36 is 666
```

可见，修改成功。而且，从对相关源码的进一步分析可知，从/usr/src/linux/arch/i386/kernel/entry.S 文件中对 sys_call_table 表的设置可以看出，有好几个系统调用的服务例程都是定义在/usr/src/linux/kernel/sys.c 中的同一个函数：

```
asmlinkage int sys_ni_syscall(void)
{
    return -ENOSYS;
}
```

例如第 188 项和第 189 项就是如此：

```
...

.long SYMBOL_NAME(sys_sendfile)
.long SYMBOL_NAME(sys_ni_syscall) /* streams1 */
.long SYMBOL_NAME(sys_ni_syscall) /* streams2 */
.long SYMBOL_NAME(sys_vfork) /* 190 */
...
```

而这两项在文件 /usr/src/linux/include/asm-386/unistd.h 中却声明如下：

```
...
#define _NR_sendfile 187
#define _NR_getpmsg 188 /* some people actually want streams */
#define _NR_putpmsg 189 /* some people actually want streams */
#define _NR_vfork 190
```

由此可见，在内核源码中，由于 asmlinkage int sys_ni_syscall(void) 函数并不进行任何操作，所以包括 getpmsg 和 putpmsg 在内的好几个系统调用都是不进行任何操作的，即有待扩充的空调用。但它们却仍然占用着 sys_call_table 表项，估计这是设计者们为了方便扩充系统调用而安排的，所以只需增加相应服务例程（如增加服务例程 getmsg 或 putpmsg），即可达到增加系统调用的目的。

当然对于庞大复杂的 Linux 内核而言，与系统调用相关的代码只是内核中极其微小的一部分，但重要的是掌握好的分析方法。

习题十

一、填空题

1．Linux 系统使用系统调用________来创建一个进程，使用________来结束进程。
2．可以用________命令来载入 Linux 内核模块，可以用________命令卸载模块。

二、简答题

1．如何查看已经安装好的 Linux 操作系统的内核版本号？
2．bottom half 处理程序的功能是什么？

第 11 章　嵌入式 Linux

11.1　嵌入式系统简介

11.1.1　嵌入式系统的定义

嵌入式系统是将先进的计算机技术、半导体技术和电子技术与各个行业的具体应用相结合后的产物。这一点就决定了它必然是一个技术密集、资金密集、高度分散、不断创新的知识集成系统。嵌入式系统工业的基础是以应用为中心的芯片设计和面向应用的软件产品开发。

随着 Internet 的发展，各种智能信息产品层出不穷，机顶盒、数字电视等信息家电相继出现。智能数字产品的核心是其中的控制软件，在设计和功能方面都很复杂，因此，需要有相应的操作系统支持。而 Linux 提供了完成嵌入功能的基本内核和所需要的所有用户界面。它是多面的，它能处理嵌入式任务和用户界面。将 Linux 看作是连续的统一体，从一个具有内存管理、任务切换和时间服务功能及其他分拆的、微内核到完整的服务器，支持所有的文件系统和网络服务。

11.1.2　嵌入式系统的特征

嵌入式系统是面向用户、面向产品、面向应用的，如果独立于应用自行发展，则会失去市场。嵌入式处理器的功耗、体积、成本、可靠性、速度、处理能力、电磁兼容性等方面均受到应用要求的制约，这些也是各个半导体厂商之间竞争的热点。和通用计算机不同，嵌入式系统的硬件和软件都必须高效率地设计，量体裁衣、去除冗余，力争在同样的硅片面积上实现更高的性能，这样才能在具体应用对处理器的选择面前更具有竞争力。嵌入式处理器要针对用户的具体需求，对芯片配置进行裁剪和添加才能达到理想的性能，但同时还受用户订货量的制约。

因此不同的处理器面向的用户是不一样的，可能是一般用户、行业用户或单一用户。嵌入式系统和具体应用有机地结合在一起，它的升级换代也是和具体产品同步进行的，因此嵌入式系统产品一旦进入市场，则具有较长的生命周期。嵌入式系统中的软件一般都固化在只读存储器中，而不是以磁盘为载体可以随意更换的，所以嵌入式系统的应用软件生命周期也和嵌入式产品一样长。另外，各个行业的应用系统及产品和通用计算机软件不同，很少发生突然性的跳跃，嵌入式系统中的软件也因此更强调可继承性和技术衔接性，发展比较稳定。嵌入式处理器的发展也体现出稳定性，一个体系一般要存在 8～10 年的时间。一个体系结构及其相关的片上外设、开发工具、库函数、嵌入式应用产品是一套复杂的知识系统，用户和半导体厂商都不会轻易地放弃一种处理器。

嵌入式处理器的应用软件是实现嵌入式系统功能的关键，对嵌入式处理器系统软件和应用软件的要求也和通用计算机有所不同。

（1）软件要求固态化存储：为了提高执行速度和系统可靠性，嵌入式系统中的软件一般都固化在存储器芯片或单片机本身中，而不是存储于磁盘等载体中。

（2）软件代码高质量、高可靠性：尽管半导体技术的发展使处理器速度不断提高、片上存储器容量不断增加，但在大多数应用中，存储空间仍然是宝贵的，而且还存在实时性的要求。为此要求程序编写和编译工具的质量要高，以减少程序二进制代码的长度、提高执行速度。

（3）系统软件（OS）的高实时性是基本要求：在多任务嵌入式系统中，对重要性各不相同的任务进行统筹兼顾的合理调度是保证每个任务及时执行的关键，单纯通过提高处理器速度是无法完成和没有效率的，这种任务调度只能由优化编写的系统软件来完成，因此系统软件的高实时性是基本要求。

（4）多任务操作系统是知识集成的平台和走向工业标准化道路的基础。

11.2　嵌入式 Linux 基础

11.2.1　嵌入式 Linux 的应用

嵌入式 Linux 是将日益流行的 Linux 操作系统进行裁剪、修改，使之能在嵌入式计算机系统上运行的一种操作系统。除了智能数字终端领域外，Linux 在移动计算平台、智能工控设备、金融业终端系统，甚至军事领域都有广泛的应用前景，这些 Linux 称为“嵌入式 Linux”。嵌入式 Linux 既继承了 Internet 上无限的开放源代码资源，又具有嵌入式操作系统的特性。

嵌入式 Linux 有巨大的市场前景和商业机会。出现了大量的专业公司和产品，如 Montavista、Lineo、Emi 等。有行业协会，如 Embedded Linux Consortum 等。得到世界著名计算机公司和 OEM（Original Equipment Manufacture，原始设备制造商）板级厂商的支持，例如 IBM、Motorola、Intel 等。传统的嵌入式系统厂商也采用了 Linux 策略，如 Lynxworks、Windriver QNX 等，此外还有 Internet 上的大量嵌入式 Linux 爱好者的支持。嵌入式 Linux 支持几乎所有的嵌入式 CPU 和被移植到几乎所有的嵌入式 OEM 板。

嵌入式 Linux 的应用领域非常广泛，主要的应用领域有：

- 信息家电，如 PDA、机顶盒、Digital Telephone、Answering Machine、Screen Phone。
- 数据网络，如 Ethernet Switches、Router、Bridge、Hub、Remote Access Servers、ATM、Frame Relay。
- 远程通信。
- 医疗电子。
- 交通运输。
- 计算机外设。
- 工业控制。
- 航空航天领域。

一个小型的嵌入式 Linux 系统只需要以下 3 个基本元素：

- 引导工具。
- Linux 微内核，由内存管理、进程管理和事务处理构成。
- 初始化进程。

如果要让它能做点什么且继续保持小型化，还得加上：

- 硬件驱动程序。
- 提供所需功能的一个或更多应用程序。

再增加功能，或许需要：

- 一个文件系统（也许在 ROM 或 RAM 中）。
- TCP/IP 网络堆栈。

11.2.2 Linux 作为嵌入式操作系统的优势

1. 免许可证费用

嵌入式 Linux 的版权费是免费的，其购买费用仅为媒介成本。大多数的商业操作系统，如 Windows、Windows CE 对每套操作系统收取一定的许可证费用。相对地，Linux 是一个免费软件，并且公开源代码。只要不违反 GPL（General Public License，通用版权许可协议），则可以自由应用和发布 Linux。

2. 有很高的稳定性

在 PC 硬件上运行时，Linux 是非常可靠和稳定的，特别是和现在流行的一些操作系统相比。嵌入式内核本身有多稳定呢？移植到新微处理器家族的 Linux 内核运行起来与本来的微处理器一样稳定。因此它经常被移植到一个或多个特定的主板上，这些板包括特定的外围设备和 CPU。

不过，许多不同处理器的指令代码是相通的，所以移植集中在差异上。其中大多数是在内存管理和中断控制领域。一旦成功移植，它们就非常稳定。Linux 的优势在于源代码是公开、注释清晰和文档齐全的。这样，用户就可以控制和处理所出现的任何问题。

有两个因素会影响稳定性。一是使用了混乱的驱动程序。驱动程序的选择很有限，有些稳定有些不稳定。一旦离开了通用的 PC 平台，需要自己编写。不过，周围有许多驱动程序，可以找到一个与需求相近的修改一下。这种驱动程序界面已定义好，许多类的驱动程序都非常相近，所以把磁盘、网络或一系列的端口驱动程序从一个设备移植到另一个设备上通常并不难。二是使用了硬盘，文件系统的可靠性就成问题。标准 Linux 初始化脚本运行 fsck 程序，它在检查和清除不稳定的 modes 方面非常有效。将默认的每隔 30 秒运行更新程序改为每隔 5 秒或 10 秒运行，这样缩短了数据在进入磁盘之前待在高速缓冲存储器内的时间，降低了丢失数据的可能。

3. 强大的网络功能

Linux 天生就是一个网络操作系统，几乎所有的网络协议和网络接口都已经被定制在 Linux 中。Linux 内核在处理网络协议方面比标准的 UNIX 更具执行效率，在每一个端口上有更高的吞吐量。

4. 丰富的开发工具

Linux 提供 C、C++、Java 以及其他很多的开发工具。更重要的是，爱好者可以免费获得，技术上由全世界的自由软件开发者提供支持，并且这些开发工具设计时已经考虑到支持各种不同的微处理器结构和调试环境。Linux 基于 GNU 的工具包，此工具包提供了完整的无缝交叉平台开发工具，从编辑器到底层调试。其 C 编译器产生更有效率的执行代码。应用产品开发周期短，新产品上市迅速，因为有许多公开的代码可以参考和移植。

5. 实时性

RT_Linux、Hardhat Linux 等嵌入式 Linux 支持实时性能，稳定性好，安全性好。

11.3　Linux I/O 端口编程

11.3.1　如何在 C 语言下使用 I/O 端口

1. 一般方法

用来存取 I/O 端口的子过程都放在文件/usr/include/asm/io.h 里（或放在内核源码程序的 linux/include/asm-i386/io.h 文件里）。这些子过程是以嵌入宏的方式写成的，所以使用时只要以#include<asm/io.h>的方式引用即可，不需要附加任何函数库。

因为 gcc 和 egcs 的限制，用户在编译任何使用到这些子过程的源代码时必须打开最优化选项（gcc-O1 或较高层次的），或者在做#include<asm/io.h>这个动作前使用#define extern 将 extern 定义成空白。

在存取任何 I/O 端口之前，必须让程序有如此做的权限。要达到这个目的，可以在程序一开始的地方（但是，要在任何 I/O 端口存取动作之前）调用 ioperm()这个函数（该函数在文件 unistd.h 中，并且被定义在内核中），使用语法如下：

```
ioperm(from,num,turn_on)
```

其中 from 是第一个允许存取的 I/O 端口地址，num 是接着连续存取 I/O 端口地址的数目。例如：

```
ioperm(0x300,5,1)
```

上面的含义是允许存取端口 0x300～0x304（一共 5 个端口地址），最后一个参数是一个布尔代数值，用来指定是否给予程序存取 I/O 端口的权限（true(1)）或者除去存取的权限（false(0)）。可以多次调用函数 ioperm()以便使用多个不连续的端口地址。

用户的程序必须拥有 root 权限才能调用函数 ioperm()，所以如果不是以 root 身份执行该程序，则需要将该程序设置成 root。当调用函数 ioperm()打开 I/O 端口的存取权限后便可以取消 root 的权限。在程序结束之后并不特别要求以 ioperm(...,0)这个方式取消 I/O 端口的存取权限，因为当程序执行完毕之后这个动作会自动完成。

调用函数 setuid()将目前执行程序的有效用户识别码（ID）设定成非 root 的用户并不影响其先前以 ioperm()的方式所取得的 I/O 端口存取权限，但是调用函数 fork()的方式却会有所影响（虽然父进程拥有存取权限，但是子进程却无法取得存取权限）。

函数 ioperm()只能取得端口地址 0x000～0x3ff 的存取权限，至于较高地址的端口，需要使用函数 iopl()（该函数可以一次存取所有的端口地址）。将权限等级参数值设为 3（iopl(3)），以便程序能够存取所有的 I/O 端口（如果存取到错误的端口地址将对计算机造成各种不可预期的损害）。同样地，调用函数 iopl()必须要拥有 root 的权限。

接着来实际地存取 I/O 端口。要从某个端口地址输入一个字节（8 位）的信息，调用函数 inb(port)，该函数会传回所取得的一个字节的信息。要输出一个字节的信息，调用函数 outb(value,port)。要向某两个端口地址 x 和 x+1（两个字节组成一个字，故使用组合语言指令 inw）输入一个字（16 位）的信息，需要调用函数 inw(x)。要输出一个字的信息到两个端口地址，需要调用函数 outw(value,x)。如果用户不确定使用哪个端口指令（字节或字），则需要同时用 inb()和 outb()这两个端口指令，因为大多数的设备都是采用字节大小的端口存取方式来设计的。注意所有的端口存取指令都至少需要大约 1μs 的时间。如果使用的是 inb_p()、outb_p()、inw_p()、outw_p()等宏指令，在对端口地址存取动作之后只需很短的（大约为 1μs）延迟时间就可以完成；也可以让延迟时间变成大约 4μs，方法是在使用#include<asm/io.h>之前使用#define REALLY_SLOW_IO。这些宏指令通常会输出信息到端口地址 0x80 以便达到延迟时间的目的，所以必须先以函数 ioperm()取得端口地址 0x80 的使用权限（输出信息到端口地址 0x80 不应该会对系统的其他部分造成影响）。

2. 替代方法：/dev/port

另一个存取 I/O 端口的方法是以函数 open()打开文件/dev/port（一个字符设备，主设备编号为 1，次设备编号为 4），以便执行读与（或）写的动作（注意标准输出输入函数 f*()有内部的缓冲，所以要避免使用）。接着使用 lseek()函数以便在该字符设备文件中找到某个字节信息的正确位置（文件位置 0=端口地址 0x00，文件位置 1=端口地址 0x01，依此类推），然后就可以使用 read()或 write()函数对某个端口地址做读或写一个字节的动作。

这个方法是在用户的程序里使用 read/write 函数来存取/dev/port 字符设备文件。这个方法的执行速度或许比前面所讲的一般方法还慢，但是不需要编译器的最优化函数，也不需要使用函数 ioperm()。如果允许非 root 用户或群组存取/dev/port 字符设备，操作时就不需要拥有 root 权限。但是，对于系统安全而言，这样做非常糟糕，因为它可能伤害到系统，或许会有人因此而取得 root 的权限，利用/dev/port 字符设备文件直接在硬盘、网卡等设备上进行存取操作。

11.3.2 硬件中断与 DMA 存取

用户程序如果在用户模式下执行，不可以直接使用硬件中断（IRQ）或 DMA。用户必须编写一个内核驱动程序。也就是说，在用户模式中所写的程序无法控制硬件中断的产生。

11.3.3 延迟时间

在用户模式中执行的进程不能精确地控制时间，因为 Linux 是一个多用户的操作环境，在执行中的进程随时会因为各种原因被暂停大约 10ms 到数秒（在系统负荷非常高的时候）。然而对于大多数使用 I/O 端口的应用程序而言，这个延迟时间实际上算不了什么。要缩短延迟时间，需要使用函数 nice 将在执行中的进程设定成高优先权，或使用即时调度法（real-time scheduling）。

如果想获得比在一般用户模式中执行的进程还要精确的时间，有一些方法可以在用户模式中做到“即时调度”的支持。

11.4 嵌入式 Linux 开发

11.4.1 构造嵌入式 Linux 前先要了解的几个关键问题

1. 如何引导

当一个微处理器第一次启动的时候，它开始在预先设置的地址上执行指令。通常在那里有一些只读内存，包括初始化或引导代码。在 PC 上，这是 BIOS。

它执行了一些低水平的 CPU 初始化和其他硬件的配置。BIOS 继续辨认哪个磁盘里有操作系统，把操作系统复制到 RAM 并且转向它。实际上，这非常复杂，但对我们的目标来说非常重要。在 PC 上运行的 Linux 依靠 PC 的 BIOS 来提供这些配置和 OS 加载功能。

在一个嵌入式系统里经常没有这种 BIOS。这样就要提供同等的启动代码。幸运的是，嵌入式系统并不需要 PC BIOS 引导程序那样的灵活性，因为它通常只需要处理一个硬件的配置。这个代码更简单也更枯燥。它只是一个指令清单，将固定的数字塞到硬件寄存器中去。然而，这是关键的代码，因为这些数值要与硬件相符而且要按照特定的顺序进行。所以在大多数情况下，一个最小的通电自检模块，可以检查内存的正常运行、让 LED 闪烁，并且驱动其他必需的硬件以使主 Linux OS 启动和运行。这些启动代码完全根据硬件决定，不可随意移动。

不过，许多系统都有为核心微处理器和内存所定制的菜单式硬件设计。典型的是，芯片制造商有一个样本主板，可以用来作为设计的参考——或多或少与新设计相同。通常这些菜单式设计的启动代码是可以获得的，它可以根据用户的需要轻易地修改。在少数情况下，启动代码需要重新编写。

为了测试这些代码，可以使用一个包含“模拟内存”的电路内置模拟器，它可以代替目标内存，然后把代码装到模拟器上并通过模拟器调试。如果这样不行，可以跳过这一步，但这样就要一个更长的调试周期。这个代码最终要在较为稳定的内存上运行，通常是 Flash 或 EPROM 芯片。接下来需要使用一些方法将代码放在芯片上。怎样做，要根据“目标”硬件和工具来定。

一种流行的方法是把 Flash 或 EPROM 片插入 EPROM 或 Flash 烧制器。这将把你的程序“烧”（存）入芯片。然后，把芯片插入目标板的插座，打开电源。这个方法需要板上配有插座，但有些设备是不能配插座的。

另一个方法是通过一个 JTAG（Joint Test Action Group，联合测试行动小组）界面，它是一种国际标准测试协议（IEEE 1149.1 兼容），主要用于芯片内部测试。一些芯片有 JTAG 界面可以用来对芯片进行编程，这是最方便的方法。芯片可以永远被焊在主板上，一个小电缆从板上的 JTAG 连接器（通常是一个 PC 片）连到 JTAG 界面。下面是 PC 运行 JTAG 界面所需的一些惯用程序。这个设备还可以用来小量生产。

2. 需要虚拟内存吗

标准 Linux 具备虚拟内存的能力，程序溢出到了磁盘交换区。在没有磁盘的嵌入式系统里，通常不能这么做。

在嵌入式系统里不需要这种强大的功能。实际上，它会带来无法控制的时间因素。这个软件必须设计得更加精悍，以适合市面上的物理内存，就像其他嵌入式系统一样。

注意由于 CPU 的原因，在嵌入式 Linux 中保存虚拟内存代码是明智的，因为将它清除很费事。而且还有另外一个原因——它支持共享文本，这样就可以使许多程序共享一个软件；否则，每一个程序都要有它自己的库，就像 printf 一样。

虚拟内存的调入功能可以被关掉，只要将交换空间的大小设置为零。然后，如果用户写的程序比实际的内存大，系统就会当作用户的运行用尽了交换空间来处理，这个程序将不会运行。

在许多 CPU 上，虚拟内存提供的内存管理可以将不同程序分开，防止它们写到其他地址的空间上。这在嵌入式系统上通常不可能，因为它只支持一个简单、扁平的地址空间。Linux 的这种功能有助于其发展，它减少了胡乱地编写程序造成系统崩溃的可能性。许多嵌入式系统基于效率方面的原因有意识地使用程序间可以共享的“全局”数据，这也可以通过 Linux 共享内存功能来实现，共享的只是指定的内存部分。

3. 选用什么样的文件系统

许多嵌入式系统没有磁盘或文件系统，但 Linux 不需要它们也能运行。在这种情况下，应用程序任务可以和内核一起编写，并且在引导时作为一个映像加载。对于简单的系统来说，这就够了。然而，它缺乏灵活性。

实际上，许多商业性嵌入式系统提供文件系统作为选项，或者是专用的文件系统，或者是 MS-DOS-Compatible 文件系统。Linux 提供 MS-DOS-Compatible 文件系统，同时还有其他多种选择。之所以提供其他选择是因为它们更加强大而且具有容错功能。Linux 还具有检查和维护的功能，商业性供应商往往不提供这些。检查和维护功能对于 Flash 系统来说尤为重要，因为它是通过网络更新的，如果系统在升级过程中失去了能力，那它就没有用了。维护的功能通常可以解决这类问题。

文件系统可以被放在传统的磁盘驱动器、Flash Memory 或其他类似的介质上。而且，用于暂时保存文件，一个小 RAM 盘就足够了。

Flash Memory 被分割成块。这些块中也许包括一个含有当 CPU 启动时运行的最初的软件的引导块，也可能包括 Linux 引导代码。剩余的块 Flash 可以用作文件系统。Linux 的内核可以通过引导代码从 Flash 复制到 RAM，或者被存储在 Flash 的一个独立部分，并且直接从那里执行。

另外对于一些系统来说还有一个有趣的选择，那就是将一个便宜的 CD-ROM 包含在内。这比 Flash Memory 便宜，而且通过交换 CD-ROM 支持简单的升级。Linux 只要从 CD-ROM 上引导，并且像从硬盘上一样从 CD-ROM 上获得所有的程序。

最后，对于联网的嵌入式系统来说，Linux 支持 NFS（Network File System），这为实现联网系统的许多增值功能打开了大门。它允许通过网络加载应用程序，这是控制软件修改的基础，因为每一个嵌入式系统的软件都可以在一个普通的服务器上加载。它在运行的时候也可以用来输入或输出大量的数据、配置和状态信息，这对用户监督和控制来说是一个非常强大的功能。举例来说，嵌入式系统可以建立一个小的 RAM 磁盘，包含的文件中有与当前状态信息同步的内容。其他系统可以简单地把这个 RAM 磁盘设置为基于网络的远程磁盘，并且空中存取状态文件，这就允许另一个机器上的 Web 服务器通过简单的 CGI（Common Gate Interface，通用网关接口）存取状态信息，那么在其他计算机上运行的应用程序包可以很容易地存取数据。

4. 如何消除嵌入式 Linux 系统对磁盘的依赖

典型的 PC 上的 Linux 对 PC 用户来说功能很多。对初学者而言，可以将内核与任务分开，标准的 Linux 内核通常驻留在内存中，每一个应用程序都是从磁盘移到内存上执行的。当程序结束后，它所占用的内存被释放，程序就被下载了。

在一个嵌入式系统里，可能没有磁盘。有两种途径可以消除对磁盘的依赖，这要看系统的复杂性和硬件的设计。

在一个简单的系统里，当系统启动后，内核和所有的应用程序都在内存里。这就是大多数传统嵌入式系统的工作模式，它同样可以被 Linux 支持。

有了 Linux，就有了第二种可能性。因为 Linux 已经有能力“加载”和“卸载”程序，一个嵌入式系统就可以利用它来节省内存。比如一个典型的包括一个 8MB～16MB 内存的 Flash Memory 和 8MB 内存的系统，Flash Memory 可以作为一个文件系统。Flash Memory 驱动程序用来连接 Flash Memory 和文件系统。还可以使用 Flash Disk，这个 Flash 部件用软件仿真磁盘。所有的程序都以文件形式存储在 Flash 文件中，需要时可以装入内存。这种动态的、“根据需要加载”的能力是支持其他一系列功能的重要特征：

（1）它使初始化代码在系统引导后被释放。Linux 同样有很多内核外运行的公用程序，这些公用程序在初始化时运行一次，以后就不再运行。而且，这些公用程序可以用它们相互共有的方式一个接一个按顺序运行。这样，相同内存空间可以被反复使用以“召入”每一个程序，就像系统引导一样。这的确可以节省内存，特别是那些配置一次以后就不再更改的网络堆栈。

（2）如果 Linux 可加载模块的功能包括在内核里，驱动程序和应用程序就都可以被加载。它可以检查硬件环境并且为硬件装上相应的软件。这就消除了用一个程序占用许多 Flash Memory 来处理多种硬件的复杂性。

（3）软件的升级更模块化，用户可以在系统运行的时候在 Flash 上升级应用程序和加载驱动程序。

（4）配置信息和运行时间参数可以作为数据文件存储在 Flash 上。

5. 嵌入式 Linux 达到怎样的实时性

实时的含义是指在规定的时限内能够传递正确的结果，迟到的结果就是错误的。实时系统并不是指“快速”的系统，实时系统有限定的响应时间，从而使系统具有可预测性。实时系统又可以分为“硬实时系统”和“软实时系统”。二者的区别在于：前者如果在不满足响应时限、响应不及时或反应过早的情况下都会导致灾难性的后果（如航空航天系统）；而后者则在不满足响应时限时，系统性能退化，但并不会导致灾难性的后果（如交换系统）。

在嵌入式领域中，实时并不是最重要的。嵌入式系统常常被错误地归为实时系统，尽管多数系统一般并不要求实时功能。实时是一个相对的词，实时常常被严格地定义为对一事件以预定的方式在极短的时间（如微秒）内作出响应，渐渐地，在如此短暂时间间隔内的严格实时功能在专用 DSP 芯片或 ASIC 上实现了。但只有在设计低层硬件 FIFO、分散/聚集 DMA 引擎和定制硬件时才会有这样的要求。

许多设计人员因为对真实的要求没有清晰的理解而对实时的要求焦虑不安。对于大多数系统来说，有 1～5 微秒近似实时响应已经足够。包括环境转换时间、中断等待时间、任务优先级和排序。环境转换时间曾是操作系统的一个热门话题。总之，多数 CPU 对这些要求处理得很好，而且 CPU 的速度现在已经快了很多，这个问题也就不再重要了。

严格的实时要求通常由中断例程或其他内核环境驱动程序功能处理，以确保稳定的表现，一旦请求出现，要求服务的时间很大程度上取决于中断的优先级和其他能暂时掩盖中断的软件。

中断必须进行处理和管理以确保时间要求能符合，就如同许多其他的操作系统。在 Intel x86 处理器中，这个工作很容易由 Linux 实时扩展处理。实时扩展处理提供了一个以后台任务方式运行 Linux 的中断处理调度。关键的中断响应不必通知 Linux。因此可以得到许多对于关键时钟的控制。在实时控制级和时间限制宽松的基本 Linux 级之间提供接口，这提供了与其他嵌入式操作系统相似的实时框架。因此，实时关键代码是隔开的，并“设计”成满足实时性的要求。代码处理的结果是以更一般的方法实现，也许只在应用任务级。

11.4.2 嵌入式 Linux 开发环境

图 11-1 所示为一个典型的嵌入式 Linux 开发环境，它包括主机（工作站或 PC）、支持 GDB 的调试工具（BDI2000）、目标板和网络。除了硬件环境外，还需要软件开发环境。软件开发环境有两种：一种是基于 Linux 的开发环境，另一种是基于 Windows 的开发环境。

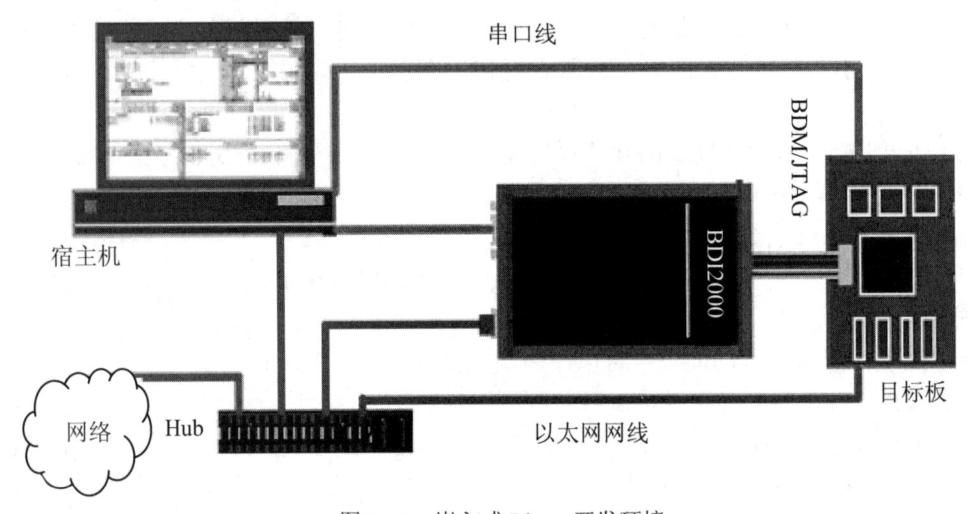

图 11-1 嵌入式 Linux 开发环境

基于 Linux 的开发环境包括主机上的 Linux 操作系统（如 RedHat Linux 等）、嵌入式 Linux 交叉开发工具软件（如 HardHat Linux）、支持 GDB 的调试工具的固件（如 BDIGDB Firmware for Linux）。

基于 Windows 的开发环境包括主机上的 Windows 操作系统（如 Windows 9x 等）、基于 Windows 的嵌入式 Linux 交叉开发工具软件（如 Insight Gnupro Xtools 等）、支持 GDB 的调试工具的固件（如 BDIGDB Firmware for Windows 等）。

图 11-2 所示是嵌入式 Linux 开发流程图。一般的开发过程是：设计目标板（Target，嵌入式系统的代名词，通常用于软件开发期间，用来区分嵌入式系统与开发主机）；建立嵌入式 Linux 开发环境；编写、调试 Bootloader（主要负责加载内核，尽管它在系统启动期间执行的时间非常短，但它却是非常重要的系统组件，在一定程度上，设置 Bootloader 是所有 Linux 系统的一项常见工作），编写、调试 Linux 内核；编写、调试应用程序；编写、调试 BSP；Bootloader 用于初始化目标板，检测目标板和引导 Linux 内核。BDM /JTAG 用于目标板开发，它可以检测目标板硬件、初始化目标板、调试 Bootloader 和 BSP（Board Support Package，板级支持包），有些 BDM /JTAG 如 BDI2000 可以调试 Linux 内核原码。

在嵌入式 Linux 开发过程中，选择好的嵌入式 Linux 开发平台和 BDM /JTAG 调试工具可以极大地提高嵌入式 Linux 开发效率。嵌入式系统的特点是系统资源小，因此具体目标板的设备驱动程序 Device Driver 需要定制 BDM/JTAG 调试工具，它是开发 Linux 内核很好的工具。

BDM/JTAG 调试工具利用 CPU 的 BDM /JTAG 接口对运行程序进行监控，不占用系统的其他资源。

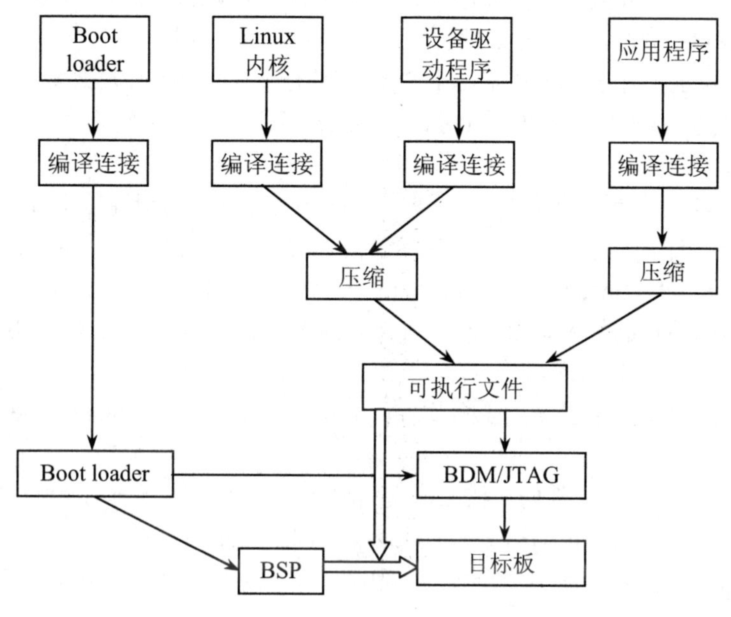

图 11-2　嵌入式 Linux 开发流程

为了缩短应用产品开发周期，可以选择同应用产品相近的嵌入式 Linux 软件开发平台和带嵌入式 Linux 软件的 OEM 板，它可以帮助用户在应用项目立项前评估项目的可行性。在应用项目立项后，使软件开发和硬件开发同步进行，它能极大地缩短应用产品的开发周期。

11.4.3　开发嵌入式 Linux 的步骤

1．精简内核

构造内核的常用命令包括 make config/dep/clean/mrproper/zImage/bzImage/modules/modules install。

（1）make config。核心配置，调用./scripts/Configure 按照 arch/i386/config.in 来进行配置。命令执行完后产生文件.config，其中保存着配置信息。下一次再执行 make config 时将产生新的.config 文件，原来的.config 被改名为.config.old。

（2）make dep。寻找依存关系，产生两个文件：.depend 和.hdepend，其中.hdepend 表示每个.h 文件都包含其他哪些嵌入文件；而.depend 有多个，在每个会产生目标文件（.o）的目录下均有，它表示每个目标文件都依赖哪些嵌入文件（.h）。

（3）make clean。清除以前构核所产生的所有目标文件、模块文件、核心以及一些临时文件等，不产生任何文件。

（4）make rmproper。删除所有构核过程中产生的文件，除了执行 make clean 外，还要删除.config、.depend 等文件，把核心源码恢复到最原始的状态。下次构核时就必须重新配置了。

（5）make、make zImage、make bzImage。

1）make：构核。通过各目录的 Makefile 文件进行，会在各个目录下产生许多目标文件，若核心代码没有错误，将产生文件 vmlinux，这就是所构的核心，并产生映射文件 System.map。.version 文件中的数加 1，表示版本号又产生了一个新的版本。

2）make zImage：在 make 的基础上产生压缩的核心映像文件./arch/$ (ARCH) /boot/zImage 以及在./arch/$ (ARCH) /boot/compresed/目录下产生一些临时文件。

3）make bzImage：在 make 的基础上产生压缩比例更大的核心映像文件./arch/$ (ARCH) /boot/bzImage 以及在./arch/$ (ARCH) /boot/compresed/目录下产生一些临时文件。在核心太大时进行。

（6）make modules。编译模块文件，用户在 make config 时所配置的所有模块将在这时编译，形成模块目标文件，并把这些目标文件存放在 modules 目录中。使用 ls modules 命令查看。

（7）make modules install。上面编译好的模块目标文件在目录/lib/modules/$KERNEL_VERSION/中。比如用户的版本是 2.4.22，执行完这个操作后可使用命令 ls/lib/modules/2.4.22/看看。

另外需要注意，这里产生了一些隐含文件：.config、.oldconfig、.depend、.hdepend 和.version。

2. 系统启动

系统的启动顺序及相关文件仍在核心源码目录下，比如文件./arch/$ARCH/boot/bootsect.s、./arch/$ARCH/boot/setup. s、./init/main. c、bootsect. S 和 setup. S。

这个程序是 Linux kernel 的第一个程序，包括了 Linux 自己的 bootstrap 程序。在系统测试码之后，控制权会转移给 ROM 中的启动程序（ROM bootstraproutine），这个程序会将磁盘上的引导扇区（boot sector）读入内存中。而位于 Linux 引导盘的 boot sector 上的正是 Linux 的 bootsect 程序，也就是说，bootsect 是第一个被读入内存中并执行的程序。bootsect 的启动程序如下：

（1）bootsect 将它从被 ROM BIOS 载入的绝对地址 0x7c00 处搬到 0x90000 处，然后利用一个 jmpi（jump indirectly）的指令跳到新位置的下一行去执行。

（2）将其他 Segment Registers（包括 DS、ES、SS）都指向 0x9000 这个位置，与 CS 看齐。另外将 SP 及 DX 指向一任意位移地址（offset），这个地址等一下会用来存放磁盘参数表（disk para- meter table）。

（3）利用 BIOS 中断服务 int 13h 的第 0 号功能重置磁盘控制器，使得刚才的设定发挥功能。

（4）完成重置磁盘控制器之后，bootsect 就从磁盘上读入紧邻着 bootsect 的 setup 程序，也就是 setup.S，此读入动作是利用 BIOS 中断服务 int 13h 的第 2 号功能。Setup 的 image 将会读入至程序所指定的内存绝对地址 0x90200 处，也就是在内存中紧邻着 bootsect 所在的位置。待 setup 的 image 读入内存后，利用 BIOS 中断服务 int 13h 的第 8 号功能读取目前磁盘的参数。

（5）读入真正 Linux 的 kernel 后，即可以在 Linux 的根目录下看到的 vmlinuz。在读入前，将会先呼叫 BIOS 中断服务 int l0h 的第 3 号功能，读取游标位置，之后再呼叫 BIOS 中断服务 int l0h 的第 13h 号功能，在屏幕上输出字符串“Loading…”，这个字符串在 boot linux 时都会首先被看到。

（6）检查 root device，然后仿照开始的方法利用 indirect jump 跳至刚刚已读入的 setup 部分比较。

把大家所熟知的 MS-DOS 与 Linux 的开机部分做一个简单的比较，MS-DOS 由位于磁盘上 boot sector 的 boot 程序负责把 IO. SYS 载入内存中，IO. SYS 负责把 DOS 的 kernel——MSDOS.SYS 载入内存。而 Linux 是由位于 boot sector 的 bootsect 程序负责把 setup 及 Linux 的 kernel 载入内存中，再将控制权交给 setup。

Start_kernel()

当核心被载入后，首先进入的函数就是 start kernel。. /init/main. c 中函数 start_kernel 包含核心的启动过程及顺序，通过它来看核心的整个初始化过程。

首先进行一系列初始化，包括：

```
trap_init();            ##./arch/i386/kernel/traps.c 陷入
init_IRQ();             ##./arch/i386/kernel/irq.c setup   IRQ
sched_init ();          ##. /kernel/sched. c 调度初始化，并初始化 bottom_half
time_init();            ##./arch/i386/kernel/time.c
init_modules();         ##模块初始化
mem_ init(memory_ start, memory_ end);
buffer_init () ;        ##. /fs/buffer. c 缓冲区
sock_init ();           ##. /net/socket. c socket 初始化，并初始化各协议（TCP 等）
ipc_ init();
sysctl_ init();
```

然后通过调用 kernelthread()产生 init 进程，全权交由 init 进程处理。最后调用 cpu_ idle (NULL)休息。

3. 驱动程序

在 Linux 系统里，设备驱动程序所提供的这组入口点由一个结构来向系统进行说明，此结构定义为：

```
#include<linux/fs. h>
struct file_ operations{
        int (*lseek)(struct   inode   *inode,struct file *filp,
                    off_ t off,   int pos);
        int (*read) (struct   inode   *inode, struct   file *filp,
                    char *buf,   int count);
        int (*write)(struct   inode   *inode,struct file *filp,
                    char *buf,   int count);
        int (*readdir)(struct   inode   *inode,struct file *filp,
                    struct dirent *dirent, int count);
        int (*select)(struct   inode *inode,struct file *filp,
                    int sel_ type, select_ table *wait);
        int (*ioctl) (struct inode *inode,struct file *filp,
                  unsigned int cmd, unsigned int arg);
        int   (*mmap)   (void);
        int (*open) (struct inode *inode, struct file *filp);
        void (*release) (struct inode *inode, struct file *filp);
        int (*fsync) (struct inode *inode, struct file *filp);
};
```

其中，struct inode 提供了关于特别设备文件/dev/driver（假设此设备名为 driver）的信息，它的定义为：

```
#include<linux/fs. h>
struct inode{
        dev t i dev;
        unsigned long i_ ino;/*工 node number*/
        umode t i mode;/*Mode of the file*/
        m ink t i mink;
        uid t i uid;
        gid_ t i_ gid;
        dev-t i-rdev;/*Device major and minor numbers/
        off t i size;
        time t i atime;
        time t i mtime;
        time t i dime;
        unsigned long    i_ blksize;
        unsigned long    i_ blocks;
        struct mode_ operations*i-op;
        struct super_ block*i-sb;
        struct wait_ queue*i_ wait;
        struct file lock*i flock;
        struct vm-area-struct*i_ mmap;
        struct inode*i_ next,*i_ prev;
        struct inode*i_ hash_ next,*i_ hash_ prey;
        struct inode*i_ bound_ to,*i_ bound_ by;
        unsigned short i_ count;
        unsigned short i-flags;/*Mount flags   (see fs. h)*/
        unsigned char i_ lock;
        unsigned char i_ dirt;
        unsigned char i_ pipe;
        unsigned char i_ mount;
        unsigned char i_ seek;
        unsigned char i_ update;
        union{
                struct pipe_ inode_ info pipe_ i;
                struct minix_inode_info minix_i;
                struct ext_inode_info ext_i;
                struct msdos_inode_info msdos_i;
                struct iso_ inode_info isofs_i;
                struct nfs_inode_info nfs_i;
        }u;
    };
```

struct file 主要供与文件系统对应的设备驱动程序使用。当然，其他设备驱动程序也可以使用它。它提供关于被打开的文件的信息，定义为：

```
#include<linux/fs. h>
struct file{
        mode_t f_mode;
        dev_t   f_rdev;                    /*needed for /dev/tty*/
```

```
        off_t    f_pos;                  /*Curr. posn in file*/
        unsigned short f_ flags;         /*The flags arg passed to open*/
        unsigned short f_ count;         /*Number of opens on this file*/
        unsigned short f_ reach;
    struct inode *f- inode;              /*pointer to the inode struct*/
    struct file_operations *f_op;        /*pointer to the fops struct*/
};
```

在结构 file_ operations 里，指出了设备驱动程序所提供的入口点位置。

（1）lseek：移动文件指针的位置，显然只能用于可以随机存取的设备。

（2）read：进行读操作，参数 buf 为存放读取结果的缓冲区，count 为所要读取的数据长度。返回值为负，表示读取操作发生错误，否则返回实际读取的字节数。对于字符型，要求读取的字节数和返回的实际读取字节数都必须是 inode->i_blksize 的倍数。

（3）write：进行写操作，与 read 类似。

（4）readdir：取得下一个目录入口点，只有与文件系统相关的设备驱动程序才使用。

（5）selec：进行选择操作，如果驱动程序没有提供 select 入口，select 操作将会认为设备已经准备好进行任何的 I/O 操作。

（6）ioctl：进行读、写以外的其他操作，参数 cmd 为自定义的命令。

（7）mmap：用于把设备的内容映射到地址空间，一般只有块设备驱动程序使用。

（8）open：打开设备准备进行 I/O 操作。返回 0 表示打开成功，返回负数表示失败。如果驱动程序没有提供 open 入口，则只要/dev/driver 文件存在就认为打开成功。

（9）release：即 close 操作。

设备驱动程序所提供的入口点在设备驱动程序初始化的时候向系统进行登记，以便系统在适当的时候调用。Linux 系统里，通过调用 register_ chrdev 向系统注册字符型设备驱动程序。register_ chrdev 定义为：

```
#include<linux/fs. h>
#include<linux/errno.h>
int register_ chrdev(unsigned int major, const char* name,
                struct file_ operations    *fops);
```

其中，major 是为设备驱动程序向系统申请的主设备号，如果为 0 则系统为此驱动程序动态地分配一个主设备号。name 是设备名，fops 是对各个调用的入口点的说明。此函数返回 0 表示成功；返回-EINVAL 表示申请的主设备号非法，一般来说主设备号大于系统所允许的最大设备号；返回-EBUSY 表示所申请的主设备号正在被其他设备驱动程序使用。如果是动态分配主设备号成功，此函数将返回所分配的主设备号；如果 register_ chrdev 操作成功，设备名就会出现在/proc/devices 文件里。初始化部分一般还负责给设备驱动程序申请系统资源，包括内存、中断、时钟、I/O 端口等，这些资源也可以在 open 子程序或别的地方申请。在这些资源不用的时候，应该释放它们，以利于资源的共享。

在 UNIX 系统里，对中断的处理是属于系统核心的部分，因此如果设备与系统之间以中断方式进行数据交换，则必须把该设备的驱动程序作为系统核心的一部分。设备驱动程序通过调用 request_ irq 函数来申请中断，通过 free_irq 来释放中断，它们的定义为：

```
#include<linux/sched.h>
int request_ irq(unsigned int irq,
```

```
          void    (*handler)(int irq, void dev_ id, struct   pt_ regs   *regs),
                  unsigned long flags,
                  const char * device,
                  void *dev_ id);
void free_ irq (unsigned int irq, void *dev_ id);
```

参数 irq 表示所要申请的硬件中断号；handler 为向系统登记的中断处理子程序，中断产生时由系统来调用，调用时所带参数 irq 为中断号；dev_id 为申请时告诉系统的设备标识；regs 为中断发生时寄存器内容；device 为设备名，将会出现在/proc/interrupts 文件里；flag 是申请时的选项，它决定中断处理程序的一些特性，其中最重要的是中断处理程序是快速处理程序（flag 里设置了 SA_INTERRUPT）还是慢速处理程序（不设置 SA_INTERRUPT），快速处理程序运行时，所有中断都被屏蔽，而慢速处理程序运行时，除了正在处理的中断外，其他中断都没有被屏蔽。在 Linux 系统中，中断可以被不同的中断处理程序共享，这要求每一个共享此中断的处理程序在申请中断时在 flags 里设置 SA_SHIRQ，这些处理程序之间以 dev_id 来区分。如果中断由某个处理程序独占，则 dev_id 可以为 NULL。request_irq 返回 0 表示成功，返回-INVAL 表示 irq>15 或 handler==NULL，返回-EBUSY 表示中断已经被占用且不能共享。

作为系统核心的一部分，设备驱动程序在申请和释放内存时不是调用 malloc 和 free，而代之以调用 kmalloc 和 kfree，它们被定义为：

```
#include<linux/kernel.h>
void    *kmalloc(unsigned int len, int priority);
void    kfree (void *obj);
```

参数 len 为希望申请的字节数，obj 为要释放的内存指针。priority 为分配内存操作的优先级，即在没有足够空闲内存时如何操作，一般用 GEP_KERNEL。与中断和内存不同，使用一个没有申请的 I/O 端口不会使 CPU 产生异常，也就不会导致诸如 segmentation fault 一类的错误发生。任何进程都可以访问任何一个 I/O 端口，此时系统无法保证对 I/O 端口的操作不会发生冲突，或甚至会因此而使系统崩溃。因此，在使用 I/O 端口前，应该检查此 I/O 端口是否已有别的程序在使用，若没有，再把此端口标记为正在使用，在使用完以后释放它。

这样需要用到如下几个函数：

```
int check_ region (unsigned int from, unsigned int extent);
void request_region (unsigned int from, unsigned int extent,
                                const char* name);
void release_ region (unsigned int from, unsigned int extent);
```

调用这些函数时的参数为：from 表示所申请的 I/O 端口的起始地址；extent 为所要申请的从 from 开始的端口数；name 为设备名，将会出现在/proc/ioports 文件里。check_ region 返回 0 表示 I/O 端口空闲，否则为正在被使用。在申请了 I/O 端口之后，就可以用如下几个函数来访问 I/O 端口：

```
#include <asm/io.h>
inline unsigned int inb (unsigned short port);
inline unsigned int inb_ p (unsigned short port);
inline void outb (char value, unsigned short port);
inline void outb_ p (char value, unsigned short port);
```

其中 inb_ p 和 outb_p 插入了一定的延时以适应某些慢的 I/O 端口。

在设备驱动程序里，一般都需要用到计时机制。在 Linux 系统中，时钟由系统接管，设备驱动程序可以向系统申请时钟。与时钟有关的系统调用有：

```
#include <asm/param.h>
#include<linux/timer.h>
void add_timer(struct timer list*timer);
int del_timer(struct timer list*timer);
inline void init timer(struct timer list*timer);
struct timer_list 的定义为：
struct timer_list{
        struct timer_list * next;
        struct timer_ list *prev;
        unsigned long expires;
        unsigned long data;
        void (*function)(unsigned long d);
    };
```

其中 expires 是要执行 function 的时间。系统核心有一个全局变量 JIFFIES 表示当前时间，一般在调用 add_timer 时 jiffies=JIFFIES+num，表示在 num 个系统最小时间间隔后执行 function。系统最小时间间隔与所用的硬件平台有关，在核心里定义了常数 Hz 表示一秒内最小时间间隔的数目，则 num*Hz 表示 num 秒。系统计时到预定时间就调用 function，并把此子程序从定时队列里删除，因此如果想要每隔一定时间间隔执行一次，则必须在 function 里再一次调用 add_timer。function 的参数 d 即为 timer 里面的 data 项。在设备驱动程序里，还可能会用到以下系统函数：

```
#include <asm/system.h>
#define cli()  _asm_  _volatile_  ("cli"::)
#define sti()  _asm_  _volatile_  ("sti"::)
```

这两个函数负责打开和关闭中断允许。

```
#include <asm/segment.h>
void memcpy-fromfs (void *to, const void *from, unsigned long n);
void memcpy-tofs (void *to, const void *from, unsigned long n);
```

在用户程序调用 read、write 时，因为进程的运行状态由用户态变为核心态，地址空间也变为核心地址空间。而 read、write 中的参数 buf 是指向用户程序的私有地址空间的，所以不能直接访问，必须通过上述两个系统函数来访问用户程序的私有地址空间。memcpy_ fromfs 由用户程序地址空间往核心地址空间复制，memcpy_ tofs 则反之。参数 to 为复制的目的指针，from 为源指针，n 为要复制的字节数。在设备驱动程序里，可以调用 printk 来打印一些调试信息，用法与 printf 类似。printk 打印的信息不仅出现在屏幕上，同时还记录在文件 syslog 里。

在 Linux 里，除了直接修改系统核心的源代码，把设备驱动程序加进核心里以外，还可以把设备驱动程序作为可加载的模块，由系统管理员动态地加载它，使之成为核心的一部分。也可以由系统管理员把已加载的模块动态地卸载下来。Linux 中，模块可以用 C 语言编写，用 gcc 编译成目标文件（不进行连接，作为*.o 文件存在），为此需要在 gcc 命令行里加上-c 参数。由于在不连接时，gcc 只允许一个输入文件，因此一个模块的所有部分都必须在一个文件里实现。然后用 depmod -a 使此模块成为可加载模块。模块用 insmod 命令加载，用 rmmod 命令来卸载，并可以用 lsmod 命令来查看所有已加载的模块的状态。编写模块程序的时候，必须提供两个函数：一个是 int init_module (void)，供 insmod 在加载此模块的时候自动调用，负责进行设备驱动程序的初始化工作，init_module 返回 0 表示初始化成功，返回负数表示失败；另一个函数是 void cleanup_module (void)，在模块被卸载时调用，负责进行设备驱动程序的清除工作。在成功地向系统注册了设备驱动程序后（调用 register_ chrdev 成功后），就可以用 mknod 命令来把设备映射为一个特别文件，其他程序使用这个设备的时候，只要对此特别文件进行操作即可。

4. 将 X-WINDOW 换成 Microwindows

Microwindows 是使用分层结构的设计方法，允许改变不同的层来适应实际的应用。在最底层，提供了屏幕、鼠标/触摸屏和键盘的驱动，使程序能访问实际的硬件设备和其他用户定制设备。在中间一层，有一个轻巧的图形引擎，提供了绘制线条、区域填充、绘制多边形、裁剪和使用颜色模式的方法。在最上一层，提供了不同的 API 给图形应用程序使用。这些 API 可以提供或不提供桌面和窗口外形。

（1）设备驱动：设备驱动接口在 device. h 中定义。一个 Microwindows 程序通常有屏幕、鼠标和键盘驱动。中间层设备无关图形引擎核心函数，将直接调用设备驱动来执行硬件的相关操作。这样，在 Microwindows 中改变或增加硬件设备时不会影响整个系统的工作。

（2）屏幕驱动：屏幕驱动是本系统中最复杂的驱动，在设计时很容易就能移植一个新的硬件到 Microwindows 上。一个屏幕驱动必须提供 ReadPixel、DrawPixel、DrawHorzLine 和 DrawVertLine 等函数功能。这些函数从显存中读写像素，绘制水平线和垂直线。裁剪功能在设备无关层处理。目前，所有的鼠标动作、文本绘制和位图绘制都是基于上面的基本函数实现的。如果显示器使用调色板，则必须调用 SetPalette 函数，除非系统连接了一个与系统调色板相配的静态调色板。初始化时，屏幕驱动返回包括屏幕 x, y 值和颜色模式等的值。

Microwindows 目前提供两种字体模式。提供了等比例字体从.bdf 或其他格式转换为 Microwindows 字体的转换工具。

屏幕驱动可以选择实现 bitblitting。Microwindows 允许任何对物理屏幕的图形操作通过以下方式进行，首先执行到屏幕外的图形操作，然后复制（bit-butted）到物理屏幕。实现一个 blitting 屏幕驱动相当复杂，首先要考虑的是底层显示硬件是否支持传送用于 framebuffer 的硬件地址。如果支持，在物理屏幕上的绘制函数就可以用于在屏幕外缓冲区的绘制。这是使用 framebuffer 驱动的方法。系统使用 malloc 分配的内存地址代替用 mmap 分配的物理 framebuffer 地址。在系统不使用实际物理内存地址的情况下（X 或 MS 窗口），必须写两套函数：一套用于图形系统硬件，一套用于内存地址。另外，需要知道在两种格式之间的复制方法。实际上，screen-to-memory、memory-to-screen、memory-to-memory 和 screen-to-screen 这 4 种操作 Microwindows 都支持。

（3）鼠标驱动：Microwindows 支持 3 种鼠标。mou_ gpm.c 提供了 Linux 下鼠标的 GPM 驱动，mouser.c 提供了 Linux 和 ELKS 下串口鼠标的驱动，mou_dos.c 提供了 MSDOS 下鼠标的 int33 驱动。鼠标驱动的最基本功能是转换鼠标数据，返回鼠标的相对或绝对位置和按键。

在 Linux 下，Microwindows 在主循环执行 select 函数，通常传递鼠标和键盘的文件描述符给 select 函数。如果系统不支持 select 函数或者在文件描述符中没有传递鼠标的数据，可以用 Poll 函数获取鼠标活动信息。

（4）键盘驱动：键盘驱动方式有两种，第一种是 kbd_ tty. c，用于 Linux 和 ELKS 系统，通过打开和读取文件描述符的方法来实现；第二种是 kbd_bios. c，用于 MS-DOS 系统，通过读取 PC BIOS 的击键来实现。

（5）应用程序接口：Microwindows 提供了两种不同的应用程序接口。窗口管理器实现标题栏和关闭按钮的绘制，并处理程序的图形输出要求。Microwindows API 最初是初始化屏幕、键盘和鼠标，然后在 select 循环中等待事件。当有事件发生时，如果发生的是系统事件（如键盘、鼠标行为），则事件会转换为 expose 事件或 paint 事件等传送给应用程序。如果是用户请求图形操作，则将参数转换后调用相应的引擎函数。注意，窗口与原始图形操作相对的概念在 API 层处理。更精确些说，API 定义好窗口、坐标系统等，然后转换成屏幕相关的参数传给核心引擎函数执行实际操作。这一层定义了图形上下文和屏幕设备上下文，并传递包括裁剪的信息给核心引擎函数。

习题十一

一、填空题

1．调用函数________可以将目前执行程序的有效用户识别码（ID）设定成非 root 的用户，并不影响其先前以 ioperm()方式所取得的 I/O 端口的存取权限。

2．实际存取 I/O 端口时，要从某个端口地址输入一字节的信息，调用函数________，该函数会传回所取得的一字节的信息。

二、简答题

1．什么是嵌入式系统？Linux 作为嵌入式系统的操作系统有哪些优势？

2．开发嵌入式 Linux 的一般步骤是什么？

参考文献

[1] 吴学毅．Linux 基础教程．北京：清华大学出版社，2005．

[2] 梁如军．RedHat Linux 9 应用基础教程．北京：机械工业出版社，2006．

[3] 孙琼．嵌入式 Linux 应用程序开发详解．北京：人民邮电出版社，2006．

[4] 刘胤杰，岳浩等．Linux 操作系统教程．北京：机械工业出版社，2005．

[5] 吴恒奎．Linux 指令速查手册．北京：人民邮电出版社，2007．

[6] 朱华生，冯祥胜．Linux 基础教程．北京：清华大学出版社，2005．

[7] 林慧琛，刘殊，许可可．RedHat Fedora Core 4 Linux 基础教程．北京：清华大学出版社，2006．

[8] 李蔚泽．Fedora Core 3 Linux 安装与系统管理．北京：中国铁道出版社，2006．

[9] 天夜创作室．Linux 网络编程技术．北京：人民邮电出版社，2001．

[10] 梁如军，丛日权等．RedHat Linux 9 网络服务．北京：机械工业出版社，2004．

[11] 谢旭升，朱明华，张练兴，李宏伟．计算机操作系统．武汉：华中科技大学出版社，2005．

[12] 赵炯．Linux 内核完全剖析．北京：机械工业出版社，2006．

[13] 刘海燕，荆涛．Linux 系统应用与开发教程．北京：机械工业出版社，2015．